农业与工业化

Agriculture and Industrialization

张培刚 著

中国人民大学出版社

· 北京 ·

图书在版编目（CIP）数据

农业与工业化/张培刚著．—北京：中国人民大学出版社，2014.8
ISBN 978-7-300-19851-4

Ⅰ.①农… Ⅱ.①张… Ⅲ.①农业-工业化-研究-中国 Ⅳ.①S238

中国版本图书馆 CIP 数据核字（2014）第 187756 号

农业与工业化
张培刚 著
Nongye yu Gongyehua

出版发行	中国人民大学出版社		
社　　址	北京中关村大街 31 号	**邮政编码**	100080
电　　话	010－62511242（总编室）		010－62511770（质管部）
	010－82501766（邮购部）		010－62514148（门市部）
	010－62515195（发行公司）		010－62515275（盗版举报）
网　　址	http://www.crup.com.cn		
经　　销	新华书店		
印　　刷	天津中印联印务有限公司		
规　　格	170 mm×240 mm　16 开本	**版　　次**	2014 年 11 月第 1 版
印　　张	19.5 插页 2	**印　　次**	2022 年 10 月第 3 次印刷
字　　数	263 000	**定　　价**	42.00 元

经济发展的真谛——再为大哥序

经济发展学（Economic Development，内地称发展经济学）是二战后的一门新学问，上世纪五六十年代在美国很热门，但无数论著皆废物，到六十年代后期就不再风行了。取而代之的是经济增长理论（Growth Theory），以数学模型处理，倡导者主要是麻省理工的一些大师，但因为资本累积（capital accumulation）的处理失当，对经济发展的解释也令人失望。

二战后，相对上美国是天下大富，举世对美元的需求甚殷，那所谓"美元短缺"（dollar shortage）的话题持续了近二十年。斯时也，不少国家赤贫，尤其是亚洲及非洲的。美国既富且强，其对外资助（foreign aid）成为某些大学的课题，受惠的穷国并没有获得发展，其实惹来的是贪污。昔日的穷国，不少一直穷到今天。

当年美国游客或大兵所到之处有如太子出巡，眼睛长在额头上，美国本土的人也看不过眼，因而有"丑陋的美国人"（the ugly American）这个称呼。歧视的行为不论，美国人一般是值得我们欣赏的。我赞赏那里的朋友多过赞赏中国人。经济发展学是在二战后亚洲、非洲等国家穷得要命的日子中冒升起来的。长贫难顾，持久地赈济不是办法，怎样才可以使一个穷国发展起来呢?

一九五九年，二十四岁，我进入加州大学洛杉矶分校读本科。当时经济发展学是大热门，一九六〇年我开始选修，六一年进入研究院后继续，以这专题作为博士选修的四个题材之一。教这专题的主要是 R. E. 鲍德温（R. E. Baldwin），哈佛出身，也在哈佛教过。哈佛当时出版的《经济学季刊》（*Quarterly Journal of Economics*）是刊登最多关于经济发展的学报。

鲍德温教价格理论，也教经济发展，教得详细清楚，而他自己是经济发展学的一个中坚人物。他提供的读物表详尽，而他对读物的理论技术阐释得非常清晰，同学们皆说难得一见。但鲍德温比阿尔钦客气，没有痛下批评，只是说那些理论没有验证过，不知是否可靠。当年加州大学洛杉矶分校经济系的过人之处，是老师们重视验证假说。他们自己验证不多，但鼓励学生做。这鼓励影响了我频频验证的学术生涯，今天回顾匆匆半个世纪了。

当年经济发展学的课程读物表很一致。触发整个课题的是哥伦比亚大学的拉格纳·纳克斯（Ragnar Nurkse）一九五三年的一本小书，提出恶性循环。他人跟着的主要题材包括隐匿性失业（disguised unemployment）、双层经济（dual economy）、投资准则（investment criteria）、平衡与不平衡增长（balanced vs unbalanced growth）、内性外部性（externality）等，皆谬论也！这里要特别一提的，是源自庇古的内生外部性在经济发展学走红，主要是起于英国的米德爵士（J. E. Meade）一九五二年发表的一篇关于蜜蜂采蜜与传播花粉的文章。内在外部性的胡闹一九六〇年被科斯斩了一刀，跟着一九七〇年我补踩一脚。至于蜜蜂的故事，则被我一九七三年写进神话去。

我要到二〇〇二年才有机会读到张培刚大哥一九四九年出版的《农业与工业化》这本重要的书。这本书早于纳克斯的四年，而大哥论文的完工时日是早出八年了。大哥的论文算是经济发展学的开山鼻祖吗？以时日算应该是，因为这是最早的牵涉到一个贫穷的农业国家应该怎样发展才对的论著。但论到传统的经济发展学，大哥的书可不是鼻祖：如果当年研究经济发展的有三几个人注意大哥之作，这门学问不会搞得一团糟！跟纳克斯相比，大哥之作高出太多了。跟当年我背得出来的经济发展论著相比，大哥之作高出更多。

大哥胜出有三个原因。其一是他写好论文时是三十二岁，超龄！（我写好《佃农理论》时是三十一岁，也超龄。）美国博士平均约二十七岁。我说过经济是老人的学问。除非走纯理论的路，以什么方程式推理的，有关真实世界的经济学多长几年有大着数。其二是大哥写论文时，我在上文提到的经济发展学还没有出现，因而没有受到胡说八道的污染。

其三最重要。大哥幼小时在中国的农村长大，做过放牛、砍柴、栽秧等粗活，而后来在武汉大学毕业后参与过中国农业的实地调查研究。这是说，在一九四一年获庚款进入哈佛研究院之前，大哥不仅是个中国的农业专家，而且深知中国穷人的生活及意识是怎么样的。相比起来，西方从事经济发展研究的学者对落后之邦的农民生活一无所知，只是胡乱地猜测下笔。我知道纳克斯是个正人君子的学者，但他只到亚洲的穷国游览了一个月，其他的倡导经济发展学的根本没有到过。我的老师鲍德温当年无从肯定西方的经济发展理论有多少斤两，直认不知落后国家的真实情况。今天的同学如果能找时间细读大哥的《农业与工业化》，会察觉到虽然这本书征引西方的论著既广且博，也处理得非常用心，但字里行间大哥的思维是环绕着他早年在中国农村的观察与体会。

大哥比我年长二十二岁。当他像天之骄子那样在哈佛拼搏时，我正在广西跟着母亲逃难，在连稀粥也没有得吃的日子中也像大哥幼时那样，在农村做放牛、砍柴等粗活。我对中国贫苦农民的认识与体会当然远不及大哥，但有一整年差不多饿死的日子，对中国农作有深刻的体会。这亲历其境的经验让我二十多年后写《佃农理论》的第八章时，面对亚洲的农业数据，脑子里看到一幅一幅满是血泪的图画，于是按着这些画面推理发挥。后来赫舒拉发告诉我，阿尔钦读这章后跑到他的办公室去，说终于读到一篇好论文。再后来芝加哥大学的基尔·约翰逊读了这第八章后，邀请我在那里教了一个学期农业经济。这里要说的重点，是大哥和我的经验显示着实地观察很重要。没有农村放牛的经历我写不出《佃农理论》，而大哥也不会写出《农业与工业化》。

回头说经济发展学，大哥之幸是没有受到废物的污染，我之幸是晚了大哥二十年，什么是废物多了人知道，而到了60年代中期，经济发展要讲制度的运作是加州大学洛杉矶分校经济系的明显想法。一九六〇年科斯发表他的大文，一九六一年施蒂格勒发表他的讯息费用，一九六二年阿罗发表他的收钱困难。这些都重要，但当年对我影响最大的还是阿尔钦在课堂上对产权的口述传统。更重要是一九六四年起，阿师让我随时跑进他的办公室去研讨。我当时的意识，是制度对经济发展有决定性作用，而制度的问题是权利界定与交易费用的问题。阿师当时反对我在产权与交易费用这些方面写博士论文——他认为太困难，成功机会甚微，应先找较易的，拿了博士再作打算。我不接受这劝导，认为除了产权及交易费用经济学老生常谈的很沉闷。再两年的寻寻觅觅，我一脚踏中佃农问题，推敲出来的重要收获是合约理论的发展了。

提到这些，因为要问当年的经济发展学得到的是些什么呢？地球上从来没有一个穷国因为西方这门学问的提点而发展起来。日本在六十年代经济起飞时，西方的经济发展专家感到奇哉怪也，急忙创立那些不知所谓的日本模式。印度的经济发展学专家多得很，而尽管这些年该国频频报喜，到过那里的朋友皆摇头叹息。中国的崛起是另一回事，这些年把老外吓得要命。西方的经济发展学说可以解释中国的奇迹吗？要看你怎样算。

大哥一九四五年的博士论文详尽地解释了农业与工业化的关系，同时指出了这关系的体现是农业国家要发展起来不能避免的过程。我一九六七年的博士论文指出清楚界定权利与减低交易费用对经济发展很重要，四十一年后发表的《中国的经济制度》是《佃农理论》的延伸，不仅解释了大哥早就希望的经济发展，也解释了中国。不是事后孔明：我在一九八一年就准确地推断了中国会走的路，连一些细节也预先写了出来。可以这样说吧，能成功地解释一个大国从赤贫到小康的经济发展例子，以农业与工业化的关系为大前提及以交易费用与合约选择的理论作解释，走在前头的经济学者只有大哥和我这两个人，无疑也是经济发展的学问，但跟传统的是两回事。

哈佛当年给大哥一个博士论文奖没有判错，但大哥之作的影响力甚微是悲剧。为什么后者会是这样呢？一个解释是经济学者对真实世界的观察不重视。另一个解释，不好说也要说，是因为大哥是中国人。在美国的大学之内种族歧视较少，但不能说不存在，尤其是大哥亲历其境的六十多年前。就是到了二十年后我出版《佃农理论》这本书，算是有点影响主要是因为有两章先刊登在大名的学报上：第二章一九六八年发表于《政治经济学报》之首；第四章一九六九年发表于《法律经济学报》之次。书中其他较为重要的地方——关于中国的农业经验——从那时到今天基本上没有人读。读理论本身的不少，但批评多得我一律懒得回应。算是我歧视他们吧。今天我的佃农理论还在，昔日批评的人不知躲到哪里去了。

中国人在西方受到歧视的现象依然存在。我的取向是一笑置之。但我认为那所谓崇洋媚外，或喜欢把西方的名校大师之见看做高深学问或不敢贬低，可能是在西方饱受冷眼的效果——多半是在大学之外的。我说过，中国三十多年来出现的经济增长奇迹，可取的政策一律是中国人自己想出来的，而劣策则全部是进口货。我对西方经济学不以为然的言论说得多了，这里不再说，但希望大哥的书这次重印，可让同学们知道从中国输出求学的经济学者的思想，因为经历不同，际遇有别，在经济发展学而言，比起西方是远有过之的。

张五常

二〇一一年十二月十日月蚀之夜

为大哥序

经济发展学说在20世纪五六十年代大行其道。谁是始创者有两种说法。一说起自拉格纳·纳克斯（Ragnar Nurkse）1953年出版的*Problem of Capital Formation in Underdeveloped Countries*；另一说起自我们的张培刚在哈佛大学获奖的博士论文，1949年以*Agriculture and Industrialization*之名成书出版。今天回顾，从影响力的角度衡量，纳克斯之作远为优胜。这是不幸的，因为这影响带来数之不尽的怪诞不经的理论。如果当年经济学界以张培刚的论文作为经济发展学说的基础，我们的眼界与思维早就有了长进。

于今尘埃落定，我认为张大哥还是胜了。二十年来中国的惊人发展，是成功的农业工业化。大哥的思想早发晚至。

张五常

英文版序言

（中译稿）

这项研究开始于10年前，当初是作为中央研究院社会科学研究所关于中国农业经济的一个系列研究项目之一。但是中日战争结束以后的事态发展，带来了关于中国实现工业化的整个问题，特别是像中国这样一个农业国家实现工业化，应该采取怎样的方式和具有哪些主要内容，更是问题的核心。后来我考取庚款留美，到了哈佛大学继续学习和研究，使我认识到一个农业国家的工业化进程，应该作为世界性的问题来加以考察。但一直到现在，就我所知道的书刊文献资料，尚未有一种对此问题作过系统的考察和研究。本书是我以严肃认真的态度探讨这一问题的初步尝试，但不可能包括这一问题的所有问题。

这里要特别提到，对于在工业化过程中的手工业和所谓“乡村工业”，在本书中只作了有限的论述。但工业化对它们的影响，以及它们在工业化过程中的地位是非常重要的。本书限于篇幅，只好留在今后再作详细讨论。

借此机会，我对在哈佛大学学习和研究期间的各位老师表示衷心的感谢。特别是布莱克（John D. Black）教授，他是李亨义（Henry lee）基金讲座教授，在他的指导下，我进行《农业国工业化》博士论文的撰写。再有厄谢尔（A. P. Usher）教授，他关于工业化问题和区位理论的许多思想，对我有很大的教益。同时我还要感谢哈佛大学社会科学研究委员会秘书麦当劳（Althea MacDonald）女士，以及哈佛大学出版社主要编辑人员，在本书付印中所给予的帮助。

张培刚

1947年9月

自　序

本书写成于20世纪40年代中期，但思想上的酝酿，却早在30年代初当我在武汉大学经济系学习时，以及毕业后参加前中央研究院社会科学研究所从事农业经济的调查研究工作时，便已开始。当时我经常考虑到的一个问题，就是经济落后的以农业为主的中国将如何走上工业化的道路。20世纪40年代初，我考取清华公费留美，进哈佛大学研究生院，先学习工商管理，后又学习经济理论、经济史和农业经济。通过这几年的学习，我除了具体了解到美国的一些现实情况外，更从历史文献和统计资料中较多地阅读了有关英、法、德、美、日、苏联诸国从“产业革命”以来各自实行工业化的书刊，从而使我更进一步认识到农业国家的工业化是一个带世界性的问题。当时正值第二次世界大战即将结束的前两三年，我想到大战后的中国迟早必将面临如何实现工业化这一复杂而迫切的历史任务。因此，以中国的工业化为中心目标，从世界范围来探讨农业国家或发展中国家在工业化过程中所将要遇到的种种问题，特别是农业与工业的相互依存关系及其调整和变动的问题，将是具有十分重要的现实意义的。但在我当时所阅读的书刊中，还没有看到一种专著对农业国工业化问题进行过全面系统的研究。本书英文原稿以《农业与工业化》（*Agriculture and Industrialization*）为题，作为博士论文完稿于1945年冬，就是我以严肃认真的态度，试图从历史上和理论上比较系统地探讨农业国工业化问题的初步尝试。

1947年春，哈佛大学决定将本论文列为《哈佛经济丛书》，于1949年出版。1951年译成西班牙文，在墨西哥出版。1969年，英文本又在美国再版。1947年到1948年间，当时跟随我在武汉大学经济系学习的两位研究生，现任武大经济系教授的曾启贤同志和现任商业部商业经济研究所负责人的万典武同志，曾经根据论文原稿将全书译成中文，但我未予出版。

三十余年过去了。在这个期间，曾有欧、美、亚、拉美等地区的一些经济学者来信询问或专程来访，想同我讨论本书提出的问题。但由于各种原因，我却未能再继续从事这一问题的研究。

自从1976年10月粉碎了“四人帮”以来，特别是自从党的十一届三中全会以来，经过拨乱反正，实现了我国历史性的伟大转变，把工作重点转到社会主义现代化的建设上，四个现代化才真正提到了议事日程。像我国这样一个经济比较落后的正处于发展中的社会主义国家，如何尽快地实现工业化和现代化，就成为我国经济学界所要从事的重大而迫切的研究课题。

要研究我国或任何其他发展中国家如何实现工业化的问题，无疑地主要是根据本国国情，从实际出发，制定方针政策；但同时也要了解外国实行工业化的经验和教训，以便从中有所取舍和借鉴。我原来撰写的《农业与工业化》，就其所提出的问题、所搜集的历史文献和统计资料以及所作的某些分析，容或在一定程度上可供参考，并可作为我自己继续研究这一问题的起点。但原稿写成于三十多年以前，自后世界形势发生了巨大的变化，第三世界的一些农业国家或发展中国家，在实行工业化的过程中又产生了许多新的特点，提出了许多新的问题。这一切特点和问题，需要运用马克思主义的观点，结合本书原来的分析，重新加以考察和探讨。更者，我国现在所实行的工业化，是具有中国特色的社会主义工业化，从而又需要结合我国具体国情，进行专题研究。为此，我特于去年秋冬间制定出新的写作计划，拟将全书扩大为上、中、下三卷，仍冠以《农业与工业化》的总标题，而将早已以英文本问世的本书作为上卷，加上分标题《农业国工业化问题初探》，第一次以中文与我国读者见面。接着我计拟在数年内，写成中卷《大战后农业国工业化问题再论》和下卷《社会主义中国农业与工业化问题研究》，陆续出版。回想我撰写本书上卷时还只是三十岁左右的青年；而现在我已年届古稀，看来要完成本书后续部分的写作任务，还十分艰巨。但当此祖国四化建设宏图大展的历史时刻，我一定以“老牛奋蹄”的精神，尽力实现这一写作计划。

本书上卷中文版，仍以曾启贤、万典武两同志的中译稿为基础，特在此向译者致谢。从去冬到今秋，我自己又花费了近十个月的时间（大部分是我重病后住在医院治疗和疗养的时期），前后三次，把中译稿从头到尾，逐段、逐句、逐字地进行了审阅和修订。在内容方面，为了历史存真，除了个别词句外，我未加以任何改动，全部保持着原来的面貌。在译文方面，则在准确性、文风以及用语、用字习惯上，我做了比较多的修改和核正。当年在撰写本书时，往往假定“社会制度是给定的”，或者指出“对社会制度不予考虑”。在分析上，采用了经济学中常用的抽象法，因而本书的结论，对于一切发展中的国家可能均有参考价值。

张培刚

1983年10月，于武汉市

华中工学院经济研究所

张培刚

谨以此书献给

我的父亲和母亲

目　录

《农业与工业化》的来龙去脉

张培刚　口述

谭　慧　整理

前些年，董辅礽教授曾经说过这样一段话："1946年秋，当我考进武汉大学经济系后，结识了我人生中第一位重要导师张培刚教授。"接着他又不无感慨地说："张培刚老师的学术思想，像一颗流星，在20世纪中叶的天空划出一道炫目的亮光之后，便旋即泯灭了……"①

董辅礽教授所说的那颗在天空中闪过一道亮光的流星，我想指的就是张培刚先生于1945年在美国哈佛大学用英文写成、1949年在哈佛大学出版、而现在又重印发行的这本博士论文 *Agriculture and Industrialization*（《农业与工业化》）。鉴于它是第一部从历史上和理论上比较系统地探讨了贫穷落后的农业国家如何走上工业化道路的初步尝试之作，该文由此而获得1946—1947年度哈佛大学经济学专业最佳论文奖和威尔士奖金（David

① 薛永应：《董辅礽评传》，武汉大学出版社2000年版，第20页。

A. Wells Prize)，被列为《哈佛经济丛书》第 85 卷，1949 年在哈佛大学出版社出版，1969 年在美国再版。1951 年被译成西班牙文，在墨西哥出版。此书后来被国际学术界誉为“发展经济学”的奠基之作，从而先生本人亦被誉为“发展经济学创始人”之一。①

《农业与工业化》写成的历史缘由和经过

这部著作之得以写成，来由甚早甚远。正如培刚先生所说，“诚然，读书使我获得知识。但是，如果没有我青少年时期在农村的亲身经历和生活感受，没有我大学毕业后走遍国内数省，先后六年的实地调查，特别是如果没有一颗始终炽热的爱国之心，我是写不出这篇博士论文的。”

一、青少年时期和大学求学时期，打下基础

培刚先生于 1913 年 7 月 10 日，出生于湖北省红安县（原黄安县）一个普通农民家庭，从小时候起就随家人从事过放牛、砍柴、栽秧、割谷等劳动，亲身感受到农民生活的困苦和农业劳动的艰辛；在他幼小的心灵里，就立下志愿要为改善农民生活、改进农业耕作寻觅一条出路。20 世纪初叶和中叶，国内军阀连年混战，外侮日亟，特别是日本帝国主义亡我之心益炽，“五七”、“五九”、“五卅”国耻接连不断。先生常常自问：有悠久历史的中华民族，近百余年来，为何屡受欺凌，任人宰割？这种民不聊生、民

① 美国加州大学伯克利分校艾玛·阿德曼教授（Irma Adelman）说：“*Agriculture and Industrialization* 这本书应看做是发展经济学的最早作品。”——见谭慧编：《学海扁舟》，湖南科学技术出版社 1995 年版，第 259 页。美国哈佛大学国际发展中心主任帕金斯教授（Dwight H. Perkins）说：“在熊彼特（Joseph A. Schumpeter）的《经济发展理论》之后，《*Agriculture and Industrialization*》一书就算是最早最有系统的著作了。”见上引书，第 422 页。

1982 年，世界银行专家霍利斯·钱纳里教授（Hollis Chenery）在上海讲学时说：“发展经济学的创始人，是你们中国人——培刚·张。”

族危亡的情景，日益促使他发愤读书，从无懈怠地探索富国强兵、振兴中华的途径。可以说，这是先生日后形成的人生观和学术观点的最早根源。

1929 年春，15 岁半，他插班考进武汉大学文预科一年级下学期；一年半后，预科毕业。

1930 年秋，17 岁，他顺利进入武汉大学本科经济学系一年级，1934 年 6 月毕业。

据先生在 1993 年所撰写的一篇怀念大学基础课老师的文章中所言，他在预科学习的，几乎全部是基础课；在本科学习的，则大部分是专业课，小部分是基础课。他还在这篇文章中深情地说："我的大学老师都已作古，有的已离开人世四五十年。但不论是基础课老师还是专业课老师，他们的音容笑貌、举止风度，却永远留在我的脑海里；他们言传身教、诲人不倦的精神，却永远活在我的心中。"①

先生常说，"百丈高楼从基础起，做学问也是同样的道理，必须先打好基础。"

先生在武汉大学读文预科和本科一年级时的主要基础课，是数学、国文、英文，还有论理学（亦称逻辑学或名学）；此外，还要选修一门第二外语和一门理科课程。

数学从文预科到本科一年级，都是由副教授程纶老师讲授，他讲课朴实清楚。由于培刚先生对数学有天分和特大兴趣，在中学时通常做练习总是赶在老师讲课进度的前头，根底较好，所以这次他报考武大插班虽然跳越了一年半，但他利用课余时间，自己加班加点，很快就补上了数学课的跳越部分。大概经过半年到一年，他就基本上赶上了进度。他还记得当年大学一年级的数学课主要是讲授解析几何和微积分；后来解析几何提前列为高中课程。

---

① 参阅张培刚：《怀念母校讲授基础课的诸位老师》，载武汉大学百年校庆社盛专册《百年树人，百年辉煌》，武汉大学出版社 1994 年版；转载于《张培刚选集》，山西经济出版社 1997 年版。以下凡有关在武汉大学学习基础课事例，皆出自此文。

关于英文课，据培刚先生回忆，他在读文预科一年级时，是张恕生老师讲授；张老师体形魁梧特胖（可能是高血压，后来不幸早逝），发音清正，教课得法，对作文要求严格，是一位好老师；只因要求过严，且批评学生时语中常带讽刺，有些学生不喜欢他。在文预科二年级时，英文课老师是文华大学（后来改名为华中大学）骆思贤先生。骆老师长年在教会大学里工作，英语讲得流利，教课简明清楚。到大学本科时，经济系的基础英语课老师是哲学系胡稼胎教授。胡老师讲英语是一口“伦敦标准音”，引起培刚先生的浓厚兴趣，也大开其眼界（先生在此处加注曰：实际是“耳界”）。当时班上青年学生很顽皮，理所当然，先生也是其中之一。比如“which”一词，按“韦氏音标”读法，他们故意译为“晦气”，而现在按伦敦口音（或“国际音标”）读法，又故意译为“围棋”，这里“h”是不发音的。胡老师讲课严肃认真，不但注重作文，而且非常注重英文的修辞学。

英文课的张、骆、胡三位老师，教课认真负责，讲授得法，对学生要求严格，一丝不苟。培刚先生说，他当时受益匪浅，终身难忘。又据先生回忆，上面几位老师讲授英语，有以下三个特点：第一，大量阅读著名作家的短篇小说、短篇文章或传记文学选读，如莫泊桑的《项链》、莎士比亚的《威尼斯商人》、弗兰克林的《自传》选读等。第二，反复讲清“语法”中的疑难部分，特别是时态和前置词的各种用法。第三，强调作文和修辞。先生记得从大学预科到本科一年级的三年内，所上的英文课，几乎都是每两周（至多三周）要写一篇作文。当时同学们被逼得真有点儿“敢怒不敢言”。但后来同学们都认识到这些做法是正确的。大约10年后，1940年暑期，培刚先生在昆明参加清华庚款留美公费考试，英文这门重头课，一个上午就只考一篇作文。这时，他内心更加钦佩他的几位大学英语老师高瞻远瞩，教学得法了。在大学本科上“基础英语”课时，他读到英国大哲学家弗朗西斯·培根的一篇有名文章，其中有两句他特意译成押韵的中文：“多读使人广博，多写使人准确。”自后他一直把这两句话作为他的“求学座右铭”。

文预科的国文课，据培刚先生记述，主要是鲁济恒老师讲授的。鲁老师当时是湖北省有名的国文老师，他在读省一中时就已闻其名。鲁老师为人和蔼慈祥，两眼虽高度近视，但讲课声音洪亮，神情激昂，诲人不倦。教材以古文为主，亦有白话文章。作文每月一次到两次不等。培刚先生记得1929年春季入学后不久，第一次作文题是："论文学之创作与模仿。"他认为这是一个很大又很重要的题目，他写了三四千字。文中他谈到胡适之先生的"八不主义"，其中的几条他表示赞成，但有一条"不模仿古人"，他则表示不完全赞成。他写道："今人有好的，我们固然应该学习和模仿；但古人有好的，我们也应该学习和模仿。""不能因古而弃善，亦不能因今而扬恶。"不久，发还作文本，鲁老师在班上对他大加夸奖，并公开宣布给95分，是班上最高分。待他打开作文本，只见鲁老师对上面几句文字，用红笔浓圈密点；文章末尾还有一段评语，最后两句是："文笔如锐利之刀，锋不可犯。"可见培刚先生不赞成"不模仿古人"，是完全符合鲁老师的心意的。

谈到大学时期的国文课，培刚先生认为还要特别提到中文系刘赜（博平）教授。博平老师早年就是我国著名的文字学家。当年武汉大学已经开始形成一个良好的校风和教学惯例，那就是"凡属本科一年级的基础课，不论是为本系学生开的，或是为外系学生开的，都必须派最强或较高水平的老师去讲授"。所以当先生到了经济系本科一年级这个大系的班次时，学校特委派刘博平老师讲授国文，仍派程纶副教授讲授数学，又专派生物系台柱之一的何定杰（春桥）教授讲授生物学（当时按学校规定：文法科学生要选读一门理科课程）。博平老师虽然刚来武大不久，学生们却早已经知悉他是国学大师黄侃（季刚）先生的真传弟子，对说文解字、声韵训诂之学，造诣极深。他和后来的黄焯教授一道被学术界公认是章（太炎）黄（季刚）训诂学派的主要继承人。据培刚先生记述，博平师为人谦和，讲课认真细致，当时为班上讲《文心雕龙》及其他古籍书刊，旁征博引，字字推敲，引人入胜。先生特别记得有一次博平师在课堂上讲过：他们家乡

（湖北广济县，属黄州府即后来的黄冈专区）把“去”读成“qie”（相当于“切”），“你到哪里去”，在他们家乡读成“你到哪里‘切’”。其实这个读法并不“土”，而是“古”音。先生听后心中接连高兴了好几天。因为他的家乡是湖北黄安县，亦属于黄州府。他来武汉求学，平常说话，乡音极重，常被人笑为土里土气。现在可好了，他们家乡的这个土音原来是古音，再不怕人讥笑了。先生更记得，博平师常曰：“吾推寻文字根源，每于一二字用意穷日夜，仍难得其声、义所由之故；泛览文史，辄日尽数卷，宁用力多而畜德少耶？然吾终不以彼易此。”博平师的这种孜孜不倦，锲而不舍的求知精神，使他终生引为典范，受益良深。

当年培刚先生在武大本科学习的基础课，除了国文、英文、数学外，还有必修课第二外语（他选的法文），以及他自选的第三外语（德文）。

法文从本科一年级学起，共学两年。一年级的法文课是陈登恪教授讲授，从字母、拼音学起，着重语法和造句。据先生记述，陈老师真是一位忠厚长者，穿一身长袍，却口授外国语，在一般人看来，与其说他老是一位洋文教师，还不如说他是一位八股中文先生。陈老师对学生和蔼慈祥，教课认真细致，很受学生的敬重。

二年级的法文课是当时知名女文学家、外文系教授袁昌英老师讲授。袁老师是当时武大经济系著名经济学家杨端六教授的夫人，她和当时武大中文系的苏雪林老师（后迁居台湾，近年以逾百岁高龄逝世，著名文学家）、凌叔华女士（当时武大文学院院长、著名学者陈源教授——字通伯、别号西滢——的夫人）一起，被称为“珞珈三女杰”。袁老师讲课，精神奕奕，声音洪亮，强调作文，选读法文名篇短文和小说，要求严格，从不含糊；有时袁师还挑学生朗读课文，回答问题。学生喜欢她，但也怀有三分畏惧之意。先生记得当时是1931年秋到1932年夏，正值学校由武昌东厂口旧校址迁往珞珈山新校址，袁师就给他们班上出了一个法文作文题：“珞珈山游记”，真是非常应景。培刚先生觉得这个题目很有趣味，只是要使用的单词很多，难以拿准。他不断地查阅字典，对照法语书刊，几乎花费了一个星期的课余时间，才写完这篇短文。这时，他更体会到大哲学家培根所说的“多写使人准确”的深刻含义。

大学法文老师们的认真讲授和严格要求，使培刚先生终生获益甚多。他毕业后在前中央研究院社会科学研究所从事研究工作时，不仅能阅读有关的专业法文书刊，而且还撰写了几篇关于法文书刊的书评，先后都发表在该所编辑出版的《社会科学杂志》上。1941 年秋，他赴美国哈佛大学读研究生时，不到一年的时间，他就以笔试通过了第二外语法文的考试。饮水思源，使他更加怀念和感谢在大学时的法文老师们。

这里要特别提到教过高年级法文课的袁昌英老师。袁师并不是专职的法文教师，她出生于 1894 年 11 月，是早年就以《孔雀东南飞》剧作而驰名文坛的作家，也是以长期研究西洋文学而著称的知名学者和大学教授，更是青年时就能冲破封建传统束缚，远涉重洋，留学英、法，专攻西学的女中豪杰。可是，这样一位著名的作家和学者，却在“文化大革命”开始前后，就蒙受着不白之冤，遭受着摧残心灵和精神的严重迫害。培刚先生说，当他辗转听到袁师的艰难处境时，他自己也正在受审查、挨批判，从事艰苦的体力劳动，真是“泥象过河，自身难保”；除了师生同病相怜外，亦只有暗中祷告上苍，降福斯人了。1969 年 12 月，袁师以 75 岁的高龄，又由珞珈山被戴“罪”遣返湖南醴陵县转步口故乡；到 1973 年 4 月，在寂寞中悄然辞世。所幸党的十一届三中全会以后，袁老师生前受到的“右派”和“历史反革命分子”等的错误处理，得到昭雪；母校武大也为她老举行了平反大会，袁老师九泉之下有知，也可稍微得到慰藉。但愿苍天睁眼，大地显灵，保佑我国再不发生“文化大革命”中的那种厄难。

再谈谈德文课。在大学三年级和四年级，培刚先生自愿额外选读了第三外语德文。教德文的是一位德国老师格拉塞先生。据说他是第一次世界大战时来到东方的，自后他不愿回德国，就在中国留住下来。他娶了一位日本夫人，添了两个女儿，女儿当时只有十几岁，都在读中学。格拉塞先生教书认真负责，讲课用简单德文，很有条理。一般来说，他比较严肃，但有时也很幽默。培刚先生总记得他把一堂德语课文编成了一个简单的笑话故事：有一天，老师给学生上课，说是要记住一条规律，凡物逢热就胀大，遇冷就缩小。一个学生连忙站起来，说道："是的，我懂得了，所以夏天天热，白天长一些；冬天天冷，白天就短一些。"全班同学听后大笑起来；格拉塞先生当时已年逾半百，也和大家一样天真地笑着。

那时上海的同济大学，可说是全国高等学校中学习德文、运用德文的典型代表。为了便利教学，推广德文，该校编辑出版了《德文月刊》杂志，对教育界和学术界做出了很大贡献。培刚先生在大学四年级就开始订阅这份杂志，大学毕业后他仍然继续订阅，大大有助于他的德文自修，直到1937年抗日战争烽火蔓延上海，该校西迁后"杂志"停刊为止。由于大学时打下的根底，加上毕业后的连年自修，使他后来在工作中，就已经能够用德文阅读专业书刊了。

在大学本科一年级，培刚先生还学习了一门基础课，那就是逻辑学（亦称"论理学"或"名学"），是研究思维的形式和规律的科学。当时教这门课的是屠孝寔老师，那时屠老师刚刚撰写出版了一本《名学纲要》，颇有名气。屠老师身材修长，举止文雅，讲课条理清晰，常以例子说明原理，步步深入，使人豁然开朗。这门课程，对于先生后来说理写作，分析和解答问题，佐助良多，终生受益匪浅。

最后，培刚先生在大学本科一年级读的一门课程，是生物学；就经济学而言，这可以说是一门基础课，但也可以说是一门专业知识课。当时按学校规定，凡读经济的学生，除数学必修外，还必须选读一门理科课程：物理学，化学，或生物学，任选一门。先生选了生物学。前面提到过，当年武汉大学有一个好传统，有关的系都是派最好的或较高水平的老师给外系的学生讲授基础课，生物系派出了知名教授何定杰（春桥）老师为一年级外系学生讲授生物学。据先生记述，何老师当时不过40岁左右，却已蓄起有名的"长髯"，自后在武大学生和同事中，就传开了颇有名气的"何胡子老师”。何老师讲课，不但条理清楚，而且生动活泼，引人入胜。先生当时对生物学这门课所讲的内容，特别是对遗传与变异，非常感兴趣。比如奥地利神父孟德尔通过对豌豆的著名实验，研究出基因（Gene）的分离规律；又如法国学者拉马克以“用进废退”学说，阐述长颈鹿的进化过程；至于英国大学者达尔文的“物竞天择，适者生存”的学说，更是令人推崇，启发深思的。

与生物课相联系，培刚先生在这里特别谈到两件事

一是10年后，即1941年他留学美国，开始在哈佛大学研究生院学习。他在选读了张伯伦（Edward H. Chamberlin）教授的“经济学原理”之后，又选读了熊彼特（Joseph A. Schumpeter）的“高级经济学”和“经济思想史”（即熊氏后来撰写并在逝世后出版的《经济分析史》的雏形和概括）两课程。他记得熊彼特教授在课堂上就讲到了经济学的“达尔文学派”，其特点在于把达尔文的“进化论”运用到经济演进过程的分析上。不仅如此，熊彼特本人也早就多次引用过生物学上的术语和概念。比如他在早期成名之作《经济发展理论》一书中，以某独成一家的“创新理论”解释“资本主义”的形成和特征时，就曾借用过生物学上的“突变”（Mutation）一词。熊彼特认为，“资本主义在本质上是经济变动的一种形式或方法，它从来不是静止的”。他借用生物学上的术语，把那种所谓“不断地从内部革新经济结构，即不断地破坏旧的，不断地创造新的结构”的这种过程，称为“产业突变”（Industrial Mutation），并把这种“创造性的破坏过程”看做是关于资本主义的本质性的事实，所以他认为“创新”、“新组合”、“经济发展”，是资本主义的本质特征，离开了这些，就没有资本主义。从这里培刚先生体会到，社会科学与自然科学之间，不仅在方法论上，而且在有些理论上，两者确实有相通之处；他更体会到，当年母校规定经济系学生必须选读一门理科课程，是有重要意义的。

另一件事是再过10年，即1950年到1951年间，当时正值我国奉行“全面学习苏联”的时期。与之相联系，在生物学界也大力介绍和宣传“米

丘林学说”及其代表人物“全苏农业科学院院长”李森科的事迹。本来，在当今世界上，为了走向现代化，介绍和宣传现代科学上任何一种新学派都是完全必要的，也是无可厚非的。可是，李森科除了一方面把自己的论点和看法所形成的概念称作是“米丘林遗传学”外，另一方面却把当时国际上广为流传的摩尔根学派“基因理论”说成是“反动的”、“唯心的”，并且利用权势，排斥各个持不同观点的学派。影响所及，特别在当时社会主义阵营的国家里，造成了科学研究上的严重不良后果。我们知道，托马斯·亨特·摩尔根是美国及国际上著名的遗传学家，早年曾在“孟德尔定律”的基础上创立了“基因学说”，著有《基因论》、《实验胚胎学》等著作，1933年获诺贝尔生理或医学奖。而李森科面对这种现实情况，却完全抛弃了实事求是的科学态度，反而把“基因理论”和摩尔根学派一概加以否定、排斥和打击。我国当时的生物学界，在极“左”路线的指引下，亦随声附和，以致当时生物学界不少对摩尔根遗传学说素有造诣的老专家如谈家桢教授等，横遭指责和批判，长期蒙受着不白之冤。直到“文化大革命”结束，特别是1978年党的十一届三中全会以后，事实真相才逐渐大白于天下，是非曲直也才逐渐得到端正。可见，学海如战场，为了应付随时飞来的袭击，做学问的人也必须具有承受各类事故的极大勇气和牺牲精神。

以上培刚先生之所以不厌其烦地花费了较大篇幅，追述他在武汉大学文预科和经济系本科一年级学习基础课的情景，主要是依据先生本人的看法和要求。一方面，这一段打下基础的经历，是他日后考上出国留学并用外文写成博士论文《农业与工业化》的直接和重要的渊源。首先，如前面所谈1940年暑期在昆明和重庆同时举行的清华庚款公费留美生考试，英语一个上午只考一篇作文，如果没有大学时期打下的较深基础，那是得不到优秀成绩，从而难以考上的。其次，如果没有英、法、德三种外语的基础，不能充分利用哈佛图书馆通过大量阅读和引用有关外文书刊，那也难以写出获得哈佛经济专业最佳论文奖并列为《哈佛经济丛书》的博士论文。再次，在其他基础课程方面，如中、英文语法，逻辑体系，达尔文学说进化思维，等等，不仅与《农业与工业化》撰稿，而且与终生的学术写作，都具有深切的关联。当前学术界在学风和文风上，由于“左”的路线和“文化大革命”及其他方面的原因造成的不良影响，急功近利、浮躁浮夸之风颇为流行。此风如不刹住，必将影响子孙后代，贻害无穷。

在大学时期，据培刚先生记述，除了打好做学问所必须具备的一般基础外，同样重要的是打好经济学专业基础。1930年秋，先生进入武汉大学经济系本科学习，那时法学院（包含法律、政治、经济三系）教师阵容极强，在国内可称名列前茅。就经济系而言，著名教授及其开设的课程有：周鲠生（宪法、国际法，法学院共同课程），杨端六（会计学——含成本会计、货币银行、工商管理），皮宗石（财政学），刘秉麟（经济学、货币银行、经济学说史），陶因（经济学），任凯南（外国经济史、外国经济思想史），李剑农（中国经济史、中国近代政治思想史），朱祖诲（统计学），张竣（国际贸易——含海运保险）等，可谓极一时之盛。

当年武汉大学经济系的教学，据培刚先生言，有三大特点：

第一，教与学极其认真。那时经济系的教师，大多数留学英国，只有陶因师留学德国，而周鲠生师除留英外，还留学法国巴黎大学，取得法学博士学位。他们的学风和作风踏实认真，注重基础，人人国学功底深厚，撰写讲稿和发表文章水平极高。这对青年时期的培刚先生影响极大，终生奉行不渝。

第二，理论与实务并重。比如设置的课程，既重视理论课程，如经济学、经济思想史、货币银行学、国际贸易学等，又重视实用课程，如会计学、成本会计学、统计学、工商管理等。因此武大经济系毕业的学生，一方面，不少是在大学里讲授经济学或经济思想史课程；另一方面，又有很多在国家机关或实际部门担任会计或统计工作，不少还担任大型国营工厂如钢铁公司、机械厂、造船厂等的会计主任或会计处长。

第三，那时武大法学院的经济系，在课程设置上，还有一重大特点，那就是非常重视法学课程，除前面已经提到的宪法、国际法外，又有必读的民法概要、商法、保险法、劳工法等。

据培刚先生记述，他在武大经济系本科四年的勤奋学习（年年得系奖学金，全系成绩最优；毕业时得法学院奖学金，全院成绩最优），确实为他后来考取清华庚款公费留美、从事农业国工业化问题研究并取得较优成绩，打下了扎实的基础。

其中还要着重提到关于任凯南师讲授的外国经济史和外国经济思想史两门课程。培刚先生回忆，任师讲课，湖南乡音极重，但条理分明，十分详尽。讲到激昂处，喜用口头禅“满山跑”，即遍地开花结果或遍地发展之意。任师讲英国产业革命起源，特别是讲述纺织工业的兴起过程，极为详细，比如讲“飞梭”的发明及其广泛传播应用，就在好几处用了“满山跑”口头语。当时培刚先生在教室里听课做笔记，为了求快以免遗漏，同时也来不及另行措辞，就直接写下很多处的“满山跑”，成为他的这门课笔记的一大特色。任师不但在课堂上讲课认真，还要求学生在课堂外阅读英文参考书，主要是关于欧洲经济史和产业革命史的。培刚先生说，任师见他读书用功，特在自己的书库中，拿出英国瑙尔斯（L. C. A. Knowles）女教授撰写的一本英文名著《19 世纪（英国）产业革命史）（伦敦，1927 年版），送给了他，让他细读。据先生回忆，在大学毕业前的一两年内，他确实挤出时间将该书读完。他感到任先生讲授的这两门课，加上阅读有关的英文参考书籍，他已开始认识到两点：第一，像中国这样贫穷落后的农业国家，除了实现国家的工业化、兴办现代大工业之外，别无振兴经济之道。第二，但他从老师的讲课和自己阅读欧洲经济史的书刊中，又得知在城市大工业兴起过程中，却引起乡村工业纷纷破产，加上土地兼并之风接踵而来，又使得广大农民不得不背井离乡，流落城市街头，景象十分悲惨。因此，他不断思考，终于又得出一条崭新的思想：在实行城市工业化的同时，也必须实行农村工业化。这一思想表现在两年后他发表的《第三条路走得通吗?》一文中。与此同时，也使他初步认识到，要走“实业救国”、“教育救国”实现工业化的道路，还必须借鉴于西方。

培刚先生更补充强调说，上述武大法学院的几位老师，不仅是学识精纯的著名经济学家或法学家，而且也是道德文章品格高尚的教育家。就时间顺序言：李剑农师曾任湖南省教育厅厅长，皮宗石师、任凯南师先后担任过湖南大学校长，陶因师曾任安徽大学校长，周鲠生师从1945年到1949年曾任武汉大学校长。还有杨端六师，20世纪30年代初期，曾被礼聘兼任军事委员会审计厅上将衔厅长，以他老那样性格耿直、办事认真的态度和作风，实在很难见容于官场，所以，仅仅一次或两次暑期到任之后，他老就借故辞职，回校专门从事教书了。

二、在前中央研究院社会科学研究所时期，从事调查研究工作

1934年6月底，培刚先生在武汉大学毕业，旋即按预约选送进入前中央研究院社会科学研究所，从事农业经济的调查研究工作。著名社会学家陶孟和所长，十分重视社会调查，反对泛泛空论。先生在该所工作6年中，足迹遍及河北、浙江、广西和湖北的一些乡村、城镇，了解民情，掌握第一手资料，先后写成《清苑的农家经济》、《广西粮食问题》、《浙江省食粮之运销》等书，相继由商务印书馆出版。此外，他还就农村经济、货币金融、粮食经济和农村调查方法等方面的问题，在《东方杂志》、《独立评论》、《经济评论》等刊物上发表了多篇论文。

20世纪20年代末、30年代初，在探讨中国经济的发展道路问题上，学术界曾经展开过一场“以农立国”，抑或“以工立国”的辩论。最先有一些人提出两条可供选择的道路：一条是主张复兴农村，另一条是主张开发工业。后来有一些学者撰文提出第三条道路，主张在农村兴办乡村工业，作为中国经济的出路。主张走第三条道路的学者们，不赞成兴办整个国家现代工业的工业化，因为他们认为中国在帝国主义压迫下，都市现代工业难以发展起来，所以只能采取在乡村集镇开办小手工业或乡村企业，慢慢发

展后就可以促进整个国家的经济发展。1934 年秋冬间，培刚先生当时 21 岁，刚从大学毕业进研究所，血气方刚，写了一篇《第三条路走得通吗?》（载于《独立评论》杂志 1935 年 2 月第 138 号），与撰文主张走第三条道路的教授学者们展开辩论。文中先生明确表示了第三条道路行不通。他写道："诚然，农村工业是分散的，但经济的压力如水银泻地，无孔不入；说农村工业易免去飞机的轰炸则可，说能免去帝国主义经济的束缚与压迫，就未免太不认清事实了。所以我们觉得，在帝国主义经济的压力不能免除之时，发展都市工业固然不容易，建立农村工业也是一样的困难。"如前所述，培刚先生在大学学习时，已经从西方发达国家的近代史文献中了解到，它们的经济起飞和经济发展，乃得力于进行了"产业革命"和实现了"工业化"。因而他在文中强调，中国要振兴经济，变落后国为先进国，也必须实现"工业化"。他特别提出，"工业化一语，含义甚广，我们要做到工业化，不但要建设工业化的城市，同时也要建设工业化的农村。"他在文中又指出，"对于提倡农村工业，我们并不反对，尽管它成功的可能性很小。我们只是觉得：中国经济建设前途，是走不通农村工业这条路的，换言之，农村工业这条路，不能达到都市工业的发展，因而不能达到工业经济的建立。"由此可见，《农业与工业化》这篇论文，虽然完稿于 20 世纪 40 年代中期，但其思想酝酿却应追溯到 20 世纪 30 年代初期和中期。

关于培刚先生进入研究所后的具体调查研究工作，据他叙述，当时陶所长分配给他的第一个任务，就是整理该研究所在 1930 年由陈翰笙、王寅生、韩德章、钱俊瑞、张稼夫、张锡昌诸位先生主持所进行的规模比较庞大的"清苑（河北保定）农村经济调查"资料，并写出研究报告。该项调查资料涉及一千五百余户农家，一户一册资料，堆聚了半个小房间；调查内容丰富细致，在国内确属不可多见。只是一来他生长在南方，刚出大学门，对北方农村情况和农民生活，尚不熟悉；二来此项调查是五年前进行的，对可能的变化情况，亦不清楚。幸好有老同事韩德章（后为北京农业大学教授），曾参加过当年此项调查，而且他是大学农艺系毕业的，在北方和南方进行过农作物和农村经济调查。为此，经所长同意，在德章先生的指教和协助下，他两人一起，于1934年冬专程到保定城区和清苑四邻乡村进行了一个月的补充调查。紧接着回北平后经过几位青年同事的协助计算和他本人的撰写工作，乃于1935年底完成了《清苑的农家经济》研究报告，于1936年在上海商务印书馆出版。

第二个较大的工作任务，就是1936年夏，因日军入侵华北局势日益紧迫，研究所早已于年前迁至南京，这时，受资源委员会之委托，特命张之毅、培刚先生两人带领数人赴浙江进行全省食粮运销调查。着重之点有三：①搜集全省各区之食粮移动数字；②在重要市场设立粮运情况报告制度；③详查食粮的运销机构。前两点乃应资源委员会之要求，后一点则循本所学术研究之需要。此外，并搜集各市场历年的食粮价格（包括乡村价格、批发价格及零售价格）；又选取重要粮食区域，举行主要粮食作物生产费用调查，以求种植粮食作物与非粮食作物之比较利得。调查范围颇为广泛。

浙江全省粮食调查工作，除他们两人担任外，还有研究所张铁铮先生协助。与此同时，他们还得到浙江大学农业经济系主任梁庆椿教授的大力支持，特派毕业班两位本省籍同学许超、叶德盛两君参加；由于江、浙地方口音难懂，因而两君兼管调查和口译，对工作的顺利进行，帮助良多。6月，他们这一行人在杭州会合，然后兵分浙西和浙东两路，分赴各市镇商店进行访问和调查。此次总计调查区域遍及32个县、市，56个市场，而于杭州市之湖墅，浙西之硖石、湖州、泗安，浙东之宁波、绍兴、温州，浙中之兰溪、金华等市场，尤为注重。调查时间自6月下旬至9月中旬止，共计约3月。

回南京后，因资源委员会亟待参考浙江省食粮移动数字，故先将这一部分资料提前整理应命，费时两月。直至1937年初，他们开始拟定浙江食粮运销的研究报告。稿未竟而“七七”卢沟桥事变爆发，日军大举侵略华北；紧接着上海“八一三”全面抗战发生，南京时遭空袭，研究所计议迁往湖南长沙，撰写工作陷于停顿。不到一月，之毅先生因任教陕西国立西北农专，培刚本人则因桂省约往研究和设计该省战时粮食方案，先后请假离所，本书之编写，乃不得不暂行搁置。至 1938 年，研究所由湘迁桂省阳朔；9 月，他销假回所，认为此次调查所费心力甚多，且材料至为丰富，不忍将全部工作，遽而中辍，遂着手继续撰写。是年底，稿将完成时，研究所因华南战事再度吃紧，又拟从桂省迁至云南昆明，他为了免于一再延展起见，特在起程前，抓紧时间将全部脱稿，成为《浙江省食粮之运销》一书，1940 年由商务印书馆出版。

第三个也是较大的一个工作任务，就是从事广西粮食问题的调查和研究。正如上面提到的，1937 年上海“八一三”全面抗日战事爆发，南京时遭空袭，前中央研究院社会科学研究所乃又计议西迁。趁此时机，培刚先生遂向研究所请假一年，应允千家驹先生（原系研究所老同事，当时任广西大学经济学教授，并兼任新成立的该校经济研究室主任）之邀约，赴桂林担任该室研究员，从事广西粮食问题的调查和研究工作，并设计战时广西粮食问题之管制方案。当时一同任职的，还有主管广西交通问题研究的陈晖先生（惜英年早逝），及主管统计、绘图和资料整理的徐坚先生（20 世纪 50 年代，他曾从德文原文再译马克思的《政治经济学批判》）。广西省府各厅及统计室，甚为重视经济调查和统计数字，除已出版的《广西年鉴》外，还作了一些专题调查研究报告。他们还和省统计室密切合作，在张俊民主任、刘炳燊专员、黄华庭专员的热诚协助下，又进行了一些必要的补充调查。至 1938 年暑期，经过了大半年的忙碌时间，他写成《广西粮食问题》一书，当即交由商务印书馆出版。

最后，与中国粮食经济的调查研究有关而特别值得一提的，是当时设在南京的实业部中央农业实验所按期刊行的全国《农情报告》及其主持人员。新中国成立以前，我国对于有关全国人口、耕地面积和农业生产的数字，因未作全国普查，故向付阙如。一般只有零星调查或全国性的数字估计，因而从事研究工作，深感困难。该实验所农业经济科负责人汤惠荪教授和具体主持人杜修昌先生，有鉴于此，特在全国各县城或乡镇，选取一些有代表性的点，委托一位统计员，每年按季节向实验所报告该地区农作物种植面积和产量，后来又扩展包括家畜、家禽，称为《农情报告》。从此，经济学界的研究工作，较为方便，颇感助益。1936年春，社科所迁南京后，培刚先生便特地到中山陵附近的中央农业实验所拜访汤惠荪和杜修昌两位先生，大家谈起做调查研究工作之甘苦，颇有一见如故之感。以后因工作需要他又与修昌先生往来数次，“八一三”全面抗日战事起，两单位乃各自西迁，青年时之相交自后亦无再见之缘。

培刚先生从大学毕业参加工作几年来，从以上数次对中国农家经济和粮食问题的系统调查研究中，作为一个青年学子，已经获得了有助于尔后学术研究的几个重要认识：

第一，所谓“南人食米，北人食麦”的说法，嫌过于笼统。实则南人中小贫困家庭，除少量米谷外，食用麦、薯（红苕）、杂粮、豆类、瓜类所占比重亦大；而北人贫苦家庭除少量小麦外，食用杂粮，特别是玉蜀黍（苞谷）、粟米、高粱、豆类、瓜菜等，所占比重亦甚大。

第二，不能由于有些年份米粮进口甚多，就认为我国粮食不能自给。从20年代至30年代，我国洋米进口，特别是沿海上海、宁波两市，大量输入安南的西贡米，缅甸的仰光米，为数甚巨，有些年竟占据海关进口首位。为此，国人常叹：“我国以农立国，而粮食竟不能自给，不亦悲乎!?”这样的人士，充满了爱国之心，所发肺腑之言，实堪钦佩。但当年培刚先生等人经过了几番粮食调查（特别是浙江省食粮运销之调查）便认识到：洋米之大宗进口，并非由于我国国内粮食生产不能自给，而是由于：其一，当时海关主管权掌握在洋人手里，洋米进口收税甚微，且手续极为简便；其二，由于国内交通不便，沿途关卡重重，运费及关卡费用层层加码，致使内地湖南、四川多余米粮，运至上海、宁波，所费昂贵，竞争不过洋米。当年，国人眼睁睁望着上海、宁波米粮市场为洋米所独占，亦只有徒唤奈何!

第三，在发展中国家的农村市场，无论是农民的买方市场，还是他们的卖方市场，都不存在“完全竞争”。培刚先生从上述在农村和乡镇所进行的几种调查中发现并认识到，当农民向城镇粮行出售中小额稻谷、小麦、杂粮或花生、芝麻、油菜籽等粮食作物或油料作物时，这种市场主要由粮商垄断，农民只有出售与否之微小选择权（在大多数场合，由于情势所逼，亦不得不贱价出售），而无讨价还价之力。另一方面，农民所需用的农业生产资料，如农药、化肥、农具等，这种市场，同样亦主要为城镇另一批商人所垄断。这种对农民双重不利的情况，使他印象深刻，经常为农民叫屈。迨后 40 年代初，他考取清华庚款留美公费生，至哈佛大学研究生院学习，在读了一两年基础理论课程之后，又特地选读了“垄断竞争理论”创始人张伯伦（Edward H. Chamberlin）教授的“垄断竞争理论”研讨课和被誉为“美国农业经济学之父”的约翰·D·布莱克（John D. Black）教授的“农业经济政策”研讨课。在课堂讨论时，不少洋人同学发言，而且大都从新近出版的书刊上引经据典地说：完全竞争的情况，现在大城市里和大工业里已经很少看到；倒是在农产品和乡村市场上，由于农民人数多，且又分散，因而他们对出售的价格和产量难以控制，所以完全竞争还是存在。培刚先生当时几次三番，用他在国内调查研究所得到的资料情况加以说明和辩解，并指出：农民参入市场人数多，只说明农民这一方难以形成垄断力量，而另一方粮商或农业生产资料商，在小城镇只有三两家，甚至一家，易于形成垄断，正好用张伯伦教授讲授的独家垄断理论或寡头垄断理论来解说。同学们听后，先是愕然，继而觉得很新鲜，最后感到很有说服力。当场张伯伦教授和布莱克教授也都各自分别在自己的讨论课堂上，频频点头称是。自后约一年，培刚先生开始撰写博士论文《农业与工业化》，在第二章第四节“农民作为买者与卖者”，便把他的这一不同于当时一般外国学者的重要而又新颖的观点，写进了文稿里。

第四，通过上述几种有关经济问题的调查研究，特别是广西粮食问题的调查研究，培刚先生初步认识到并提出了食粮与经济活动的区位化理论。

首先一个方面是粮食生产的地域分布与人口定居的方式之间的区位化关系。在农业国家或经济比较落后而工业化尚未开始进行的国家，人口的分布主要是由粮食的生产所决定的。在研究上述关于广西粮食经济结构的特点时，他曾和当时的同事徐坚先生一起讨论，并由徐精细的手笔绘制成两图，以表明稻谷种植的分布情形和人口定居的分布情况，从而发现了两图完全符合，进而悟出了粮食生产分布决定人口定居分布的区位化关系。其次一个方面，是粮食生产的地域分布与粮食加工工业及有关手艺如碾米、磨麦（面粉厂）、酿酒、榨油、打豆腐等手工业和作坊的区位化关系。前者不仅可以决定后者的区位，而且还可以决定后者的形态和活动。

1943年，培刚先生在哈佛研究生院学习的第三年，师从经济史学大师厄谢尔（A. P. Usher）教授读完了“欧洲经济史”课程之后，又读到大师刚刚出刊的《经济活动区位理论的动态分析》打印本，使他对上述问题有更深入一层的体会。他认识到，这种区位理论的动态方法，能指出各个历史阶段基本区位因素的变迁，而这种基本区位因素正是其他各种经济活动的中心。例如新的区位动态方法就曾发现，从18世纪到20世纪，以食粮（Food）为主的区位形态，演变为以煤（Coal）为主的区位形态。至于变迁的原因，则是普遍应用现代动力于工业上的缘故。这样，他更加理解到，以食粮作为主要区位因素，乃是经济欠发达国家在工业化开始以前的一个普遍特征。

第五，通过以上数年的农村经济调查，培刚先生还认识到一个根本情况，那就是我国农民家庭每年的辛勤劳动所得，一般抵不上缴纳地租和缴纳政府捐税的负担数额。早在20世纪30年代中期，他曾用调查研究所得的资料，写成《我国农民生活程度的低落》一文（载于《东方杂志》1936年新年特大号），大声疾呼社会人士和政府当局，重视农民生活日益困苦的问题。20世纪50年代初期，我国经过土地改革，农民生活一般均有改善；特别是近二十年实行邓小平倡导的改革开放政策以后，又特别是在东南沿海地区，不少的农民家庭开始富裕起来。但就全国而言，农业生产进步迟缓，农民生活进一步提高亦相当困难。农民的捐、税、费负担，名目繁多，大有不堪重荷之苦。最近政府有鉴于此，已开始着手大力整顿，锐意改革，但望早日取得初步成效。

在研究所五六年间，除了深入实地调查之外，培刚先生认为，该所还有一个值得提倡的好制度，那就是坚持每两周举行一次“读书会”，会上由事先指定的一位研究人员，就自己的专题研究成果或进行中的问题向大家做出报告，然后开展询问和讨论。这样，既有利于相互交流研究经验，又可以扩大学术上的知识境界。

1940 年春，1—2 月间，这时研究所已由广西阳朔迁至云南昆明一年有余，从昆明最高学府“西南联大”（北大、清华、南开临时联合大学）里传出了一个激动青年学子的消息：停顿了数年之久的清华庚款公费留美考试，第五届将于本年 8 月分别在昆明和重庆两地同时举行，共招收 16 名（外加林森奖学金一名），每一个科目一名，其中绝大多数为理工科门类，而文科只有两名，计经济史一名，工商管理一名。培刚先生当时认为这是难得的一次出国深造的大好机会，值得努力争取，遂决定报考“工商管理”门。据招考简章，除英语外，该科须考五门专业课程：即经济学、货币与银行、劳动经济、成本会计、工商组织与管理。当时他已离开大学课堂五六年，在研究所里主要是从事农业和农村问题特别是粮食和其他农产品运销问题的调查和研究工作。现在如要参加考试，对这几门重头课就必须重新下一番扎实苦功进行准备。于是他向研究所请了长假，除本所图书馆外，并托友人向西南联大和云南大学图书馆，借阅国内知名教授有关上述各专业课程的专著、教材或杂志论文，共计近二百册：一方面有选择性地通读；另一方面择其重要者精读，摘录做笔记。八月在昆明云南大学一教室内笔试。英语和五门专业课，连考三天，总监考教师是西南联大教务长，有名的独脚教授社会学家潘光旦先生。培刚先生记得英语是一个上午只考一篇作文；五门专业课考试题只记得“劳动经济”考了“斯达汉诺夫运动”，此题答得较好，这要归功于陈达教授的《劳工问题》一书。

考试完毕，他将何往？这时研究所已再度迁至四川内地乡镇“李庄”，他不愿前往，而想留在昆明附近，等候发榜；同时打算就手边积累的资料，撰写《中国粮食经济》一书。恰好当时华中大学驻昆明办事处主任、挚友青年教师万先法先生对他言道：学校已迁至大理喜洲镇，迁校任务完毕，办事处即将撤消，他本人将去喜洲，回母校任教，劝培刚先生一同前往。十月间，两人雇舟同行。果然，喜洲毗邻苍山洱海，依山傍水，风景壮观，民风朴实，环境宜人，实为读书、写书之胜地。

1941 年 4 月，他忽然接昆明友人一信，附剪报一纸，上面载有“清华留美公费考试发榜”之消息，共取 17 名（内有林森奖学金一名），每种门类一名，其中文科门类仅二名：张培刚（工商管理），吴保安（经济史，按：吴保安即吴于廑）；理工科十五名：屠守锷（航空工程）、叶玄（汽车工程）、孟庆基（汽车制造）、吕保维（无线电工程）、梁治明（要塞工程）、陈新民（冶金学、林森奖学金）、黄培云（冶金学）、胡宁（金属学）、励润生（采矿工程）、陈梁生（土壤力学）、汪德熙（化学工程）、朱宝复（灌溉工程）、黄家驷（医学）、蒋明谦（制药学）、陈耕陶（农业化学）。越数日，接清华正式通知：告知他已被录取“工商管理”门；“清华留美考委会”为他指定和聘请武汉大学杨端六教授、清华大学陈总（岱孙）教授为留学导师，以备他留美选校及其他有关事宜请教和咨询。培刚先生于 5 月初如期至昆明“西南联大”内“清华留美考委会”报到；并于 6 月间赴重庆办理出国留学护照等手续，7 月飞抵香港。在港签证、订船手续甚为繁琐，直到 8 月中旬，始得以搭乘美国大型邮船“哈立逊总统”号启程，三周后，抵达美国旧金山。盘桓三数日，改乘火车自西至东三整天，横跨全国，抵达波士顿，旋即进入康桥哈佛大学。

三、在哈佛大学留学期间，学习和研究升华

1941 年 9 月中旬，培刚先生进入哈佛大学研究生院工商管理学院，

学习制图学、时间研究、动作研究、产业组织、运销学、采购学、统计管理、会计管理等实用课程。对他印象最深刻的是“案例教学”这种独特的教学法，使他较快地和较深入地了解到以美国为首的现代工业社会的一些具体情况和特点，并结合参观工厂、农场、林场等，加深了感性认识。

在工商管理学院结束了包括暑天在内的三个学期之后，为了研究经济落后的农业国家如何才能实现工业化的问题，1942 年秋他转到文理学院研究生院经济系学习经济理论、经济史、经济思想史、农业经济、货币金融、国际贸易等课程。当时哈佛经济系的教师阵容空前整齐，名家汇聚，可谓极一时之盛。有以“创新理论”而蜚声国际经济学界的大师熊彼特（Joseph A. Schumpeter），以“垄断竞争理论”而闻名的张伯伦（Edward H. Chamberlin），有被誉为“美国农业经济学之父”的布莱克（John D. Black），有被称为“美国凯恩斯”的汉森（A. H. Hansen），有以研究技术革命为中心线索的经济史学家厄谢尔（A. P. Usher），有以《繁荣与萧条》一书而享名的国际贸易专家哈伯勒（Gottfried Haberler），还有当时比较年轻，以倡导“投入—产出法”而崭露头角，后来获得诺贝尔经济学奖的里昂惕夫（Wassily W. Leontief），等等。在这批大师们的指导下，先生视野开阔，受益深厚。

1943 年 11 月至 12 月间学期将结束时，培刚先生进行硕士学位考试，以便取得撰写博士论文资格的答辩。他还清晰记得，对他来说，这是一次难度很大的答辩。参加的教师共 4 人，主席布莱克教授，成员有厄谢尔和主讲经济周期的弗里克（Edwin Frickey）两教授。本来，讲授经济学理论的张伯伦教授应该出席（张伯伦的经济学理论课，被称为“Eeo. 101”，是经济系排在首位第一门必修的重要课程，他已修过，成绩较好。他还修了张伯伦的专题讨论课，学期终了，作了一篇考核论文，题为《关于“厂商均衡理论”的一个评注》，甚得张伯伦教授的赞许，给本文的评分为“A”，评语为“A very good paper, indeed. It seems to me, on the whole, quite sound.”（“真正是一篇很好的论文，在我看来，总体上十分正确”）。他原以为张伯伦教授会参加这次答辩，加上布莱克教授等，通过就有相当把握了。谁知事出意外，临时由于张伯伦被派往欧洲处理第二次世界大战中美国与欧洲有关经济外交事宜，而由刚到哈佛不久讲授经济理论课的副教授里昂惕夫代理参加。教授们上面坐镇，他本人坐在下面，犹如“三堂会审”，及时回答老师们就经济理论、经济周期、经济史、农业经济等方面所提出的问题。其中提问题最多者是里昂惕夫。里氏是美籍俄罗斯人，十月革命后迁居中国东北地区，曾在东北南满铁路工作过一段时间，俄语口音极浓，讲话中弹音特多，一个问题接一个问题发问。坐在下面的张培刚全神贯注、屏息静听，却常常听不清楚，弄得面红耳赤，十分紧张，只好一再恳请重复一遍，“Beg your pardon”，“Beg your pardon”。两个半小时宣告结束，张培刚情绪沮丧，等待“判决”。后来布莱克教授将他叫到一旁，轻声地告诉他“你通过了”，才使他忐忑不安的心情稳定下来。据他猜想，教师们是经过一番争论后通过的，成绩也只能是勉强及格。这使他联想到，他的中国同学中有的平时学习非常努力，期考成绩也不错，却没有取得硕士学位、继续攻读哈佛的博士学位，估计就是卡在这个关口上。

取得撰写博士论文资格后，面临博士论文的选题。如前面所述，培刚先生出国前曾经发表过三本著作和多篇论文，出国时也携带了一些他亲自所作的调查资料，如果以中国农业经济、中国粮食经济或联系有关问题撰写论文，可以驾轻就熟，比较轻松地完成任务。但是他始终坚定了要实现青少年时代立下的志向，那时又正值第二次世界大战即将结束的前两三年，他想到大战后中国必将面临如何实现工业化这一复杂而迫切的历史任务，应该以中国工业化为中心目标，从世界范围来探讨经济落后的农业国家，在工业化过程中必将遇到的种种问题，特别是农业与工业的相互依存关系，及其调整和变动的问题。当时在他所阅读的书刊中，尚未见到一本对农业国工业化问题进行过全面系统研究的专著。于是，他决心付出更多的时间和精力，走一条前人未涉及的路径，啃“农业国实现工业化”这块硬骨头。

遂商得指导教师布莱克和厄谢尔两教授的同意，将《农业与工业化》作为论文题目，立足中国，面向世界，从历史上和理论上比较系统地探讨农业国怎样实现工业化的问题。

博士论文题目确定后，他申请到哈佛图书馆6米见方的空间，可以放置一张小书桌和一个小书架，花费了将近一年半的时间，用英文、法文、德文和少量的中文，翻阅了大量的历史文献和统计资料，仔细阅读了有关英、法、德、美、日、苏联诸国从“产业革命”以来各自实行工业化的书刊，摘录了几个小铁盒卡片，记述了这些先进国家实现工业化的主要情况和经验教训，以及少数农业国家的现实情况和重要问题。接着他以严肃认真的态度，又花费了大约9个月的时间，每天坐在英文打字机旁，全神贯注、极其辛劳地根据草拟的提纲，边思考、边打字，终于在1945年10月完成了这本《农业与工业化》英文论文稿。

博士论文答辩于1945年冬季12月上旬举行，参加的教师与上次博士资格答辩一样，成员不变。有论文指导教师布莱克和厄谢尔，还有弗里克；此时里昂惕夫的英文口语已大有长进，不仅一改上次咄咄逼人的发问，而且显得平和而客气。教授们都一致肯定论文写得很好，答辩气氛融洽，顺利地通过，并一一与他握手表示庆贺。几天后，布莱克和厄谢尔先后面告张培刚，要他将论文送系办公室，参加威尔士奖的评奖竞争。办公室的工作人员都是女士，她们要他将真名隐去改用假名，他临时将名字改为“Peter Chandler”填在论文封面，上交送审。

培刚先生通过哈佛大学哲学博士学位考试后，曾于1946年春夏间相继在纽约和南京工作了数月，于1946年秋季按聘约到母校武汉大学经济系任教。1947年4月接获哈佛大学通知，得悉这篇送审的博士论文获1946—1947年度哈佛大学经济学专业最佳论文奖和威尔士奖金；并知悉此论文已被列为《哈佛经济丛书》第85卷，将由哈佛大学出版社出版。当时国内报刊适时登载了这一讯息，有一报纸以“哈佛论经济，东方第一人”为标题，作了报道。

关于《农业与工业化》一书的简要说明

《农业与工业化》英文本一书，乃1945年写成、1949年出版。这是一个中国学者以他的智慧、勤奋和执着求真的精神，努力多年的学术成果。此书可说是第一部试图从历史上和理论上比较系统地探讨农业国工业化，即农业国家或经济落后的国家，实现经济起飞和经济发展的学术专著。其中有些理论直到20世纪60年代、70年代，甚至80年代，才为西方经济学界逐渐认识。

全书共分六章，并有附录两则，这两则附录是作者对“工业”和“农业”所作的深层次讨论的基本概念。

藉此，仅简要说明两个问题：

一、“基本概念”两点，变为“附录”两则

1945年冬，培刚先生在哈佛大学通过博士学位考试。1946年2月，他接受了我国资源委员会驻纽约办事处聘请为专门委员，答应临时工作6个月：纽约3个月，南京3个月，研究我国农业机械化问题。与此同时，美国宾夕法尼亚大学库兹涅茨教授（Simon Kuznets，后为哈佛大学教授）也被聘为该会的顾问，为我国设计关于改进国民收入统计制度的建设方案。在纽约任职期间，库兹涅茨教授曾仔细阅读了培刚先生《农业与工业化》的英文博士论文底稿。阅后他提了一个建议说：“你的论文写得很好，只是开头的关于工业和农业的‘基本概念’写得理论性太强了（too theoretical），一般读者一开头阅读起来就会感到困难而不易理解，最好移到后面。”先生接受了他的建议，将“‘工业’的概念”以及“农业作为一种‘工业’与农业对等于工业”两个论述移至全书后面，作为两则附录出版。1981年初夏，培刚先生赴美国新泽西州开会，会后到了波士顿和康桥，重访母校哈佛大

学，见到阔别35年之久的老友哈佛大学教授杨联陞，古稀之年重逢，两人非常高兴。在一家中餐馆就餐时，杨联陞从书包里，取出他收藏几十年的《农业与工业化》英文本，要培刚补行亲笔签名留念，并翻到此书尾部的附录A和附录B（中译本附录一、二）的全书最后一页的附注（英文本第244页，中译本第251页）说："我对你的这个注解很感兴趣，你的这个见解很重要，很新颖，很有现实意义，对人文科学和社会科学的研究方法可算是一个创见，我非常赞同。只是你却将这个重要问题作为附录，放在书的最后部分，未免不易引起人们的注意和重视。"库兹涅茨和杨联陞两位教授截然不同的意见，勾起先生的思潮起伏。此书按库兹涅茨建议，不致一开头就难住读者，是其优点，但缺点是，这样重要而新颖又具现实意义的理论，放在书尾作为附录，确实难以引起读者重视；特别是最后一页的这个注解所表明的方法上的创新之处，原本是与本书的开头"分析方法述评"紧密联结在一起的，非常紧凑，后来却被生硬地分割成两处，首尾各不相连，这确是一个历史遗憾。

二、"农业五大贡献"理论

书中比较系统地论证了农业与工业分别在农业国工业化过程中的地位、作用，以及在发展过程中互为条件和互相制约的动态关系。

本书的第二章，作者引用了当时最新的"垄断竞争理论"，较为全面而系统地论述了关于农业与工业的相互依存关系，以及农业对工业乃至对整个国民经济的"贡献"和"基础作用"，特别从食粮、原料、劳动力、市场、资金（包括外汇）等五个方面，提出了并阐明了农业对工业化，以及对整个国民经济发展的"重要作用"和"巨大贡献"，从而把农业看做是工业化和国民经济发展的"基础"和"必要条件"。自后库兹涅茨教授于1961年发表了《经济增长与农业的贡献》一书，提出了农业部门对经济增长和发展所具有的几种"贡献"，即产品贡献（包括粮食和原料）、市场贡献、要素贡献（包括剩余资本和剩余劳动力），以及国内农业通过出口农产品而获取收入的贡献。迨至1984年，印度经济学家苏布拉塔·加塔克（Subrata Chatak）和肯·英格森（Ken Ingersent），在他们合作撰写的《农业与经济发展》一书的第三章“农业在经济发展中的作用”里，完全承袭了库氏的上述观点，并把它誉为“经典分析”。他们还把库氏没有明说的最后一条，定名为“外汇贡献”。这样，便形成了西方经济学中近年来常常引用的“农业四大贡献”。我们如果将库兹涅茨、加塔克和英格森三位学者的“四大贡献”中的“产品贡献”划分为“粮食贡献”和“原料贡献”，那么，就可以改称为“五大贡献”。有学者提出，这与20世纪40年代培刚先生所写的，也是库兹涅茨当年详细看过的这本《农业与工业化》英文底稿中所提出的“农业在五个方面的贡献”，内容几乎是完全一样的，只不过他们在有些部分运用了一些数量分析公式。库兹涅茨教授后来是诺贝尔经济学奖的获得者。

结　语

培刚先生是属于中华民族饱受欺凌、历经磨难、力求生存和发展时代产生的一代知识分子。他从青少年时起，就始终以一颗爱国的赤子之心，深深地扎根于中国这块古老而肥沃的土壤之中，并以务实求真的态度，锲而不舍地寻求兴国济民之道。

当先生得知他的博士论文在哈佛获奖和出版的消息后，心情是欣慰的，并为之而产生一种自豪感。他觉得藉此可以表明：中华民族不仅有辉煌灿烂的历史，而且时至今日，在文化上仍然与那些有优越感的任何民族，在其强项上，能并驾齐驱，一决高低。

我国老一辈经济学家陈岱孙教授，曾在我校为培刚先生八秩寿辰和从事科研教学六十周年志庆时，亲笔来函，其内容摘要如下：

> 我与张培刚同志论交已逾半世纪。培刚同志毕业于武汉大学经济

系，于1940年考取了清华大学留美公费生。其时我任清华大学经济系教授，由于抗战随校迁昆明，在西南联合大学任教。清华旧例，对考取公费生者俱由学校指定导师，以备其关于选校及其他留学事宜咨询之用。我被指定为培刚同志的导师。我们的交谊就是这样开始的。

我想在此穿插进去一个故事。我是在1926早春在哈佛大学获得经济学博士学位的。我的博士论文的题目是《马萨诸塞州地方政府开支和人口密度的关系》。也许当时对以繁琐的数学资料用统计分析的方法，对某一经济问题作实证探索的研究不甚多，我这篇论文颇得我的导师卜洛克（Charles J. Bullock）教授的称许。在我于1927年来清华任教的第三年忽然得到卜洛克教授一封信，略称他曾将我的论文推荐给“威尔士奖金委员会”参加评选，但可惜在最终决定时，奖金为我的同班爱德华·张伯伦（Edward H. Chamberlin）的《垄断竞争理论》（Theory of Monopolistic Competition）博士论文所得，表示遗憾云云。张伯伦是1927年获得哈佛大学经济学博士学位的，但他论文的初稿已于1925年写成，并在一次哈佛大学经济系研究生的“西敏纳尔”会上向我们作过全面汇报。我听了之后，当时就认为他的论文中的观点，是对于传统的市场经济自由竞争完善性假定一理论的突破，是篇不可多得的论文。因此，我对于他这篇论文的获奖是心悦诚服的。

但当我后来得悉培刚同志的论文于1947年获得此奖时，我觉得十分高兴。高兴的是终于看到了有一个中国留学生跻身于哈佛大学经济系论文最高荣誉奖得者的行列。培刚同志这本书于1949年由哈佛大学出版社出版后，复于1969年得到再版；1951年，在墨西哥出版西班牙译文版；1984年由国内华中工学院出版中文译版。其受到重视的原因是，它是为第二次世界大战后成为一新兴经济学科的“发展经济学”开先河的著作。

回想培刚先生回国以来的学术道路，可谓十分崎岖和坎坷。1946年8月，他应周鲠生校长的聘请，从美国回到母校武汉大学担任经济系教授兼系主任。1948年元月受聘赴联合国工作；1949年2月，他毅然辞去联合国亚洲及远东经济委员会顾问及研究员职务，又婉言谢绝了两位导师布莱克和厄谢尔希望他回哈佛大学任教的邀约，再次回到珞珈山，继续在武汉大学任教。他怀着一颗赤诚爱国之心，满腔报国之情，两度回到祖国，可是在极左路线的指导下，又囿于一所多科性工学院，他却没有机会结合经济学专业从事教学和研究工作。这当中，包括近10年盖房子、搞基建等总务行政工作；逾10年的政治课教学工作（实际上在这段时间政治运动连绵未断，经常上山下乡从事体力劳动，改造“世界观”）；紧接着10年的“文化大革命”，受审查、挨批判，从事繁重的体力劳动。

他怀着报国富民的理想回到祖国，然而残酷的现实却使他报国无门。令人感慰的是，即使在那不堪回首的岁月里，国际经济学界却一直在寻找这位“哈佛名人”。从50年代、60年代以来，培刚先生不断接到来自英国、南美、印度和锡兰（后易名为斯里兰卡）等地的学者来函，要与他讨论农业国工业化的问题，更多的是询问他继续研究的新成果。1956年盛夏季节，两位智利大学教授，一下飞机就嚷着要见一位叫“Pei-Kang Chang”的学者。这可难住了几位外事工作人员，他们听成了“背钢枪”的学者，就四处打听。后经北京大学严云赓教授提示，才知道是武汉市华中工学院的张培刚。当两位教授与培刚先生见面后，首先就告知《农业与工业化》一书，已于1951年译成西班牙文，在墨西哥出版，并立即引起了南美学者的普遍关注。后又说明他们这次来访的目的，是想就该书所阐述的“工业化含义”和“国际贸易”等问题，与他进行讨论和交流。由此，培刚先生才知道自己多少年来已束之高阁的博士论文又在南美洲出版的消息。出于当时的历史背景，他正忙碌于砖瓦砂石、钢筋水泥的基建事务中，只好含着深深的歉意，匆匆接待，两位外宾也带着不解的迷惑和失望而离去。更具讽刺意味的是，1969年，正值我国“文化大革命”进入斗批改高潮，培刚先生正在挨斗争、受批判、写检查、作交代，可是这本书却又在美国再版。

国际学术界一直在寻找“培刚·张”，而他的理论思想却在国内被淹没，他的名字已在中国学术界销声匿迹。《北京晚报》1989年2月23日第1版刊发黄一丁《珍视知识、科学、教育》一文。文中写道："我们反反复复提及那个曾经'被淹没的声音'，也就是一次次和祖国一起经受苦难的科学之声音。……40年代张培刚就写出的《农业与工业化》一书，被国际学术界认为是发展经济学开山之作。如果大家认真看看这类书，也会少犯错误，结果怎样？此人国际名望甚高，国内无人知晓。……我们愿在此向历史上一切被淹没的科学的声音表示衷心的敬仰。"流光易逝，年华似水。从他大学毕业后，近70个春秋，沧海桑田、风云变幻，给他造成了从35岁至65岁整整30年的空白时光，这是一段比金子还宝贵的时光！

改革开放后，整个国家形势已大有好转，但他毕竟在一所以工科为主的学校里，各项条件较之综合大学相差甚远，学术工作的开展可谓举步维艰、困难重重。他在漫长、寂寞而曲折的学术生涯中蹒跚前进，踽踽而行。20世纪80年代末、90年代初，他为使发展经济学摆脱困境，倡议建立具有中国特色和其他发展中国家特色的新型发展经济学；他提出当今世界上尚有大多数农业国家或经济落后的国家和地区，还远未实现工业化和现代化，就发展经济学任务言，仍然是极具生命力，可以说方兴未艾，大有作为。但关键是要扩大研究范围，包括实行计划经济的发展中社会主义国家；同时还要改进研究方法，加深分析程度，不能单纯以经济论经济，而应结合各国或各地区的历史、政治、文化、教育等诸多方面进行综合考察，探根溯源。他更为介绍和引进西方发达国家有关市场经济学原理，尽其绵薄之力。1998年得悉他被国家批准了博士点，也就是说，他才开始获得设立博士点，才开始获得招收博士生的资格，才开始成为博士生导师；斯年，张培刚先生已是85岁的高龄！

当培刚先生即将迈入九十高龄，我们特重印这本论文 *Agriculture and Industrialization* 英文本，权当作为纪念，并撰写此文，如实追述水之源、本之末的来龙和去脉，真实反映这位中国学者的学术生涯。这本著作也就是董辅礽所说的"在20世纪中叶的天空中划过的那一道炫目的亮光"。如今，它已是离我们将近六十个春秋的往事了。历史已翻开崭新的一页，世界的格局已发生深刻的变化。先进国家遇着新问题，中国正迈向工业化，还有一些发展中国家的人民仍在贫困和饥饿中挣扎。人文社会科学者的任务十分艰巨，任重而道远。民族要有国家，科学却无国界。耄耋之年的张培刚先生翘首以望，在繁星点点的夜空中，闪烁着炫目亮光的中国之“新星”！

2002年初夏

农业国工业化理论概述*

张培刚

40 多年前，我在本书 *Agriculture and Industrialization*《农业与工业化》）中所提出的“农业国工业化理论”，亦即后来新兴学科“发展经济学”的主题理论，可说是我的经济观的起点和核心，它同时也体现了我的市场经济观，因为全书的分析是以竞争和市场机制作为基础的。

我在书中提出了一个带根本性的观点，那就是：农业国家或经济落后国家，要想做到经济起飞和经济发展，就必须全面（包括城市和农村）实行“工业化”。这和当时我国国内有些人主张的单纯“以农立国”论或“乡村建设”学派，是大不相同的。

关于农业国家或经济落后国家如何实现“工业化”这个崭新而又重大的问题，我在书中提出了自成一个系统的一系列理论观点，其中许多方面大都

---

* 本文摘自《我的市场经济观》下卷，张培刚：《新发展经济学与社会主义市场经济》，江苏人民出版社 1994 年版，第 300～316 页。现转载于此，仅在个别词句上作了更改。

是我自己经过长期在国内外亲身从事调查研究和反复思考之后，首次提出来的。现在概括起来，重要的有下列诸端：

一、关于农业与工业的相互依存关系以及农业对工业乃至对整个国民经济的贡献和基础作用

我在本书中，曾设专章（第二章）详细讨论了这一问题。在该章前面三节中，我以农业与工业的“联系因素”为标题，分别提出食粮、原料、劳动力三者进行分析。在紧接着的第四节里，我以“农民作为买者与卖者”为标题进行分析，实际上是分析农民作为买者的农业生产要素市场，以及农民作为卖者的农产品市场。这里，我引用了当时新出现的“垄断竞争理论”和“寡头垄断理论”，以说明农民在与城市工商业者进行交换时所处的不平等和不利地位。无疑，市场是城乡之间、工农业之间的非常重要的“联系因素”。这种联系因素的功能，在四个方面体现了农业对于工业化和整个国民经济的重要贡献和不可替代的基础作用。

更有进者，就农产品的出售而言，如果把农产品进行初步加工而后输出国外，则农业又将呈现出为农业国的工业化而积累资金的重大作用。我在本书第六章第一节“农业与中国的工业化”中，谈到农业在工业化中的作用，曾经指出：“农业还可以通过输出农产品，帮助发动工业化。几十年来，桐油和茶叶等农产品曾在中国对外贸易中占据输出项目的第一位。这项输出显然是用于偿付一部分进口机器及其它制成品的债务。但全部输出额比起要有效地发动工业化所需要的巨额进口来，实嫌太小。”但不论怎样，作为支付工业化所需进口的机器设备，农业通过向国家纳税和输出农产品而形成的资金积累和外汇储存，当然是一条非常重要的途径。为了补充说明第二次世界大战后有关资本形成的新论点以及我国在社会主义体制下的新情况，我特地在本书中译本扩大版（即《发展经济学通论第一卷——农业国工业化问题》，湖南出版社 1991 年版）第二章里加上了一节，

题为“农业对工业化提供资金积累的作用”。

由上可知早在20世纪40年代，我在本书里，就已经比较全面而系统地从食粮、原料、劳动力、市场、资金（包括外汇）等5个方面，提出并阐明了农业对工业化以及对整个国民经济发展的重要作用和巨大贡献。基于这种认识，我当时已经把农业看做是工业化和国民经济发展的基础和必要条件。

自后美国经济学家、诺贝尔经济学奖获得者西蒙·库兹涅茨（Simon Kuznets）曾在1961年发表的《经济增长与农业的贡献》一书中，提出了农业部门对经济增长和发展所具有的几种“贡献”，即产品贡献（包括粮食和原料）、市场贡献、要素贡献（包括剩余资本和剩余劳动力），以及国内农业通过出口农产品而获取收入的贡献。迨至1984年，印度经济学家苏布拉塔·加塔克（Subrata Ghatak）和肯·英格森（Ken Ingersent），在他们合写的《农业与经济发展》一书的第三章“农业在经济发展中的作用”里，完全承袭了库兹涅茨的上述说法，并把它誉为“经典分析”。他们还把库兹涅茨没有明确说出的最后一条，定名为“外汇贡献”（见两人合写的《农业与经济发展》，英文本1984年版，中译本，华夏出版社1987年版，第三章，第26～76页）。这样，便形成了西方发展经济学中近年来常常引用的所谓“农业4大贡献”。

如果将库兹涅茨以及加塔克、英格森等三位学者所说的“农业4大贡献”中的“产品贡献”划分为“粮食贡献”和“原料贡献”，那么“4大贡献”就可以改称为“5大贡献”。我们只要稍加考察，就会发现他们所说的“农业4大贡献”，同我早在20世纪40年代写成出版的这本书中所提出的“农业在5个方面的贡献”内容，几乎是完全一样的，只是他们在有些部分运用了些数量分析公式。

二、关于我的“工业化”定义和含义——包括农业的现代化和农村的工业化

我在本书里，曾专设第三章探讨自己初步形成的“工业化理论”，特别

提出自己关于“工业化”的定义或含义。我在上引20世纪40年代出版的英文书里，把“工业化”定义为“一系列基要的生产函数连续发生变化的过程”。近年我在该书中译本的扩大版（即《发展经济学通论》第一卷：《农业国工业化问题》，湖南出版社1991年版）里，为了更为完善和比较通俗易懂，我把“工业化”的定义重新增改为：“国民经济中一系列基要生产函数，或生产要素组合方式，连续发生由低级到高级的突破性变化的过程。”

早在40多年前我就说过，我关于“工业化”的这个定义是试用性的，但它比其他学者所用的定义或解释要广泛得多。因为它“不仅包括工业本身的机械化和现代化，而且也包括农业的机械化和现代化”。这里我还要连带指出，正如前面已经提到过的，远在将近50年前，即20世纪30年代初，我就在《第三条路走得通吗?》一文中说过，“工业化一语含义甚广，我们要做到工业化，不但要建设工业化的城市，同时也要建设工业化的农村”。正由于此，我认为我关于“工业化”的这个定义，能够防止和克服那些惯常把“工业化”理解为只是单纯地发展制造工业，而不顾及甚至牺牲农业的观点和做法的片面性。这种对“工业化”的片面理解，至今仍然存在于实行市场经济的许多发展中国家，即使在过去实行计划经济体制的前苏联也曾长期存在，以致大大约束了农业和整个国民经济的发展。我国过去在采行集中计划经济体制时，曾一度全面仿效前苏联模式，虽然后来提出了“农业为基础”，但是长期以来，从思想到具体的政策措施上仍然是强调发展制造工业，而忽视和不够重视发展农业；这种情况直到最近才开始有了好转，我国有关决策者才开始真正认识到突出发展农业的重要性，并着手制定出相应的政策措施。

在西方发展经济学界，第二次世界大战后二三十年来一直对于“工业化”采用了传统的比较狭隘的概念，往往以为实行“工业化”就是单纯地发展制造工业，而不顾及或不重视发展农业，把实行工业化与发展农业看做是相互对立的，两者不能同时进行。这个问题长期未得到解决。值得注意的是：美国经济学家杰拉尔德·M·迈耶（Gerald M. Meier）在其主编的《经济发展的主要问题》一书的第4版（1984年）以及第5版（1989年）中，特地在“工业化战略”这一章的开头，加上了非常重要的一段话，指出近年来许多发展中国家正在对“工业化”的作用，以及对“工业化”与农业发展的关系，重新进行认识和评价。他写道：“这一章（指‘工业化战略’）应当和下一章‘农业战略’结合起来阅读。因为一个发展规划不能只着重工业而牺牲农业的发展。虽然许多欠发达国家在它们起初的发展计划中，都集中于深思熟虑的工业化，但现在却正在对工业化的作用重新进行认识和评价。这不是把资源集中于发展工业或发展农业——好像是‘二者必居其一’的问题，倒是人们开始认识到，农业与工业的相互扶持的行动应该受到首要的注重。”[①] 可见近些年来，国际经济学界一些研究发展经济学的作者，对“工业化”的含义以及对实行工业化与发展农业的关系，已经开始有了新的认识；而这种认识和看法，与上述我早在40余年前就已经多次提出的观点，是渐趋接近了。

三、关于基础设施和基础工业的“先行官”作用

在我的上述“工业化”的定义里，不仅包括有农业的现代化和农村的工业化，而且还强调了基础设施和基础工业的重要性和它们的“先行官”作用。我在40多年前出版的本书里解释“工业化”的含义时，曾经着重指出：“从已经工业化的各国经验看来，我说的这种基要生产函数的变化，最好是用交通运输、动力工业、机械工业、钢铁工业诸部门来说明。”我还特别强调交通运输和能源动力这样一类基础设施和基础工业的重要性，并把它们称为工业化的“先行官”。我的这一观点，在长达将近半个世纪的期间，已经多次得到了实例的印证。就第二次世界大战后实施工业化成效比

① 见杰拉尔德·M·迈耶主编：《经济发展的主要问题》，牛津大学出版社，英文版，1984年第4版，第357页；1989年第5版，第277页。

较显著的亚洲“四小龙”来说，从20世纪60年代以来，它们都耗费了巨额投资，大力改善海、陆、空交通运输和解决水、电、气、通讯等基础设施，以保证生产发展和人民生活改善的需要。在具体做法上，我国台湾地区和韩国大体采取平衡发展的模式，基础设施和生产发展同步前进；而新加坡和我国香港地区则采取基础设施先行的不平衡发展的做法。①

我国自1949年新体制建立以来，对基础设施建设的重要性虽然有所认识，但在实际上仍然重视不够，一度还忽视了能源、交通对启动和促进工业化的重要作用，以致在工业化过程中产生了许多“瓶颈”问题和难关。据考察，中国运输业的产值在社会总产值中的比重，1952年为3.5%，到了1988年却下降为2.8%。而同一时期，工业的产值在社会总产值中的比重则由34.4%上升为59.0%。这说明我国交通运输供需失衡由来已久，情况相当紧迫。反观世界各国，经济发达国家如美国、联邦德国、日本等国，其运输通讯业在国民总产值中的比重，近20年来大体上在6%～8%之间；即使发展中国家如印度、巴西亦大约为5%。这一比较，更说明我国交通运输业的突出落后。其影响所及，自然是宏观经济上的巨大浪费，严重限制了国民经济的持续发展。② 至于交通运输、通讯设施之发达与否，直接关联着市场经济之兴衰，则更不待言。

近年我国经济决策者已经逐渐积累起经验，提高了认识，开始制定和采取有关措施，以期扭转这个紧迫局面。我国制定的“十年规划”和“八五规划”，已经确定把农业、基础工业和基础设施的建设作为今后经济发展的重点。1992年10月召开的党的十四大和1993年3月召开的八届全国人大第一次会议，也都先后提出并决定要高度重视农业，加快发展基础工业和基础设施。我们认为，尽管这些基础建设耗资巨大，但只要中央和地方政府采取有力措施，就仍然可以期望不久将会取得相当成效。

---

① 参阅巫宁耕：《亚洲“四小龙”的致富之路》，机械工业出版社1988年版，第98～104页。

② 有关资料和分析，参阅桑恒康：《中国的交通运输问题》，北京航空航天大学出版社，1991年版，第45～48页。

四、关于工业化的发动因素与限制因素

40多年前，我在本书第三章第二节中，曾经进行过长期的思考和研究，然后提出下列五种因素作为发动和定型工业化进程最重要的因素：

1. 人口——数量、组成及地理分布；

2. 资源或物力——种类、数量及地理分布；

3. 社会制度——人的和物的要素所有权的分配；

4. 生产技术（Technology）——着重于发明的应用，至于科学、教育及社会组织的各种情况，则未包括在当时的讨论范围内；

5. 企业家的创新管理才能（Entrepreneurship）——改变已有的生产函数或应用新的生产函数，也就是改变已有的生产要素的组合或应用新的生产要素的组合。

当时我就认为，这五种因素是发动并制约工业化进程最重要的因素。但是鉴于它们的性质和影响各自不同，所以我又把它们归纳而划分为两大类：

一类是工业化的发动因素，包括 a. 企业家创新精神和管理才能；b. 生产技术。

另一类是工业化的限制因素，包括 a. 资源；b. 人口。当然，这种划分也只能是相对的。

至于社会制度，我当时就认为：它既是发动因素，又是限制因素。同一种社会制度，在一定时期，对于某些国家或地区的工业化，可能主要起发动因素的作用，而对于另一些国家或地区，则可能主要起限制作用。即使对于同一个国家或地区，一种社会制度在一个时期可能主要起发动作用，而在另一个时期则可能主要起限制作用。究竟如何判断，我当时就认为，要看时间、地点等主客观条件而定。为此，我在上述书的分析中，特地把社会制度这一因素看做是“给定的”，未作具体论述，从而就大大拓宽了我当时的分析和论点的应用范围，也才能保持它的持久力。

五、关于工业化对农业生产和对农村剩余劳动力的影响

在20世纪40年代以英文出版的本书中，我曾以两章（全书共六章）的篇幅，分别探讨了工业化对于农业生产的影响，以及工业化对于农业劳动，特别是农村剩余劳动力的影响。这就是后来发展经济学中惯常论及的产业结构的转换和调整问题，以及农村剩余劳动力的流动和吸收问题。这两方面的问题能否妥善解决，在很大程度上牵涉到工业化的成功与失败，因而至关重要。

关于工业化对于农业生产的影响，我在本书第四章中提出下述几个论点：

第一，我认为，工业的发展与农业的改革或改进是相互影响的，但两者相互影响的程度绝不相同。比如就西方发达国家来说，在“产业革命”以前的一段时期里，最先是由于海内外市场的兴起和扩展，农业改革曾经比较显著地促进了工商业的发展。近代史上的“圈地运动”和农场兼并的最终结果，是将劳动力和动力资源置于工业支配之下，这就使现代工厂制度的发展成为可能。但产业革命以后，情况则大不相同，工业发展对农业的影响显然大于农业对工业的影响。如果没有制造农用机器的工业来供给必要的工具，则农业机械化是无从发生的；如果没有铁路化、摩托化（Motorization）和使用钢制船舶所形成的现代运输系统，以及消毒和冷藏方法所形成的现代储藏设备，则大规模的农业生产与大量的农产品加工和输出海外是不可能实现的。

第二次世界大战后兴起的亚洲“四小龙”的工业化经验，也证实了我的上述观点。一般来说，在经济“起飞”以前，我国台湾地区和韩国的农业生产和农产品出口，对它们各自的工业化起步，所作的贡献是相当大的；迨至工业化进展到一定阶段，现代工业的各方面对农业的改良和农村的现代化，所起的促进作用就更加显著。我国的工业化进程，虽然经过了曲折，但也显示了这种“先以农支工，然后以工促农”的总趋势。

第二，我又认为，当工业化进入到相当成熟的阶段，如果让市场规律继续起作用，就必然会引起农业生产结构上的变动，也就是我在本书中所说的

“农作方式的重新定向”。这是因为，在工业化进程中，人们的收入将随着生产的发展而逐渐增加，这时，由于“需求的收入弹性”的作用，必然使人们和社会的有效需求发生显著变化。这首先将会表现在衣、食、住、行方面，特别是衣、食方面吃饱穿暖以及进一步吃好穿好。就食物来说，随着家庭收入的增加，吃粗粮的将改吃细粮，或者少吃一点米、面、杂粮，多吃一点鱼、肉、蛋和水果。这必然会引起畜养业和水果种植业的发展。人们对衣着的改进，除了促进人造纤维制造业的发展外，必然会引起植棉、养蚕、牧羊诸业的兴旺。此外，农产品出口所需的种植业和加工业，当然就会乘机兴起。

第三，我还认为，随着工业化过程的进展，由于农产市场的扩张和农业生产技术的改进，农业生产的总产量和亩产量必然会增加，农业生产规模亦必然会有所扩大。但由于下述原因，农业生产的增长速度必然较制造工业的增长速度为低。

原因之一，农业生产不同于其他产业，它是与自然界紧紧相连的。作为农业耕作的重要生产要素之一的土地，是一种自然禀赋。虽然可以通过精耕细作，不断投下资本，提高土地肥性，但毕竟土地的总供给量是固定的；且由于其他用途的占有，农耕土地还有逐渐减少的倾向。这当然会制约农业生产在规模上和产量上的扩张。

原因之二，农业生产无论是种植业还是畜养业，都是一种“增长”(Growing）产业，这与“加工”（Processing）或“制造”（Manufacturing）大不相同，而受自然规律或生物学规律之制约，甚为显著。这样，就会在很大程度上影响农业生产的增长速度。

原因之三，如前所述，农产品的“需求收入弹性”远较工业品为低，换言之，随着工业化的进展，人们的收入将会增加；但从长远来看，人们将会把较多的收入用于购买和享用城市工业的产品和劳务，而把较少的收入用于食粮以及其他以农产品作为原料的工业产品。

正由于此，尽管随着工业化的进展，农业生产在绝对数量上和在规模上是史无前例地不断扩张了，但农业生产总值在国民生产总值中所占的比例或比重则是下降了。但我们必须注意，这并不是说农业在国民经济中的重要性有所减少，而只是表明在工业化的进程中，农业的扩张率，比起别的生产部门，特别是制造工业的部门，要相对地较低而已。

关于工业对农村劳动力的影响，我在本书第五章中，曾作过详细的探讨。这里，我只想概述三点：

第一，当工业化进展到一定阶段，农业或农村的剩余劳动力就将受城市的吸引而转移到城市工业或其他行业。当然，这样的劳动力转移是以市场机制的作用为基础或前提的。我还提到，农村剩余劳动力向城市的转移，有两方面的力量作用：一为城市工业或其他行业“拉”（Pulh）的作用；另一为农业或农村“推”（Push）的作用。据书中所引一些发达国家的工业化经验，“拉”和“推”这两种力量，总是在一起发生作用的，要区分哪些农村劳动者是被“拉”到城市，哪些是被“推”到城市，颇为困难。据考察，这种转移发生于旺年者较之淡年或萧条时为多。

第二，根据我在本书中所述发达国家的经验，我认为，随着工业化的进展，最先能被城市现代工业所吸收的劳动力，将是城市的手工业者或工场劳动者。这是因为一来“近水楼台先得月”；二来这些劳动者多少有点新技术。然后能被城市吸收的将是乡村手工业者，最后能被城市吸收的才是农业劳动者。就大多数发达国家来说，农村剩余劳动力向城市的这种转移，是相当缓慢而艰辛的。当时我特别提到在中国迟早要实行工业化而也必然会发生农村“剩余”劳动力（我当时称之为“隐蔽失业”——Disguised Unemployment）向城市转移的问题。我认为，中国由于农村人口特别庞大和产业生产技术十分落后，这种劳动力转移必然会更加缓慢和艰难。

第三，我在书中指出，根据西方发达国家的经验，当工业化进行到比较高的阶段，农业的改进与农业的机械化过程就会相应发生，像以大规模农场经营为特点的美国尤其是这样。但当时我就认为，像在中国这样的农业国家，农村剩余劳动力为数庞大，农村劳动力的价格远比机器为低，农耕操作历来以人力、畜力为主，因而即使工业化达到一定程度，此种情况恐怕也将难以改变。这是因为，当劳动力价格低于机器时，引用机器是极其困难的，所以当时我就认为，就中国而言，尽管我非常向往在农田耕作上引用机器，以减轻中国农民的繁重而又艰苦的农活操作，但由于上述原因，加上农田地势和农场规模的限制，在中国实行农业机械化的前景，在短期内是不容乐观的。具体而言，只是抽水机和脱粒机等小型机器，尚有一定的应用范围，至于拖拉机等大型机器耕作的引用，则当前仍甚为困难。

综上所述，我当时还指出：就一个农业国家或欠发达国家来说，随着工业化进展到较高阶段，农业生产的绝对数量虽然将继续增加，其经营规模亦将有所扩大，但其农业生产总值在整个国民生产总值中所占的比重则必然将逐渐降低；同样，其农业劳动者人数，亦可能由于农村剩余劳动力逐渐向城市或其他方面的转移，而在绝对数量上有所减少，在占全国就业总人数的比重上也有所降低。一个农业国家或欠发达国家，只有当工业化进展到相当高的阶段，农业生产总值占全国的比重，由原来的2/3甚至3/4以上，降低到1/3甚至1/4以下，同时农业劳动者总人数占全国的比重，也由原来的2/3甚至3/4以上，降低到1/3甚至1/4以下，这个国家才算实现了工业化，成为“工业化了的国家”。当时我还特别提请注意，只有当这两方面的比重或比例数字都降低到此种程度，才算达到了工业化的标准，二者不可缺一。

六、关于工业化过程中利用外资和开展对外贸易的问题

早在40多年前，我就在本书第六章“农业国的工业化”里，专门探讨了农业国家或欠发达国家，在工业化过程中利用外资的问题，以及它们与工业国家或发达国家的贸易条件和各自的相对优势地位的问题。

关于在工业化过程中应否和如何利用外资，我在本书中分析了有关发达国家在工业化过程中的情况和经验之后，着重研究了中国的问题。我当时指出：根据估计，1942年中国战前的现代工业资本总数不过是38亿华元（按战前价值，约等于12亿美元），如果以中国现在（指当时）4.5亿人口

作基础来加以计算，则每人分得的资本额尚不足 9 华元，或 2.7 美元。这个数额即使作为中国战后中等程度工业化的基础，显然也是不够的。中国人民的小额储蓄，使它在最近的将来没有积累起大量本国资本的希望；而中国人民的生活水平已经太低，亦无法再加以减削。鉴于这两方面的情形，为了加速工业化，在维护政治独立的情况下，外国资本的利用是值得极力推崇的。这对于借贷两国双方也将是有利的。

关于农业国在工业化过程中与工业国的贸易条件及各自的相对优势地位，我在本书第六章第三节中写道："农业国和工业国贸易条件的相对利益，首先须看所交换的是何种产品。总的来说，农业国是处于相对不利的地位，因为国外对它们的产品的需要，一般是较少弹性的。"

当时我还看出古典学派和新古典学派传统经济学在这方面的理论存在着一些欠缺或不足之处，需要加以修改和补充。所以我接着在上引章节中指出：第一，他们忽略了收入的影响。在工业化继续进行中，人民的收入将要升到较高的水平。凡是需要弹性较大的产品，在扩张经济中（亦即在工业化过程中）必将有较大的利益。据此，工业制造品较之农产品，一般均有较大的利益。第二，他们对于供给弹性和生产调整的弹性没有加以考虑。我们要认清，国内的生产弹性愈大；则输出国外的收益愈大。就这点而言，工业制造品一般也是处于比较有利的地位。因此，我们可以说，在变动经济（工业化过程）里，农产品比起工业品来说总是在对外贸易中处于相对不利的地位。

上述我早在 20 世纪 40 年代关于农业国与工业国的贸易分析所应用的"需求的收入弹性理论"，自后在国际经济学界得到了进一步的运用和发挥；并以不同的方式演进而成为诸如"不平等交换"、"中心—外围说"、"依附论"等学说的一种理论依据。

以上是我的"农业国工业化理论"的大致轮廓和主要论点，也是我早期形成而现在仍然奉行的经济观，还可以说，是我为了使我国走向繁荣富强而终生奋斗追求的宏伟目标。

这里我还要特别指出，我的上述理论是以市场机制为基础的，所以它也体现了我早期形成的市场经济观。这可以概括地从下述几个方面看出来：

第一，我在40多年前写成的本书《农业与工业化》，虽然有意撇开了社会制度的属性，但全书的分析则是以竞争和市场机制为基础的。具体而言，书中是以供求关系和市场价格作为导向，来决定整个社会资源配置，也就是决定整个社会物的和人的生产要素的组合及其变动。我在书中把“工业化”定义为一系列基要的生产函数，或通俗言之，一系列基要的生产要素的组合，由低级到高级的变化，就包含有竞争和市场机制在这方面所引起的重大作用。（详见本书第三章。）

第二，在本书中，关于农业市场，即农民作为卖者的市场（农产品市场），我曾在分析中比较系统地运用了当时新问世的“垄断竞争理论”和“不完全竞争理论”。这当然是一种带开创性的尝试，但同时也说明我当时是很重视市场机制在不同领域中的功能的，不仅注意到市场机制在工业品和城市市场上的作用，而且特别注意到往往被忽视了的市场机制在农产品和乡村市场上的作用。这里要指出的是，我们早已知道，古典学派及其以后的新古典学派的经济学者，几乎毫无例外地，都是根据自由竞争和完全竞争（Perfect Competition）的假定来进行分析的。直到20世纪30年代，尤其是自从1933年英国的罗宾逊夫人（Joan Robinson）和美国张伯伦教授（Edward H. Chamberlin）的著作几乎是同时发表以来，不完全竞争（Imperfect Competition）和垄断竞争（Monopolistic Competition）的理论才逐渐为人重视。但是必须注意，当时经济学界一般仍然假定，不完全竞争和垄断竞争只存在于工业市场（工业品市场），而在农业市场（农产品市场），则很久以来就存在有完全竞争或近于完全竞争的形态。但是针对这种看法，我在40多年前写成出版的英文版本书《农业与工业化》中就指出：只要“我们进一步探究实事，就会认清，说完全竞争流行于农业市场（农产品市场）的假定，是怎样的不合乎实际情形。这种假定不仅在现代资本主义社会不合乎现实情形，即令在工业化尚未开始的社会，也不合乎实际情形。”（详见本书第二章第四节）经过一番分析说理之后，接着我又指出：“因此，我们可以得到一个结论，就是在农业市场上也是流行着不完全竞争或‘买方垄断性’竞争（Monopsonistic Competition），这后者是包括买方双头垄断（Duopsony）和买方寡头垄断（Oligopsony）并且更适宜于表明买方垄断因素的一个名词。”

第三，我早在“农业国工业化理论”的分析中，就非常强调“企业家创新精神和管理才能”，把它和“生产技术”并列，作为农业国家或经济落后国家实现工业化，或实现经济起飞和经济发展，所必须具备的最重要的发动因素。正如当时我在本书第三章中所说的，企业家的职能，包括企业家创新精神和管理才能，就体现于能够实现新的生产要素组合，使其进入优化的境地。而要达到这样的目标，就要求整个经济社会具有自由竞争和市场机制能够充分起作用的环境，在那里人的生产要素和物的生产要素都有移动和流动的自由，从而企业家能在国家宏观管理下，以市场需求和价格变动为导向，不断引进新的生产技术和新的生产组织，实现新的生产要素组合，使各类生产要素都能充分发挥各自的作用，人尽其才，物尽其用，地尽其利，达到资源配置的优化境界。显然，这只有在市场经济体制下，才有可能实现。

但是同时我们必须注意，在计划经济体制下，企业家的这种职能，企业家的创新精神和管理才能，则不可能得到发挥，更谈不到充分发挥。因为在中央集权的计划经济体制下，由于国家的直接干预和控制，所谓“企业家”也只能按政府指令行事，其创新精神和管理才能经常受到抑制、阻碍、扼杀，难以发挥。从半个世纪的中外历史经验来看，我们甚至可以说，在计划经济体制下，没有也不可能有真正的企业家产生和成长，更谈不上发挥其创新精神和才能了。这种条件下的企业主管者，在性质上更多的只是政府官员，而不是企业家。

第四，在本书第六章里，我还分析了农业国家在工业化过程中的对外关系，即国际资本移动和国际贸易（商品移动）方面的问题。

当时我强调了农业国家在维护政治独立的条件下利用外资的好处，以及在农业国与工业国的贸易中农业国和农产品所处的相对不利的地位。不言而喻，这些分析都是以国际的竞争和市场关系作为基础的。

导 论

本书是理论的探讨，同时也是经验的和历史的研究。它的目的是分析工业化过程中农业与工业之间的调整问题。它着重于研讨农业的调整，以及农业对于这个特殊的经济转变阶段的种种变化的适应过程。

有几个问题是本书要特别加以探讨的，并且将成为本书分析的主题。这些问题是：

一、工业发展对于农业改革是必要条件还是充分条件？或者相反，农业改革对于工业发展是必要条件还是充分条件？为了要回答这个问题，我们对于一般工业化的过程以及影响这种过程的基本因素，必须加以研究；对于农业与工业的相互依存关系，必须加以分析；并且对于工业与农业发展时的相互影响，亦须予以讨论。

二、在一个国家内，农业与工业之间能否维持一种平衡（Balance）？如果可能，其情形究竟如何？如果不可能，其原因又安在？除此而外，是否尚有其他途径可循？这些都是学经济的人常常提出的问题。不过我们首先应该指出，“平衡”一词的含义，一般人对之每每模糊不清。如果我们认为平衡只是一种静态的均衡（Static Equilibrium），那么显而易见的，在工业化这样的演进过程中，农业与工业之间必无这种平衡可言；在另一方面，如果我们认为平衡是指农业与工业之间的某种变动关系，那又使这个名词失去了原意。在研究了工业发展对于农业的影响之后，我们才较易解答这些问题，才好判断这些问题根本上是否能成立。

三、在农业国与工业国之间能否维持和谐及互利的关系？如果一个农业国家开始了工业化，这对于已经高度工业化了的国家又可能有何种影响？要回答这些问题，必须研究农业国与工业国之间的贸易及资本移动的情况。

四、将以上所提出的错综复杂情形弄清楚了以后，对于中国这样一个农业国家，在它的工业化过程中，最可能遇到的特别迫切的问题，尤其是关于农业与工业相互关系的这种问题，究竟是哪一些？研究这些问题必将引起急切而深长的兴趣。本书对于这些问题自然只能作一初步的分析。

中国现在是处于历史上的一个重要阶段，在未来几十年内工业化过程很可能要加速进行。从事这个研究，本意原在适用于中国。不过全书讨论的原则和方法，仍可应用于任何处在工业化过程中的农业国家。

第一章

基本概念和分析方法述评

在讨论主题以前，我们必须在这开始的一章中，说明本文将如何应用某些名词，并阐述本书主题所根据的基本概念；还将评述和探讨有关的分析方法。

首先，当我们谈到工业时，我们是指制造业，以有别于农业以及商业与运输。不过，读者自然明白，这个名词有时也可以应用于一切经济活动。例如，在布莱克（John D. Black）的分类中[①]，所有工业是分为三组的：1. 开掘工业（Extractive Industries），包括采矿、伐木、捕鱼、猎兽及水力利用；2. 生长工业（Genetic Industries），包括农业、造林及养鱼；3. 制造与机械工业（Manufacturing and Mechanical Industries），包括建筑业及手工业。这些工业都称为初级生产，以有别于运输、贮藏、贩卖、银行及自由职业等等。科林·克

---

① John D. Black, *Introduction to Production Economics*, New York, 1926, pp. 66-86。

拉克（Colin Clark）所用工业一词，意义更广，甚至将仅仅供应劳务的生产部门都包括在内。他也将工业分为三类[①]：1. 初级工业（Primary Industries），包括农业、造林及养鱼；2. 次级工业（Secondary Industries），包括制造、采矿及建筑；3. 第三级工业（Tertiary Industries），包括商业、运输、劳务及其他经济活动。布莱克的初级生产，显然包括了科林·克拉克分类中的初级工业及次级工业。最后，里昂惕夫（Wassily W. Leontief）将一般均衡分析方法，作实际的应用，来研究美国的经济结构，所用工业一词，含义更为广泛。除上述的一切工业以外，他还将1919年及1929年的"家庭消费单位"（Households）也当作一种工业。[②]

读者必须记住工业一词的这些广泛的用法，因为这些用法可以在本书所引用的若干文献中找到；但在本书中，工业一词仍然是依据我们最初提出的狭义的用法。

我们有时也谈到"一个工业"——例如一个纺织工业或一个面粉加工工业。这完全是符合实际情形的，通常不致引起混淆。有时候由于不易决定这种工业的界限，使从事研究"不完全竞争"或"垄断竞争"的人感到困惑——例如在什么地方纺纱工业停止而织布工业开始；但是这些困难与本书倒没有什么重要关联。我们只要记住，在我们谈到一个特殊的工业时，只是指生产一群同样的产品，而这些产品相互间的竞争，比之这些产品同其他产品之间的竞争，更要直接些而已。[③]

其次，"农业"（Agriculture）一词将用以包括一切形态的农场经营。农场经营具有一个共同的特性，即与土地有密切的技术关系。在这方面，造林及采矿都很像农业。但是农业是生长性的事业，采矿则是开采性的事业，

---

① Colin Clark，*Conditions of Economic Progress*，London，1940，p. 182。

② Leontief将一切工业（实际上即一切经济活动）分为十组，即：农业及粮食、矿业、金属及其产品、燃料及动力、纺织及制革、蒸汽铁路、国际贸易、未归类的工业、不分配者（主要为商业劳务及自由职业）、家庭消费单位。见Wassily W. Leontief，*The Structure of the American Economy，1919-1929*，Harvard University Press，1941，pp. 69-72。

③ 关于"工业"概念的详细讨论，见附录（一）。

其间自有轩轾。至于造林，除非在新开发的国家和地区，也是一种生长性的经营，因之很难区别于农业。我们只有依据常识及习惯上的标准，来决定这种区分。①

在本书中，因为我们所研究的对象主要是上文所解释的农业与工业的关系，所以在我们的分析中不免要涉及一般均衡与局部均衡的基本概念。关于这些概念和区位理论的概念，以及基于这些概念的有关分析方法，本章将依次讨论之。

第一节 一般均衡分析方法 (General Equilibrium Approach)

在一般均衡分析的理论体系中，个别"工业"是没有地位的。这种方法是基于生产单位（厂商，即工厂、农场或商店）的均衡（Equilibrium of firms）及消费单位（家庭、个人或其他单位）的均衡（Equilibrium of households），再由此直接引到经济社会的一般均衡。② 所谓一般均衡的情况，系指一个经济社会内每一个消费单位和每一个生产单位的本身都是在均衡中而言。就消费单位说，在这种均衡情况下，只要现有环境不变，包括趣味及经济展望不变，就没有一个消费单位会感到，将其已用于某项商品的货币收入，移用于任何其他商品，而能够改善其境况。就生产单位言，

① 关于"农业"一词，以及农业与工业的相对地位，更进一步的解释，见附录（二）。

② 要研究一般均衡理论，除 Walras 的 Eléments d'écomomie politique pure（Lausanne, 1926）以外，还须介绍下列诸著作：J. R. Hicks，"Leon Walras"，*Econometrica*，Volume Ⅱ（October 1934），pp. 338-348；Joseph A. Schumpeter，*Business Cycles：A Theoretical，Historical and Statistical Analysis of the Capitalist Process*，1939，Volume Ⅰ，pp. 38-45；Robert Triffin，*Monopolistic Competition* and *General Equilibrium Theory*，1940；George J. Stigler，*Production and Distribution Theories*，1941，Chapter 9，Leon Walras，pp. 228-260。

这种均衡情况是指当现有环境不变，包括技术、商业知识及经济展望不变，没有一个生产单位会感到，将其已用于某项生产要素的货币资源（资本），移用于任何其他生产要素，而能够增加其收益。如果要使“瓦尔拉均衡”（Walrasian Equilibrium）成立，价格和数量也必须满足下列各种条件。每一个消费单位的预算和每一个生产单位的预算，都必须相互绝对平衡。生产单位所生产的各项商品的全部数量，都必定为消费单位或其他生产单位所购尽。一切现存生产要素的使用，都必须达到一种程度，使生产要素所有者得到他们希望得到的价格，而且在此种价格下，所有的有效需求必须都能满足。① 一般均衡分析假定存在着“完全竞争”（Perfect competition）；在生产理论中，这种方法还假定存在着“固定不变的”生产技术系数（Fixed technological coefficients of production）。这种分析是完全“静态的”（Static）。

用一般均衡方法，分析任何两个工业或两组工业的相互依存关系，不仅是不可能的，而且也是不必要的。其所以是不可能的，乃在于不能获得一个合乎逻辑的工业概念，以符合理论的完整性与现实的真确性。其所以是不必要的，乃在于这种一般均衡方法，只着重一般的相互依赖关系，而不着重局部的相互依赖关系。因此，我们最多只能说，运用这种方法时，农业与工业的相互依存关系，只是“并入”（merged）在一般经济的相互依存关系中。但是我们必须认清，如果我们要遵守这种方法的严格的理论标准，无论如何我们就无法将这种特殊的（农业与工业的）相互依存关系从一般的相互依存关系中分开来。

为大家所公认的，着重经济现象的一般的相互依存关系，是一般均衡方法对于经济分析的巨大贡献。但是“固定”生产系数的假定，却使这种分析方法不能应用于任何历史的研究上。这种假定，再加上完全竞争的假

① J. A. Schumpeter, *Business Cycles: A Theoretical, Historical and Statistical Analysis of the Capitalist Process*, 1939, Volume Ⅰ, pp. 42-43。

定以及工业概念的舍弃，使其理论更不符合现实，因而使其理论系统甚至不能适用于短期的经验研究上。

在这方面我们应该提到里昂惕夫的独到的然而大胆的企图，即将一般经济分析方法应用于实际经济结构的研究上。在上面所简略提到的《美国的经济结构》这一本著作中[①]，他采用了一种富于现实性而且合乎普通常识的工业概念，基于这种概念再将工业（及消费单位）分为十组，以减轻理论上工业概念的刚性。他的根据在于：大工业组相互之间的“生产要素替代性”是有限制的。这种理由尚可接受。不过他仍然保持“固定”生产系数的假定。他假定生产力的变化，对于一种工业所雇用和使用的各个生产要素的影响，是“成同一比例的”（In equal proportion）；在消费领域内，他也假定支出的调整变动，是按同一比例跟随实际收入的上升而上升的。虽然我们承认里昂惕夫的尝试很富于启发性，他的工作也有了很大的影响，但是我们仍然要指出，他所采用的这些假定，实在大大地限制了其所获结果的实用性。

如果我们只需要研究“静止”（Stationary）情态下的农业与工业的相互依存关系，里昂惕夫的方法倒是很有参考价值的。当然，应用一般均衡方法时，要想将这种特殊的相互依存关系从一般的相互依存关系中分离出来，可说是不可能的。依照他的研究，我们能够做到的，只是更进一步将理论上的工业概念的刚性加以减轻。这样，我们就可以用一种粗略的方法，将一切生产单位分为三组：农业、“工业”及劳务（包括运输、贸易、银行及自由职业等）。再加上消费单位，我们一共有四组。由是我们可以参照里昂惕夫的理论系统并应用其三组方程式。我们可以研究某一组的任何变化（要素或生产要素的变化），对于其他各组或整个经济制度的影响。因为我们将“工业”的数目从十组减到四组，我们就可以更清楚地观察出农业与“工业”之间的关系。像这样的企图是很有可取之处的。

---

① Wassily W. Leontief，*The Structure of American Economy*：*1919－1929*，Harvard University Press，1941。

第二节 局部均衡分析方法
(Partial Equilibrium Approach)

局部均衡分析方法是和一般均衡分析方法不同的。局部均衡分析方法，在一定的时间（或时期）内，只限于研究一种现象或两种现象之间的关系，同时利用“其他事物不变”（Other things being equal）的著名成语，以假定其余的现象保持不变。这种研究方法的功过，很久以来便构成争辩的题目。本书限于篇幅，不拟详加讨论。现在我们主要所须考虑的，就是局部均衡分析方法只研究一种工业的均衡，而对于一个生产单位或一般经济制度的均衡，则不予注意，至少不予以系统的讨论。这种见解所根据的基本概念据说是这样的：“如果一般均衡成立了，则每一生产单位和每一工业都是个别的在均衡状态中；但是在一般均衡未成立时，一个生产单位或一个工业也可能是在均衡状态中。而且为了某种目的，我们还可以说，即使构成一个工业的各个生产单位并非均衡的，但这一工业仍然可能是处于均衡状态。”① 这种概念在逻辑上倒是很有根据的，尽管在现实的经济社会里，却不一定能找到根据。假如情况的确如此，那并非由于这种概念本身难于成立，而是由于整个均衡概念本身不符合现实。这种限制是无论那种均衡分析方法都会遇到的。

局部均衡分析方法，和一般均衡分析方法一样，都是假定社会制度和生产技术不变，这就使得它们的实用性大受限制。不过局部分析方法，较之一般均衡方法，在一定程度上还可用于本书某些问题的研究方面。首先，本书

① J. A. Schumpeter, *Business Cycles: A Theoretical, Historical and Statistical Analysis of the Capitalist Process*, 1939, Volume Ⅰ, p. 43。

是研究两种广泛的工业之间的（即农业与狭义的工业之间的）相互依存关系及变动关系。局部均衡方法主要的也是集中于一种工业的研究，在这方面比较适合我们的目的，虽然我们还须加上许多修正。其次，经济活动种类，实在繁多，我们无法将一切经济活动同时加以研究，为简便计[①]，我们不得不采用一种方法，只取各种经济活动中的一种或两种，而同时假定其余的经济活动不变或以同等的程度变化。再次，本书不仅打算作为一种动态的分析，同时也打算作为一种演进性的（evolutionary）分析。但是，“不管无数的‘模型建立者’（Model builders）的呼声如何，经济理论至今尚未完成一种同时是一般的又是动态的分析。由于著名的‘生猪—玉米循环’（Hog Cycle）理论的成功，局部的同时又是动态的分析似乎已经支配了应用经济学的领域”[②]。因为在方法论的既得成果下，唯有局部分析方法才容许我们勉强地同时应用动态分析及演进性的分析，所以我们不得不放弃一般均衡方法。

我们不能笼统地说，所有关于农业的或关于一个单独工业的历史的研究以及若干统计的或叙述性的研究，都是局部分析的。但甚为不幸，就作者所知，至今尚无一本著作，甚至一篇论文，用一种系统的方法，不管是理论的、历史的或统计的方法，来讨论农业和工业之间动态的及演进性的关系，并讨论农业改进和工业发展之间动态的及演进性的关系，除开很少的几本名著认清了这个问题的重要性并曾作很简略的讨论外[③]，大多数关于一般经济史的研

---

① 此种简便（Simplicity）与理论“分析上的”简便有区别，理论“分析上的”简便所需假定较少，因此其应用更具有普遍性。见 George J. Stigler，*The Theory of Competitive Prices*，New York and London，1942，p. 8；Morris R. Cohen and Ernest Nagel，*An Introduction to Logic and Scientific Method*，New York，1934，pp. 213－215。

② Wassily W. Leontief，*The Structure of American Economy*，*1919－1929*，1941，p. 33。

③ 举例来说，孟都（Paul Mantoux）在其名著 *The Industrial Revolution in the Eighteenth Century*（New York and London，1927）里，以极有启发性的一章，讨论产业革命时期土地方面所发生的变化。特别在该章之末，他曾用数段虽很简短的篇幅，对农业转变和工业转变的关系，作了专门的讨论。见该书第三章，土地之重分配，pp. 140－190。A. P. Usher 在其 *The Industrial History of England*（New York，1920，p. 365）一书里，第一次着重此问题的社会方面的影响，其后又在一本与他人合著的书中，也以简短的一节，专门分析工业和农业相互依存关系的历史变化。见 W. Bowden，M. Karpovich and A. P. Usher，*An Economic History of Europe Since 1700*，New York，1937，pp. 4－5。

究则完全未注意到这个问题。

假如采用局部分析，那么研究农业和工业的相互依存关系，就可依下述步骤进行。第一步，我们可以假定一定的人口、趣味及生产技术。在这种假定下，再假定其他部门的经济活动不变，我们就能分析农业和工业的“静态的”相互依存关系。在同样的假定下，我们还可遵循“生猪—玉米循环”或“蛛网理论”（Cobweb theorem）的理论模式，分析农业和工业的“动态的”相互依存关系。第二步，我们便可引进人口、趣味及生产技术的变化。我们依次引入这三者之一的变化而同时假定其他二者不变，并且在某些场合，还可假定三者以一致的增进程度而变化。对于农业和工业以外的经济活动部门，也可用同一方法处理。这样一来，我们将能认明并能分析，在所谓“产业革命”（Industrial revolution）的时期中，农业改进和工业发展之间，何种关系是理论上的，何种关系是历史上的。

要做到这一点，传统的马歇尔式的局部分析是不够的。我们还要提出若干修正，如果有助于我们的研究工作，还应当考虑采用这些修正。在这些修正中，最重要的是不完整竞争理论及总体分析方法（Aggregative approach）。此外还有若干观念，如区位理论（Location theory），也当予以讨论，并在适当的范围内考虑加以应用。

不完整竞争或垄断竞争理论[①]，以两种方法修正了新古典理论。第一，马歇尔式的分析的主要的骨架是“小组”（Group）理论或工业理论，这种新的理论则在这种“小组”理论之外，引入了“厂商”理论（Theory of the firm）。关于这一点，此种理论又和瓦尔拉式的分析完全舍弃了“小组”概念，大有区别。第二，这种新的理论以不完整竞争或垄断竞争的假定，代替过去完整竞争或纯粹竞争的假定。此中意义如何，我们由不完整竞争或垄断竞争的字

---

① 关于此种理论的标准著作是：E. H. Chamberlin，*Theory of Monopolistic Competition*，1933，及 Joan Robinson，*Economics of Imperfect Competition*，1933。另一重要著作也应提及的是：F. Zeuthen，*Problem of Monopoly and Economic Warfare*，London，1930.

面含义即可明白。[1] 完整竞争可以当作一种特别适于均衡分析的理想情况，不完整竞争理论则比较富于现实性，而且在这种理论的分析下，完整竞争只是被当作一种特殊情况。但是我们必须指出，在不完整的或垄断的竞争下，均衡分析的应用却大受限制。由于成长和发展时的特殊情形，一个生产单位（厂商）或一个小组（工业）就不可能得到一种稳定的均衡。[2] 不过，虽然有这些限制，不完全竞争理论仍可对本文研究的问题，提供一些应用上的价值。

大多数经济学者，甚至在今日，都普遍假定完整竞争存在于农业，而不完整竞争或垄断竞争则只存在于工业。但是这种论断，并非基于事实。我们承认，“农场”（Farm）作为一个经济单位，若和市场相较，的确是显得太小，因之对于其所买所卖的商品的价格，没有什么明显的影响。这种情形可以看做是满足完整竞争的条件之一。但是农业，较之工业，并不能更圆满地符合完整竞争的其他条件。所有农业的或乡村的市场，都无法免除特殊的制度上的限制，也无法免除地理的及天然的阻碍。换言之，价格及资源的流动性并非毫无限制。而且，当作经济单位的农场或乡村家庭，往往不能得到完备的市场知识；在大多数场合，其获得市场消息，远远不及城市经济单位那样便利。乡村社会的真实市场形态，大概都是一种“买方垄断”（Monopsony）或一种“买方寡头”（Oligopsony）。[3] 至于生产结构方面，农民或农场对价格变化的反应极为迟缓，在若干场合甚至全无反应，则为尽人皆知之事。

---

① 但是这两个名词并不如表面所看到的清楚。张伯伦曾一再强调“不完整的”一词与“垄断的”一词的区别，见其论文“Monopolistic or Imperfect Competition?”，*Quarterly Journal of Economics*，August 1937。至于本书作者则交替无区别地使用这两个名词，因为我们可以暂时假定其间的区别是可忽略的。

② 特别参阅 N. Kaldor，“Equilibrium of the Firm”，*Economic Journal*，March 1934，pp. 73-74；W. F. Stolper，“The Possibility of Equilibrium under Monopolistic Competition”，*Quarterly Journal of Economics*，May 1940。

③ William H. Nicholls 曾循此途径，对于此种问题作过意味深远的分析，虽其分析只限于农产品工业。见其 *A Theoretical Analysis of Imperfect Competition with Special Application to the Agricultural Industries*，Iowa State College Press，1942。

对于农业和工业之间的功能关系（Functional Relationship）的任何分析，不论是纯粹理论的或历史的，如要使其结果更符合经济社会所已发生的事实，以及更符合现代经济制度所最可能将要发生的事情，就要在有些方面应用不完整竞争的理论。举例来说，当农民将农产品卖给一工业家作为原料时，单用完整竞争，就不能很圆满地解释个中情况。同样，当农民从一工业家购买农业机械或肥料时，或者，当农民以纯粹消费者的地位，为家用计而购买衣服及其他物件时，也不能单以完整竞争来做解释。在一个不和外界接触的乡村社会中，交易只发生于本村村民之间，我们可以说其中或许存在有某种形态的完整竞争。只要农民一旦和久享垄断特权的专业商人及工业家发生交易关系，将农产品售出，又将工业品购入，我们就可以应用不完整竞争或垄断竞争的理论。证之任何历史事实，甚至参考资本主义初期的事实，都可说明这一点。

无论何人在以局部均衡进行分析工作时，很快就会感到，必须有一种工具，使他能够处理那种超出他的“局部分析”工具以外而在整个体系中进行的过程。于是，特别是他若受过马歇尔的传统训练，他就很可能利用一套表明各个社会总数（如总生产、总收入、总纯利润）的相互关系的体系来补充他的分析工具；并且更将这些关系和整个体系中突出重要的种种因素（如货币数量、利率及价格水准）合而加以考虑。如果这些因素经一度调整后，相互之间的关系不呈现变动的趋向，人们就可以谈到“总体均衡”（Aggregative Equilibrium），并可组成关于这种均衡的若干命题。例如凯恩斯（J. M. Keynes）的《货币论》（*A Treatise on Money*）[①] 便是使用这种均衡概念。不能否认，为了某些目的，这种均衡概念可能是有用的。但是很明显，“这种均衡却和大多数其他意义的激烈失衡相吻合。而这些失衡的发生，必然会改变给定的情况，也包括改变总数本身。不过，若以为总体均衡能表明变动发生的因素，或者以为整个经济制度的混乱只能从这些

① 见 J. M. Keynes，*A Treatise on Money*，London，1930，Volume Ⅰ。

总数中发生，从而根据这些概念来进行推理，那就陷入错误了”[①]。

关于总体均衡分析方法的限制，上段中已引述了熊彼特（Joseph A. Schumpeter）研究经济周期时的说明；这种均衡方法若应用于本书的研究，所遇到的限制将会更大。这是因为任何关于一个工业的特性或两个工业之间的关系的研究，若仅仅注意总生产和总收入，以及它们与货币数量、利率、价格水准的关系，就将失去其重要意义。总体均衡的研究，一般言之，实在不能提供我们以关于特殊部门研究的具体知识。然而，即使就本书而言，也不能完全否认总体分析的用处。第一，就经济产品言，农业和工业占有经济社会的较大部分。因此，总生产虽不能作为农业和工业生产的代表，却可以作为农业和工业生产的指示器。举例来说，将国民收入中农业和工业所占的比例确定以后，我们就可以研究利率或价格水准对于农业生产或工业生产的影响。在这方面，总体分析方法有间接的助力。第二，在研究工业化的速度时，无论如何我们必须有赖于对总生产及总收入的分析。就这点而言，我们可以利用上述方法将总数（Totals）分开，各自划归农业和工业两个生产部门。最后，当我们对于两个经济社会，例如两个国家，作比较的研究时，总体分析方法尤有用处，因为它能替任何局部分析打开初步的场面。

第三节　区位理论分析方法 （Approach from the Location Theory）

屠能（J. H. Von Thünen）论农业的区位[②]，韦伯（Alfred Weber）论

---

① J. A Schumpeter, *Business Cycles: A Theoretical, Historical and Statistical Analysis of the Capitalist Process*, 1939, Volume I, p. 43。

② J. H. von Thünen, *Der isolierte Staat in Beziehung auf Landwirtschaft und Nationalokönomie*, 1st edition, BerLin, 1826。

制造工业的区位[①]，可说是区位理论的先驱著作。此后，尚有若干学者对这一理论陆续添加许多贡献，或详予解释[②]，或将其苦心经营而应用于现实社会里[③]，或从事一种纯粹理论的分析[④]。然而，直到狄恩（W. H. Dean, Jr.）及厄谢尔（A. P. Usher）从事这方面的研究之后，才促成这种理论的进一步扩展及深化。[⑤] 这可以看做一种新的开始。这种新方法在几个方面都和老方法不同。第一，这种新方法涉及所有的经济活动，而不是仅限于农业或工业。第二，这种新方法不纯粹是“静态的”，而且更特别的是“动态的”。其所以是动态的，是因为它包括了历史的变化。第三，这种新方法并不借助于数理的研究。这是因为数理研究往往要根据一种假定，认为经济活动是在一种毫无差异的平面上发生，而这样的假定显然是不合现实的。新方法的主要论点可简述如下[⑥]：1. 我们最先必须注意到人口密度的各种发展类型的广泛情景。2. 我们对于这各种人口发展类型和区位资源的关系，以及这各种人口发展类型和区域资源在每一特定历史阶段的技术条件下所具有的重要性的关系，必须加以研究。3. 我们还必须认清资源接近的难易对于远距离贸易的重要意义。4. 要研究接近难易的差别，我们还必须对于世界上基要区域的地势，作精密的分析。

区位理论之有助于本书的研究，不仅是因为这种理论能为本书阐明区

---

① Alfred Weber, *Über den Standort der Industrien*, I. Teill, *Reine Theorie des Standorts*, 1st edition, 1909, and “Industrieue Standortslehre”, in *Grundriss der Soziolokönomik*, 1st edition, 1914, VolumeⅥ。前书曾由 C. J. Friedrich 英译出版，称 *Theory of Location of the Industries*, Chicago, 1928。

② 例如 A. Predohl, “The Theory of Location in Its Relation to General Economics”, *Journal of Political Economy*, Volume 36. 1928, pp. 371-390。

③ 例如 E. M. Hoover, *Location Theory and the Shoe and Leather Industries*, Harvard University Press, 1937。

④ 例如 H. Hotelling, “Stability in Competition”, *Economic Journal*, March 1929。

⑤ W. H. Dean, Jr., *The Theory of the Geographic Location of Economic Activities*（选自该书作者在哈佛大学的博士论文），1938 年以小册印行，A. P. Usher, *A Dynamic Analysis of the Location of Economic Activity*（Mimeographed），1943。

⑥ A. P. Usher, *A Dynamic Analysis of the Location of Economic Activity*（Mimeographed），1943, p. 4。

位方面所发生的问题，而且也因为这种理论的动态方法，能指出各个历史阶段基本区位因素的变迁，这种基本区位因素，正是其他各种经济活动的中心。举例来说，新的动态方法就曾发现，从18世纪到20世纪，以食粮（Food）为主的区位形态变为以煤（Coal）为主的区位形态，至于变迁的原因，则是由于普遍应用动力于工业上的缘故。[①] 像这样的分析，能够扼要地指出，从产业革命开始以来，若干高度工业化的国家所发生的一种基本变迁，所以对于我们的研究极有助益。甚至老式的区位理论，也不是毫无用处。屠能的“生产地带”（Zones of production）及其关于运输对于农业生产区位的影响的研究，仍是有价值的；如果再加以适当的修正，就可应用于现代社会。正如布莱克所说：“现代城市的市场区域，不过是以一种夸张的形式，将屠能图解中河流所发生的同种效果表现了出来。”[②] 韦伯最重要的贡献，是在系统地分析了主要定向于运输成本的加工活动的分布情况。韦伯理论的优点，就是使人注意到区位中的“真实成本”。成本不变的假定，自然大大地限制了他的理论的实用性。不过，如果单个工业的分析是必要的话，他的理论仍可当做研究工业区位的初步方式。

使用区位理论的新方法——或可称之为“一般的和动态的区位理论”，根本就无须分别农业的和工业的区位。新方法一般着重人口定居、资源的利用和限制，以及人口定居与资源利用之间的变动关系。因此，用这种新方法来解释工业化的过程中农业和工业的关系，只能作一般的解释，而不能分别详论。在另一方面，老式的区位理论则可应用于特殊工业——例如屠能之用于农业及韦伯之用于一般制造业。但屠能及韦伯的分析都是静态的，不能用以解释在产业革命的时期，农业对于工业的动态关系。所有这些限制必然会使我们明白，本书的研究，若单独使用区位理论的方法，一定会感到不完善。

---

① W. Rowden，M. Karpovich and A. P. Usher，*An Economic History of Europe Since 1750*，New York，1937，pp. 4-13。

② John D. Black，*Production Economics*，1926，p. 193。

第四节　分析方法评论

从上面的讨论，我们明了现时流行的各种方法，都不足以完满地作为本书所需要的研究工具。首先，对于“均衡”概念是否能应用到工业化这样的演进过程上，我们早就发生过疑问。即使我们假定，“移动均衡”（Moving equilibrium）的概念或“均衡的集中趋势”（Central tendency toward equilibrium）的概念可以成立，然而任何均衡方法，对于影响经济演进过程本质的技术变化和制度变迁，仍无法作充分的研究。

一般均衡分析方法的优点，是承认并强调一切经济活动（包括农业和工业，也包括其他种种经济活动）的一般相互依存关系。一般均衡分析方法能防止人们从一组特殊的事情或活动中求出轻率的概括。但是这种方法对于我们当前的分析仍嫌不够，其理由：第一，因为我们只须着重农业和工业两项经济活动；第二，这种方法的静态假定，使其对于我们演进性过程上的应用受到严重限制。

我们已经说过，局部均衡分析方法，若加以适当的修正并和其他方法联合使用，将较适于我们文中有些问题的研究。但是我们还应指出，运用这种方法时必须特别谨慎小心。在经济研究中，正有一种常犯的毛病，就是过分的“局部主义”（Sectionalism）。近年来经济领域里的局部研究大为增加。诚如罗宾斯（Lionel Robbins）所说：“在实用经济学的领域内，若干分工是必要的，而且理论的背景时常变更，若不根据特殊工业的事实陆续加以增补修改，就不能有效地用以解释具体的情况。但是，如经验所指示的，孤立进行的局部研究，易于发生很严重的危险。若非时时小心防范，这种局部的研究势将使技术上的兴趣代替经济上的利害关系。于是注意的中心转移，而一些只具有技术意义的概括，将伪装作经济学的姿态而出现。

这是致命的弱点。因为，手段的稀少性是相对于‘一切’目的而言的，由是，要对支配经济方面的社会关系的影响获得一种完全的见解，就必须观察整个经济制度。在经济制度中，‘工业’不是为其本身而存在的。其存在的理由（Raison d'être）的确是由于其他工业的存在，其命运也唯有和整个经济关系的经纬相连时始能了解。因此，关于一种工业或一种职业的单独研究，总易陷于不得要领的危险。这些研究原意本是要研究价格及成本，但是总易流于呆板的会计计算或肤浅的技术推理。我们不能因为有这种危险存在就要废除这一类的研究。不过最基本的是我们应该知道这种危险的存在。在经济学的探讨上，如同在其他任何科学的探讨上一样，在各类研究之间保持适当的平衡是最重要的。”①

鉴于这种过度的局部主义的危险及其他各种限制，我们对于局部均衡分析方法将作如下的修正和增补。第一，当我们分析农业和工业之间的调整以及农业改革和工业发展之间的关系时，我们一定不可忽视其他经济活动，而且必须记住一般相互依存的概念和事实，以便能观察整个经济制度。第二，两个剑桥（Cambridge）的学者，在不完整竞争及垄断竞争下，所修正的价格理论和生产理论，以及其引入的“小组”概念，在适当的时候，可以应用。第三，总体分析方法所提倡的“总数”概念，例如总收入、总生产、总人口和总资源，以及与此有关的其他总数概念，在若干场合也可以使用。第四，区位理论，尤其是现代的动态区位理论，也可用以分析一切经济活动的变化形态受基要因素所激发和定形的过程。

即使加上这些修正和添补，我们认为，以局部均衡分析方法为主的研究方法，仍然不会使我们完满地达到研究的目的。在经济理论所提供的分析方法的应用性和本书的性质之间，存有一段宽广的距离。我们曾经指出，本书是理论的，同时也是经验的和历史的。因此，这种距离正可以比喻为

① Lionel Robbins, *An Essay on the Nature and Significance of Economic Science*, London, 1935, p. 42, footnote 1。

经济理论和经济史之间的距离。近数十年来，历史和理论的差距，以及理论和现实的差距，都是愈来愈远。许多经济学者和经济史家都一再申言经济史中须有理论，并申言要认清这两部门的密切关系，而且还要促使这两方面的密切合作。① 我们也热诚地赞同这种主张。但是我们必须认清，人文科学本身具有内在的及技术性的困难，使理论与历史不能密切结合。经济学者要将经济学建立为一种科学，所以只求小心努力以达到理论的纯一性，而不惜牺牲其假定的现实性。另一方面，经济史家花费大部分时间收集、考证并叙述事实，而无多少时间来解释这些事实或基于某种理论来说明这些事实。尽管理论与历史应该结合的呼声很高，但是事实上距离尚远，而且并无缩小的征象。

在这方面，动态区位理论家的努力是特别值得注意的。也是在这方面，我们应该提到有些经济学者，他们特别着重经济史的发展和历史知识。比如陶西格（F. W. Taussig），不仅根据经济史进行推论，以充实国际贸易理论的内容，而且还从国际贸易理论的概念中形成一种工具，以适合经济

---

① William Cunningham很久以前就强调经济史家对于理论的需要，他说："经济史并非研究特殊类型的事实，而系从特殊的观点研究一般事实。"见其 *Growth of English Industry and Commerce*，Cambridge University Press，Volume Ⅰ，1905，p. 8。其后，Eli F. Heckscher也强烈要求经济史中须有理论，他说："我们必须抛弃那种错误的观念，以为经济理论和经济史是属于人类发展的不同阶段。经济理论和经济史对于了解一切历史阶段都是重要的，对于了解现阶段也是一样。"还说："无疑的，当史学家的工作日益进步而不仅是叙述外在的事实时，经济理论的价值也会大大增加；因为最大用处是关于事实的'选择'及事实的'解释'。"见其论文"A Plea for Theory in Economic History"，*Economic History*，January 1929，p. 526，and p. 529。

John H. Clapham在一次就任演讲中，极力解释理论和历史的关系以及经济史家的地位和经济学者的地位的关系。见其 *The Study of Economic History*，Cambridge University Press，1929，pp. 32－40。

Werner Sombart较其他经济史家更为着重经济理论对于研究经济史的重要。他认为："唯有理论训练才能养成真正的史学家。无理论即无历史，理论是任何科学的历史著作之先决条件。"见其论文"Economic Theory and Economic History"，*Economic History Review*，January 1929，p. 3。

Lionel Robbins也在他的传布甚广的著作中，以一节讨论经济理论和经济史的关系。他认为："经济理论在于描述形式（Form），经济史则在于叙述本体（Substance）。"见其 *An Essay on the Nature and Significance of Economic Science*，London，1935，p. 39，其详细讨论见 pp. 38－42。

史家的需要。赖特（C. W. Wright）就曾应用这种工具，研究美国的经济发展。[①] 赖特在分析影响美国制造业转变的主要因素时，着重三组基本因素：1. 主要生产要素的比较成本；2. 运输以及与运输有关的成本，可用以限制基于比较成本差异的交易所发生的地域范围；3. 主要的基于立法的“人为的”（Artificial）因素，可以限制或促进制造业的发展。前两组因素是动态区位理论家也着重的。但是比较成本理论，显然是从古典的国际贸易理论那里所形成并借来的一种工具。这种方法可供运用的程度和效果如何，尚待观察。不过，这种企图则应该加以鼓励，因为如能成功，势将缩短理论与历史之间的距离。

关于本书，我们将依照下面的程序从事探讨、进行研究。在第一阶段，我们在静态的假设下，分析农业和工业之间的相互依存关系。[②] 我们所用的静态假设，是指人口、趣味及生产技术俱为一定。不过，我们对于趣味和嗜好将不加以分析。在这些假设之上，我们还将添加另一个静态假设——就是其他部门的经济活动不变。这是局部均衡分析方法所惯用的著名成语。但应用这种方法，任何结论都必须小心推出，以免忽略农业和工业以外的其他经济活动的情形，这是我们曾经郑重声明过的。以后，我们将引入人口的变化，但是仍假定生产技术不变。这是假定基本数据（Data）只有些微变化的情况。这种分析有时称为“比较静态的理论”（Theory of Comparative Statics）。[③] 我们可称之为“局部动态”（Partial Dynamics），或“相对动态”（Relative Dynamics），或简称之为动态，因为这种理论多少是援引

---

① Chester W. Wright，“The Fundamental Factors in the Development of American Manufacturing”，in *Exploration of Economics*，New York and London，1936，pp. 516-525。

② 我们应该着重指出，我们采用这种静态的考察，不仅有其本身的原因，也因为要将它应用于解释变化。

③ 依据 Lionel Robbins，这个成语是 Ewald Schams 开始采用的。见 Schams，“Komparative Statik”，*Zeitschrift für Nationalökonomie*，Bd. 11 pp. 27-61。但是 Robbins 相信这种分析可以溯源于古典经济学者之时。见其 *An Essay on the Nature and Significance of Economic Science*，p. 101，footnote 1。

“生猪—玉米循环”或“蛛网理论”的理论模式。[1] 但是我们的研究还要更进一步。我们不仅要比较假设一定的变化下的均衡的两种最后情态，我们还要更进一步探索在一定的失衡情况下，一个制度中各个部分实际上所遵循的途径。这就是通常所谓“时期”分析（“Period” Analysis）的意义。不过必须指出，我们从事所有这些分析时，并不假定“最后均衡”（Final Equilibrium）是必要的。

在次一阶段，我们将引入生产技术的变化，首先配以人口一定的情形，然后再配以人口变化的情形。这种分析不仅是动态的，而且是“演进性的”。演进过程的分析是本书主要目标。显而易见的，任何熟悉经济分析程序的人都会明白，在这方面所遇到的困难，要比其他方面更多，有些困难简直是无法克服的。尽管如此，我们仍将以手中不完善的各种分析工具，来冒险尝试一番。首先，从第三章开始，我们将对工业化的过程作一系统的分析，凡是影响这一过程的基本因素以及这一过程的特性都要加以分析。对于工业发展的这种系统研究，我大胆地称为“工业化理论”（Theory of Industrialization）。然后在以后两章中，我们将考察生产技术的变化，通过此一特殊经济转变阶段的过程，如何对于农业生产和对于农村劳动产生影响。此处，我们提出关于农场这一生产单位的调整理论，以及关于一种生产要素（这里所研究的是劳动力）的报酬的理论。这种分析时主要部分当然是那些与演进过程直接有关的方面，例如农业机械化、农作制度的重新定向（Reorientation），以及劳动力从农场转移到工厂，等等。

最后，我们将分析一个农业国家工业化时所包含的以及所引起的问题。这种问题有内在的及外在的两方面。内在方面，我们将以中国的情形作例证，其中着重农业和工业的关系以及两者之间可能的调整。外在方面，我们将论到国与国之间贸易和资本流动的问题。大体而言，这是应用国际贸

① 关于这种理论的详细分析，见 Mordecai Ezekiel，“The Cobweb Theorem”，*Journal of Farm Economics*，February 1938，pp. 255－280。

易理论及国际资本流动理论，以解释一个农业国家在工业化时所引起的种种可能的复杂情形，虽然这种应用是很不完全的。这种分析将会同样遇到严重的困难。因为其中也包含了方法论的调整改革问题，只要我们企图运用在静态假定下推演而得的理论来解释经济转变中的演进过程，我们就必须作出这种调整变动。

第二章

农业与工业的相互依存关系

在任何经济社会中，农业和工业之间总保持一种密切的相互依存关系，虽然在经济演进的过程中，其方式屡经变易。那种认为经济史中某一时期是农业的，某一时期是工业的说法，的确是太简单而笼统了。即使在所谓“农业阶段”，工匠（Artisans）及手艺人（Craftsmen）的活动，我们也不可过于轻视。有些工匠集中在小城镇里，有些工匠则散布在乡间的村庄中。农村家庭还可供给大量的零工劳动（Parttime Labour），这种零工劳动却每每被人们误称为单纯的农业劳动。另一方面，在所谓现代的“工业阶段”，农业是供给粮食及原料的泉源，说它重要，亦非夸张。一个国家，不论已经高度工业化到何种程度，若不能同时在国内的农业和工业之间，维持一种适当的及变动的平衡，或者经由输出和输入，与其他国家的农业企业保持密切的联系，则一定不能持续并发展其经济活动。以大不列颠（英国）为例，若它不能从友国和属邦，如丹麦、加拿大、澳大利亚、印度及南非等地，获得粮食及原料的供应，它一定难以发展到今天从人口的职业分配及国民收人的构成上所表现的高度工业化。农业除作为供应粮食及原料的泉源外，还可以作为工业添补劳动力的泉源。这方面的情形更为复杂，因为它可以引起乡村劳动力和城市劳动力的竞争，即使劳动力从这一部门转移到另一部门存在有各种限制甚至有摩擦时也一样。最后，农村家庭对于城市制造工业，不仅是消费用工业品的买者，也是化学肥料及农场机器的买者。我们更要特别注意整个经济制度的相互依存关系，在这种制度下，运输机构所贡献的劳务，动力场站所供应的动力，银行组织所提供的便利，等等，对于农业的重要性，正不下于任何制造工业所给予农业的现代机器设备和其他生产资料。

第一节　联系因素之一：食粮

农业曾经是，现在仍然是粮食供给的主要泉源。粮食加工及包装工业的发展只是最近的事情。这些工业，作为一个独立的生产部门来看待，若是冷藏的方法未曾发达，若是现代的铁路系统未曾建立，则一定不能诞生，更不能发展到今天像在若干高度工业化的国家中那样成熟的程度。但是不管粮食加工及包装工业将更发展到何种程度，只要人类的食粮仍是以动植物为主，农业将依然是供应粮食的主要泉源。[①] 至于就农业本身来说，种植粮食作物的面积，一般在全部耕种面积中占有压倒的优势。在农场生长的作物中，只有棉花、亚麻、苜蓿及少数其他作物不是用作人类的食粮。此外所有在农村中栽培的作物若不是直接用作食粮，就

① 在少数的例外中，鱼和盐是来自农业以外的两项最重要的项目。

是间接用作饲料。大多数农场中饲养的牲畜及家禽，同所有的乳制品一样，都是用作食物的，只有少数牲畜是饲养来生产毛革或用作运输的。因此，农业最重要的功能，是作为整个人类经济社会供应粮食的主要泉源。

在本节中我们将以粮食作为一种联系因素，并把粮食作为由农场所供给而由工业人口所消费的产品，来讨论农业和工业之间的关系问题。我们假定农民和农业经营者本身所消费的粮食产品这一部分为常数，因此，除了特别指明者外，我们在目前的讨论中可将其省略。

一、人口与食粮

假定口味及收入分配不发生变化，对粮食的需要将是人口的函数，换言之，对粮食的需要如何，将依人口的变动情况而定。此一函数可更进一步分成两部分：人口的自然增长，以及人口的职业转移——从农业转入工业或转入其他生产部门。这两部分我们将依次讨论之。

假设没有职业的转移，对粮食的需要将是人口自然增长的函数。若我们更进一步假定耕种技术无变化，则人口的增长的确将成为粮食供给的压力。这种理论上的情形，可以用下列的简单方法来解释（见表 2—1）：

表 2—1　　人口增长与粮食需求

时　期	粮　食		人　口		
	所需要的	所生产的	农业的	工业的	总数
第一期	100 单位	100 单位	50	50	100
第二期	200 单位	?	100	100	200

假定在第一期，某一孤立社会的总人口为 100，半属农业人口，半属工业人口。到第二期，总人口增为 200，仍维持同样的职业分配比例。所需要的粮食从 100 单位相应增为 200 单位。而粮食生产将增加到何种程度，则尚

有赖于几种因素。第一，能利用的新土地有多少。第二，在同一面积的土地上，劳动能集约到何种程度。这两种情形，我们遵循李嘉图的传统（Ricardian tradition），称之为“粗放的”及“集约的”边际（“Extensive” and “Intensive” margins）。第三，则有赖于耕种技术的变化。此一因素，古典学者未加考虑，或默认它是不变的。

现在，让我们假定耕种技术无变化，以观察在前二条件下——粗放耕作及集约耕作下，粮食生产的增加如何运行。假设在第一期，50 个农业人口是劳动者，耕作于 200 英亩土地上。生产品是 100 单位的食粮。到第二期，农业人口或劳动者增为 100。若尚有 200 英亩土地可资利用，则 100 劳动者及 400 英亩土地将生产 200 单位的食粮。因此，粮食供给及人口压力不会发生问题。但若可资利用的新土地不到 200 英亩，则粮食的总生产也将不到 200 单位，于是，粮食的供给将感不足。若可资利用的新土地少于 200 英亩甚远，则人口压力将立刻发生作用。另一方面，若 200 英亩土地是这一社会的最大限度，于是，增加粮食生产的唯一方法只能是在原来的土地上增加劳动，在农业人口已经加倍时，则尤须实行此种方法。在一固定的土地范围内增加劳动，实和改变耕种技术不同。现在，以 100 个劳动者耕作于 200 英亩的土地上，粮食生产自然会增加到 100 单位以上，但是无疑的，对所需要的 200 单位依然相差甚远。同样，人口的压力将仍甚明显。

有人认为，这可以当做马尔萨斯“人口法则”（Malthus’ Law of Population）的一个基础，或者至少可以当做它的一个重要的步骤。这是一种完全静态的分析。曾经有人批评马尔萨斯的理论太不注意，或毫不涉及“报酬渐减”（Diminishing Returns）的观念。[①] 在古典经济学者中，有些马尔萨斯的信徒极力企图将他的“人口法则”建立在“报酬渐减法则”之上。但

① 见 Lionel Robbins，“The Optimum Theory of Population”，in *London Essays in Economics*，London，1927，pp. 103-134。

是正如罗尔（Eric Roll）所指出的，这只是表现这些马尔萨斯的信徒们误解了“报酬渐减法则”，而且就其现代的解释而言，“报酬渐减法则”实不能用作像马尔萨斯那样的预言的基础。[①]

现在，假设从第一期到第二期，并无人口的自然增长，而只有从农业到工业的职业转移——例如有 10 个农民转为工业的工人。社会所需要的粮食总量仍如前。这种转移对于粮食供给的影响，与人口增长所带来的影响完全相同，那就是将造成对于粮食供给的一种压力。但是压力的范围则不完全相同，很可能的，农业工人减少五分之一，所引起的粮食生产的减少并不一定到五分之一。第一，50 个农民可能未尽全力工作，因此，在 10 人转移到另一部门之后，所余 40 人能工作得更紧张而使其本身能等于 45 个人。第二，假定转移前无“变相失业”（Disguised Unemployment）存在，则转移后由于“报酬渐减法则”的作用，粮食生产的减少仍然可能在比例上小一些。若我们假定上述两个条件均不存在，则社会上必会遭遇到粮食缺乏的情形。在那种情况下，唯有两种方法可以解决粮食供给的缺乏。一种方法是改进耕种技术。另一种方法是从其他国家或地区输入所需要的粮食产品，而将工作人口转移后所增产的工业品输出，与之交换。

假如人口的自然增长和人口的职业转移同时发生，那么，在这种情况下，粮食供给的问题基本上仍将是一样的。若我们假定口味及耕种技术无变化，解决粮食供给缺乏的方法总不外下列三种之一：粗放耕作（更多的

---

① Eric Roll，*Element of Economic Theory*，Oxford University Press，1937，p. 214。在解释这种误解时，罗尔申言：“我们在本书第二部分讨论报酬渐减情形时，明白了这种误解的端倪。第一，和马尔萨斯同时代的人认为这种法则只能适用于农业，同时他们又相信报酬渐增是运行在制造业中。这种见解之错误以及报酬渐减法则可以适用于一切复杂的生产，已经为人指出来了。第二，报酬渐减法则主要是讨论静态均衡的情况。关于人口方面，这种法则只是说明无论在什么时候，总有一定适量的人口，若超过此量，则会以渐减率增加报酬。但这种说法并不是说，若生产的扩张尚不足以利用其他现存生产要素的充分能力时，人口的任何增加都不能使生产作超出比例以上的增加。”同书 pp. 214-215。

土地)，集约耕作（在同一土地上，投下更多的劳动）及自外输入（区域间贸易）。有时联用三种方法中的二种，有时将三种方法全部联用。我们从历史上可以知道这种情形曾经发生于一些国家中。甚至在今天，不少国家仍然遭遇着这种情形所引起的问题，只是形式上更为复杂而已。[1] 这类问题要能得到圆满地解决，唯有推动农业的改良和技术的进步。[2]

二、食粮与经济活动的区位化

我们所要探求和讨论的首要的一个方面，是粮食生产的地域分布与人口定居的方式之间的关系。在一个农业国家，或是在一个农业生产占主导地位以及大部分人民是农民的国家，人口的分布主要是由粮食的生产所决定的。在研究广西省——中国产米区的一省——的粮食经济结构时，作者曾制成两图表明稻谷种植的分布情形及人口定居的分布情形[3]，而发现了两图完全相符。这两组因素的关系的确是极为密切的，从其中一组的分布情

---

① 中国可以作为例证。好几个世纪以来，中国的耕种技术基本上就是停滞不前的。但是另一方面，人口的自然增长及职业转移却以和缓的程度进行。在某些特殊的区域中，每年都要解决粮食供应缺乏的问题。人口对粮食供给的压力已经达到严重的程度，唯有改进耕种技术及与他国贸易才能将其缓和，但后者却又以改革土地关系及经济制度为前提条件。

② 在本节写成以后，作者发现了舒尔茨（Theodore W. Schultz）的《扩展经济中的食粮和农业》(Food and Agriculture in A Developing Economy）一文。在此文中，他将食粮及其他产品的供需增长率分为三种形态。第一种发展形态是农业品的供需增长率相等。第二种发展形态是供需增长率不等，需要有超过供给的趋势。这种形态可以中国、印度及世界上其他耕种技术不足以供应人口增长需要的情形为代表。这也就是我们在上面讨论中所包括的形态。第三种发展形态是供需增长率也不相等，食粮的供给超过需要。于是食粮更为充足，而其价格更为低廉，地租因而下落；农地不感缺乏；而且人口过剩的恐惧也消失了。但农业问题也会发生，在严重的时期还可能转变为农业恐慌（Agricultural Crisis)。舒尔茨认为现时的事实是以此种形态为特色。自然，当他作这种论调时，他心目中只有高度工业化的国家，特别是美国。唯有当耕种技术作长足的进步而其他方面尚未作适当的调整及改进时，这种形态才能出现。以后各章将讨论与此相关的问题。关于舒尔茨的论文，读者可参考他所编辑的 *Food for the World*，University of Chicago Press，Chicago，1945，pp. 308－309。关于第三种形态的详细阐释，读者可参阅他的论文："Two Conditions Necessary for Economic Progress in Agriculture"，*Canadian Journal of Economics*，and *Political Science*，August 1944，pp. 298－311。

③ 张培刚：《广西粮食问题》，商务印书馆 1938 年，第 20～21 页。

形，我们能够很容易地说出另一组的分布情形。[①]

另一方面是粮食生产的地域分布与粮食加工工业及有关手艺的关系。前者在相当大的程度上，不仅可以决定后者的区位，还可以决定后者的形态及活动。例如，“在中国，碾米及磨麦已经成为极重要的事业，遍布于全国，并且与各地的地方经济机构有机地联系了起来。这种碾米、磨麦的事业，在不同地区的相对重要性及组织运行的形态，是与各地的粮食生产方式密切关联着的，并且大部分是由粮食生产方式所决定的。酿酒场、豆腐店及榨油坊是另一种粮食加工工业，一方面构成农场收入的主要泉源，另一方面构成乡村工业的主要形态。”[②]

就目前的讨论而言，最后的而更重要的一方面，是粮食生产的地域分布与不用食料做原料的工业区位的关系。在产业革命的过程远未开始以前，正如刚才所说的，人口的分布为粮食的生产所决定。在这一阶段内，工业与农业是密切相联的。在粮食富足的地域，许多专业的工业工人是密切相连地由农业工人来维持的。“这种农业与工业的密切关系，是由于纯粹的手工劳动在一切较重要的工业部门中，占有支配的地位，所用动力极小，因此劳动生产力很低。在这些情况下，被消费的食粮之重要性，远高于使用手工工人所需原料之重要性。在纺织工业中，所消费的食粮与所耗用的原料的比重间的差异尤为巨大。在这样的情况下，以手工为主的工业，最好是依维持工人所需的粮食供给情况来确定区位。”[③] 因此，“在十八世纪以前，输出工业的位置大都设在粮食生产丰饶而价格低廉的地区，或设在运输方便而粮食价格低廉的地区”。[④]“由是，认为十八世纪的欧洲因为食料少有移动，而大概是属于自给自足的经济，只是一种变相的说法。如果要有

---

① 对于高度工业化国家在开始工业革命过程以前的阶段，作这种历史的探讨是很有益的，而且还能帮助支持我们的论点。但是很不幸的，就作者所知，至今尚无此种有系统的研究。

② 引自本书作者尚未正式刊行的著作《中国粮食经济》（英文打字油印本），1944。

③ W. Bowden，M. Karpovich and A. P. Usher，*An Economic History of Europe Since 1750*，1937，pp. 4－5。

④ W. H. Dean，Jr.，*The Theory of the Geographic Location of Economic Activities*，1938，p. 24。

效地利用各地区的粮食供给，就必须使基本原料及制成品作重要的移动。远在1700年，各区域间的相互依存关系，也必须主要地从原料、辅助食粮及高级制成品三者来考察。”①

由此我们可以清楚地看出来，任何国家，在产业革命发生以前，食粮是工业、商业及其他各种经济活动确定区位的主要因素。② 一旦一个国家已经明显地开始工业化了，粮食资源就不再是主要的定位因素，而须让位于他种资源。对于这种过程，下章将有进一步的讨论。此外，我们必须认清，即使在那种转让过程将要完成之时，粮食资源也仍然是很重要的。只是由于技术变化及其所引起的经济重新定向（Economic Re-orientation），使得其他资源占据支配地位而掩盖了粮食资源在定位方面的重要作用而已。

三、收入与对粮食的需要

需要弹性是“对于价格变动的消费反应”（Responsiveness of Consumption to a Change in Price）的一种衡量方式。马歇尔最先设想到并以一种标准公式表示之③，即：

$$\frac{\frac{\mathrm{d}x}{x}}{-\frac{\mathrm{d}y}{y}}$$

至于我们今天所谓的需要弹性系数（The Coefficient of Demand Elasticity），即：

$$\frac{\text{需要量预期变动的百分比}}{\text{价格预期变动的百分比}}$$

① W. Bowden，M. Karpovich and A. P. Usher，*An Economic History of Europe Since 1750*，1937. p. 5。

② 不言而喻，唯有在粮食供给无论在数量上或在时间上均属充足的地方，才能建立大的贸易中心。

③ Alfred Marshall，*Principles of Economics*，p. 102，Footnote；and Mathematical Appendix，note Ⅲ，p. 839。

基本上与马歇尔所用的公式是相同的。对于任何商品，若此系数等于一，则称为“弹性为一”（Unit Elasticity）；若小于一，则称为“缺乏弹性的”（Inelastic）需要；若大于一，则称为“富于弹性的”（Elastic）需要。需要的收入弹性是对于“收入”变动的消费反应的一种衡量方式。[①] 需要的收入弹性系数可以用下列公式表示：

$$\frac{\text{需要量预期变动的百分比}}{\text{收入预期变动的百分比}}$$

商品的需要量变动与收入变动之间的关系，因商品不同而有差异。若收入增加反而引起某商品的消费量减少，则此商品可称为低级的。著名的吉芬（Giffen）例证（面包），就是典型的说明。[②] 在这种情形下，收入弹性为负。若在收入增加时，商品的消费量并不变动，则其收入弹性为零。若收入增加时，商品的消费量也增加，则其收入弹性为正。若消费量与收入成同一比率增加，则其收入弹性为一；若消费量的增加大于收入的增加，则收入弹性大于一；反之，若消费量的增加小于收入的增加，则收入弹性小于一。[③] 我们必须记住，价格弹性与收入弹性是交互影响的。例如一种价格变动，不论微小到何种程度，总不免对实际收入（Real Income）发生影响。

粮食需要的收入弹性有一通性，就是弹性相当低。这就是说，当收入增加时，对粮食的需要也增加，但是其增加比例远较为小。我们知道，当收入增加时，一般而言，消费也跟着增加，但并不以相同的比例增加。这原是社会上常见的一种经济现象。据此，凯恩斯（J. M. Keynes）曾提出并阐述他的一条原理，就是所谓“基本心理法则”：“通常及平均说来，当收

① R. C. D. Allen 和 A. L. Bowley 另用一种不同的名词，即“迫切性等级”（Scale or order urgency），来说明这种关系。见其 *Family Expenditures*，London，1935，pp. 9－15。

② Alfred Marshall，*Principles of Economics*，p. 132。

③ Margaret C. Reid 对此问题曾作过一完善而有趣的分析。见她的 *Food for People*，New York and London，1943，Chapter 15，Food Consumption by Income Level。

入增加时，人们每每增加其消费，但不如收入增加那样多。”[①] 尽管如此，但在这里我们只考虑粮食消费受收入变动的影响要比大多数其他商品受收入变动的影响为小的这种情况。

同样值得注意的是，粮食包括有多种品类，其各自的收入弹性彼此相差很大。表2—2是表明美国几种重要食品的家庭支出的收入弹性，或足以说明这一点。[②] 这里我们要注意“支出”（Expenditure）的收入弹性与“需要”的收入弹性并不是完全相同的，而后者是以货物数量表现出来的。不过，在相当限度内，前者可用以解释后者。在表上只有最后两项，其消费的增加超过了收入增加的比例。

表2—2　　家庭支出的收入弹性（美国）

商　品	弹　性
糖	0.15
马铃薯	0.20
面粉	0.24
面包	0.25
牛奶、乳酪冰淇淋	0.29
牛油	0.36
鸡蛋	0.66
肉、家禽、鱼	0.66
新鲜蔬菜	1.16
水果	1.20

概括而言，当收入增加时，有些食品的消费将减少；有些则消费数量将增加，而其增加比例则较收入增加比例为小；有些则比例亦增加。因而我们可以说，粮食的消费是收入的函数。但这种说法显得太简单，还需要作进一步的解释。第一，我们必须指出，这种函数的形态是直线的还是曲

① J. M. Keynes，*The General Theory of Employment*，*Interest and Money*，New York and London，1936，p. 96。

② 录自 G. S. Shepherd，*Agricultural Price Analysis*，Iowa State College Press，1941，p. 210，Table 17。又见 U. S. National Resources Committee，*Consumer Expenditure in the United States*，1939，pp. 38-39。

线的，是依讨论对象中某一特殊产品或一组产品的收入弹性而决定的。著名的“恩格尔法则”（Engel's Law）就是将购买的商品分为几类，以说明收入变动对于家庭支出变动的各种不同的影响。① 第二，当我们研究一种商品的整个社会需要的收入弹性，而非研究这种商品的个人或单位需要的收入弹性时，我们应该着重于收入分配的方式。② 最后，我们应该时常记住，需要的价格弹性及替代性，必须与需要的收入弹性同时研究。一般说来，需要的价格弹性，在其他因素中，是依据于收入水准或总支出而决定的。③ 这三种因素（需要的价格弹性、需要的收入弹性及替代弹性）之间的关系，最好用希克斯（J. R. Hicks）和艾伦（R. G. D. Allen）的简单而且标准的公式来说明，即认为需要的价格弹性，是需要的收入弹性与替代弹性的加权平

---

① Allen 及 Bowley 从 1904 年联合王国的工人阶级支出的实际资料中，找出支出与收入的直线关系，以此为根据，更精确地将这种法则重新做成公式。见 *Family Expenditure*，1935，pp. 5−7。

② 凯恩斯从基本心理法则得出所谓“消费倾向”（Propensity to Consume），认为“通常及平均说来，当收入增加时，人们每每增加其消费，但是不如收入增加那样多。”（*General Theory*，p. 96）此处的“人们”自然是指各个人，而消费倾向的概念是要用于整个社会的。这种“复合的”（Compounded）市场曲线，却不能单单将个别函数相加而得。如同凯恩斯在同一段中为全社会的消费倾向下定义时所指出来的，这种全社会的概念，一部分是基于总收入如何分配于构成此社会的各个分子的原则而定。（*General Theory*，pp. 90−91。）

施德来（Staehle）将此点解释得更清楚，认为个人所得的“分配频数”（Frequency of Distribution）是依据国民收入的“大小”（Size）及国民收入在各“生产职能部分”（Functional Shares）之间的划分，即收入来自劳动、企业管理或财产，应该予以区别、予以重视。见 Hans Staehle，“Short-period Variations in the Distribution of Incomes”，*Review of Economic Statistics*，Volume XIX，1937。又“Reply”by J. M. Keynes，和“Rejoinder”by Hans Staehle，见同一杂志，Volume XXI，1939。

③ 有些学者以为当收入水准上升时，需要每每变为更有弹性。这是由于当收入上升时大多数货物更易替代之故。（R. G. D. Allen and A. L. Bowley，*Family Expenditure*，p. 125。）其他的学者则不同，而采取了一种完全相反的见解。他们认为当收入水准上升时，需要往往变为无弹性。所持理由是，当收入上升到较高水准时，以前若干奢侈品可能变成必需品。本书作者也持这种见解。

只要我们将 Allen 及 Bowley 心中的替代的“客观”可能性与每个人最可能采取的替代的“主观”实情分别出来，这一争点是可以解释清楚的。当收入上升到较高水准时，的确较以前有更多的替代品可用。但是我们不一定就可由此推断，只要价格变动，此种收入的所有主就会比以前更勤于实行替代。事实上，当收入上升到较高水准时，个人对于价格变动反而不甚注意，或者全无反应。对于一个百万富豪或任何很富足的人，粮食需要的价格弹性几乎近于零。对于这种个人行为，亦即最有可能的行为，是我们应该特别注意的。（作者达到这种结论，曾得益于和同学施德来（Hans Staehle）的讨论。）

均数（Weighted Average）。[①] 因此，需要的价格弹性不是一个独立的指标，而是可化为两个基本数的指标，即需要的收入弹性及替代弹性。我们已经相当详细地讨论了收入变动与粮食需要变动之间的关系。对于我们的研究，国民收入及其变动也是十分重要的，因为它是工业进步的指标，因而也是工业化程度和速度的良好标志。[②] 当工业化开始进行时，工业工人的收入（实际收入）与工业家及商人的收入一样，都会继续上升到较高的水平。在这种情况下，对于粮食的需要将随着增加，但是增加比例较小，有时是以一种剧烈的渐减率而增加的。这是由于恩格尔法则和凯恩斯关于消费的所谓“基本心理法则”同时作用的结果。后一法则在上面曾经提到并讨论过。至于恩格尔法则，有一部分是认为当家庭支出（其本身是收入的函数）增加时，用于食物支出的绝对量将增加，但是用于食物支出的相对量却减少了。[③] 不过，不论用于食物的支出在比例上是怎样小，当收入上升到一较高水准时，整个社会对粮食的需要一般总是增加的。这样的粮食需要增加，加上由于人口的自然增长及人口的职业转移所引起的粮食需要增加，除非耕种技术改良而使粮食生产更为增多，否则就一定会对粮食的供给带来压力。

我们已经注意到，需要的收入弹性，因食品不同而有差异。因此，当整个社会的总收入上升到较高的水准时，或者当某一集团的收入增加而其他集团的收入不变时，自然会引起各种食品需要的转移——转移到高价的食品。这种转移，反过来，对于粮食生产的转移又会有重大的影响。不过

---

① 这一公式的原来形式是：

X 的需要价格弹性 $=Kx\times$（X 的需要收入弹性）$+(1-Kx)\times$（X 与 Y 间的替代弹性）

其中 Kx 是收入用于商品 X 的部分。见 J. R. Hicks and R. G. D. Allen，“A Reconsideration of the Theory of Value”，Part I，*Economica*，February 1934。

② 国民收入增加，也可以由于工业进步以外的原因，如国外贸易的扩张等。但是在最后的分析中，即使是国外贸易的扩张也必定与工业进步有密切的关系，尤其是当我们把工业进步看做主要起于技术进步的变动时，此种关系更为密切。

③ 关于恩格尔法则的详细讨论，见 C. C. Zimmerman，*Consumption and Standard of Living*，New York，1936，especially pp. 117-118。

我们应该认清，由于收入增加而引起的转移，与由于人口自然增长而引起的转移，大有不同。在人口压迫的情形下，这种转移大多是由“精细”（Light-yielding）食粮转移到“粗重”（Heavy-yielding）食粮。其意义就是含热量（Calories）较多（每亩的热量生产力较高）的食品，代替了含热量较少的食品。有些学者将这种情形称为“粮食生产受人口密度影响的法则”。[①] 我们必须指出，这种法则，只能在假定技术不变或是技术变化可忽略不计的情况下，才能发生效力。这就是中国数千年来的情形。另一方面，收入水准上升时所引起的转移，其性质是完全不同的。“保护性的”（Protective）食品如肉、鸡蛋、乳制品、蔬菜及水果，将代替“产生热能的”（Energy-producing）食品如米、麦及其他谷物、马铃薯、红薯等。[②] 要首先在消费上然后在生产上完成这样的转移，只有改进耕种技术，才有可能。这是因为要支持定量的人口，就热量生产能力而论，摄护性的食品所需土地，较发热能的食品所需土地为多。[③] 如果一个国家或一个地区耕种技术不能改进，或者不能改进到足以供应全部摄护性食品所需要的程度（可以生产量来衡量），那么，粮食供应的缺乏，将成为不可避免的结果。在那种情形下，只有与其他国家或地区互通贸易，才是一种最可能的及最有功效的补救办法。但是历史的经验告诉我们，耕种技术的进步总是和工业发展并行不悖的。于是，这个问题就将转变为耕种技术进步与工业发展之间的速度差异问题。关于这个问题，以后各章将作进一步的讨论。

---

① Wilbur O. Hedrick, *The Economics of A Food Supply*, New York and London, 1924, p. 28。

② “保护性的”食物富于高级的营养素如蛋白质、矿物质及维生素等，而“发热能的”食物则含碳水化合物较多，因此能产生较多的热能。见 League of Nations, Mixed Committee, “Final Report on the Relation of Nutrition to Health”, *Agriculture and Economic Policy*, Geneva, 1937。

③ 关于各种食品的每亩生产力（以营养素来表现），见 Raymond P. Christensen, *Using Resources to Meet Food Needs*, 1943, Published by Bureau of Agricultural Economics, U. S. Department of Agriculture；又 J. D. Black, *Food Enough*, Lancaster, Pennsylvania, 1943, Chapter 12, pp. 131－143。

第二节　联系因素之二：原料

原料可以将作为一个生产部门的农业和作为另一个生产部门的工业联系起来。就原料来说，农业的作用是供给的来源，而工业的作用则是需求的力量。我们对于目前这种关系的分析必然只能是局部的，这点应该认识清楚。一方面，并非所有的工业都需要农业原料。而且事实上，整个工业有一种趋势，就是所用原料来自农业以外者日益增多。这种趋势有两种含义：一是所用原料来自农业以外的新工业逐渐增加；二是原来只用农场所生长的原料的老工业现在也转用其他来源的原料。关于后一种情形，最显著的例子就是纺织工业。纺织工业所用原料原来只有棉花、生丝及羊毛，现在则以一种渐增的比例，转而使用混合的原料，即旧有原料与人造原料（如人造丝、尼龙等产品）的混合物。另一方面，农业不仅供给原料，而且事实显示着：农业供应食粮的作用，过去超过而现在仍然超过供给原料的作用[①]，尽管自从交换经济通行以来，这种作用已经有了变动——从供应粮食转移到供给原料。

一、加速原理与周期变动

加速原理（The Acceleration Principle）已经广泛地应用到阐述和解释经济周期中。据哈伯勒（G. Haberler）的精心解释[②]，这个原理是说明“制

① 简略说来，食料也可以当作粮食加工及包装工业的原料。但是我们必须注意，加工及包装之当做一种生产部门，是与制造大不相同的。在目前的讨论中，我们的重心是放在制造工业上，视其为就严格的意义而言使用原料的唯一工业。

② Gottfried Haberler，*Prosperity and Depression*，Geneva，3rd Edition，1941，p. 88，also p. 304 and p. 473，with following pages respectively。

成品和劳务的需求和生产变动，每每引起生产这些制成品的生产资料产品，在需求和生产上，发生更剧烈的变动”。我们须注意，这里制成品不是狭义地只解释为消费品，而是广义地指相对于前一生产阶段而言，在任何阶段“已经制成”的产品。加速原理不仅适用于消费品对于它以前各生产阶段的影响作用，也适用于任何中间过程产品对于它以前各生产阶段的影响作用。因此对消费品的需求一有轻微变动，就可以引起对初级货物（Goods of a more primary order）需求的剧烈变动；而且因为这种加强作用常常传播到所有的生产阶段，所以距离消费领域最远的生产阶段常常波动最烈。由是甚至还可以发生某一阶段的需求增加率稍有迟滞，就引起前一阶段产品的需求真正下落的情形。

农业是一种初级生产事业，就发达的经济社会而言，是离消费领域最远的生产阶段。农产品价格变动与工业品价格变动之间的关系，最好是用加速原理来解释。[①] 由若干长期的统计资料[②]，我们对于这种关系可以得出几点结论。第一点，农产品的价格与工业品的价格有相同的倾向。第二点，农产品价格变动的振幅（Amplitude）总较工业品价格变动的振幅为大。这正是加速原理的中心意义。第三点，农产品的价格变动总在工业品的价格变动之后，带有一年、两年或三年的“滞后”（Lag）。对于任何两个连续的生产阶段相互距离甚远而足以分开者，就具有这三种主要形态，即相同的倾向、加速的影响及变动的滞后。这种关系，我们可以称之为需求（工业）与“派生的需求”（农业）之间的关系。

---

① John H. Kirk 在其著作的开端，曾含蓄地论到加速原理。他说：“我们可以看到，在萧条时，农业所遭受的经历及所遇到的问题总是比工业通常所遭受的，要困难和严重一些。反之，当贸易兴盛时，农业往往还超过正常的繁荣，而且农业国家也就兴旺发达。总之，农业是以加强的程度分受贸易的周期波动的。”见其 *Agriculture and Trade Cycle*，London，1933，p. 3。

② 见 V. P. Timoshenko，*The Role of Agricultural Fluctuations in the Business Cycle*，Michigan Business Studies，June 1930，p. 17，Chart 8，Agricultural (Crop) Prices and Industrial Prices，Deviations from Trend，covering a period of 1866—1920。Also U. S. Department of Agriculture，*Agricultural Outlook Charts*，1944，p. 8，Prices Received by and Paid by Farmers，Index Numbers，covering a period of 1910—1943。

研究农产品与工业品价格的加速影响及滞后影响，自然会促使我们探求农业在经济周期中的作用以及在周期变动中农业与工业的关系。老牌的“收获周期”学说，以杰文斯父子（W. S. Jevons，H. S. Jevons）及莫尔（H. L. Moore）① 为代表，是用农业出产存在有相同的时间性这一事实，来说明经济周期的时间性。其间的因果联系是由太阳的影响引起气候的变化，由气候的变化引起收获的变动，再由收获的变动引起一般商业的波动。但是这一派的学者们本身对于收获周期的期间长短，意见也各有不同，小杰文斯（H. S. Jevons）认为期间是三年半，莫尔认为期间是八年，而老杰文斯（W. S. Jevons）则认为期间是十年半。这种意见的不一致，构成了反对者集中攻击的一个主要目标。

另一种见解认为农业波动是引起经济周期的一种重要因素，但并不是唯一的因素或最重要的因素。采取这种见解的是庇古（A. C. Pigou）、罗伯逊（D. H. Robertson）及狄莫辛科（V. P. Timoshenko）诸人。庇古②及罗伯逊③却认为收获变化是加速累积的起伏波动的重要而潜在的原因，虽然他们将这种累积过程归于其本身的性质，其期间长短也是部分地由心理的及其他种种的因素所决定，而与收获波动的期间则毫无关系。他们还认为，农作物收获或畜产品出产的波动，与科技发明或战争相类似，其发生的时间是无规律的，能够促使工业体系扩张或收缩的累积过程发生作用，或者另一方面，能够加强或阻抑同时发生的扩张或收缩活动。④ 狄莫辛科根据对美国经济情况的统计资料的分析，得出结论，认为农业波动的作用，作为经济周期的直接或间接的原因，在美国是很重要的，尤其在第一次世界大

① H. L. Moore, *Economic Cycles: Their Law and Cause*, New York, 1914。

② *Industrial Fluctuations*, London, 1927。

③ *A Study of Industrial Fluctuation*, London, 1915; and *Banking Policy and Price Level*, London, 1926。

④ 关于这种见解的进一步讨论，见 J. H. Kirk, *Agriculture and the Trade Cyclc*, Part Ⅱ; and Haberler, *Prosperity and Depression*, Chapter 7, Harvest Theories: Agriculture and Business Cycle, especially p. 153, and pp. 155－158。

战前的四十年间最为重要。[①] 他认为农业波动可作为周期的发动者，可作为产业复苏的外在动力，而且由是可将美国导入繁荣期，其重要性似乎是无可置疑的。他的论证可以简述如下。收获物产量的周期，引起收获物价格的周期。这种收获物价格的周期，虽然在相当程度内与工业品价格是相关联的，但是并非和后者完全一致。结果，农产品价格对工业品价格的比例也是显出周期波动的。如果农产品价格对工业品价格的比例低，则一般必预示产业复苏，或与产业复苏同时发生；如果比例高，此则每每发生于极度繁荣或金融紧迫的时期，其结果必预示产业衰落，或与产业衰落同时发生。这些事实指出了经济周期可以部分地为农产品价格对工业品价格的比例所引起。我们对于他的这种论证和结论，还可稍加评论。我们认为，固然农产品价格对工业品价格的比例可以显出周期波动，但是如果认为这种比例可以成为经济周期的原因，那却是很值得怀疑的。这是因为最后分析起来，经济周期各个不同阶段中的这种比例的变动，仍是由于农业和工业生产结构本来具有的基本性质所引起的，这一点最好是以加速原理来解释。这种比例变动，实为经济周期的结果，而非经济周期的原因。

第三种见解，主要是以美国经济学者如汉森（Alvin H. Hansen）及小克拉克（J. M. Clark）为代表，否认农业生产的波动是经济周期变动的原因。他们认为农业不是一种主动因素，而只是一种被动因素。汉森曾作巧妙的比喻，认为农业一天天变为“工商业的足球”[②]。汉森的论证，见于刚才在注解中所引的论文，我们可将其概述如下。第一，从弗里希（Ragnar Frisch）、康德拉捷夫（N. D. Kondratieff）及其他诸人的著作中，我们已经知道，通常所谓经济周期，实际是许多周期合成的，农业周期也可能是其中之一。可是，却不能由此推断出，经济周期仅仅是农业周期的结果。第

① V. P. Timoshenko，*The Role of Agricultural Fluctuations in the Business Cycle*，Michigan Business Studies ，June 1930。

② Alvin H. Hansen，“The Business Cycle and Its Relation to Agriculture”，*Journal of Farm Economics*，January 1932，pp. 59-67。

二，只要能表明农业中偶尔发生的波动（Sporadic Oscillations）引起了经济周期而它本身并不卷入周期，那么，农业对于经济周期的关系就非常简单了。于是，解决的方法似乎在于按照庇古和罗伯逊所建议的途径。但如果农业生产和农产品价格本身真的卷入了周期，那问题就变得复杂多了。即使承认这类周期存在，我们对于它们彼此的偶然关系的性质，仍然无法明白。第三，农产品价格的周期变动不能用产量的波动来解释，因为产量在事实上是相当固定的①，也不能用对农产品的需要缺乏弹性来解释，而只能用产业波动所引起的整个农产品的需求曲线转动，以及由此所引起的工业作为农产品购买者的吸收能力的变动来解释。基于这几点及其他有关各点，汉森提出一道命题（开头他就承认，这只是一个假设），说农产品价格的周期波动，甚至在某种限度内，农业生产的周期，主要实为经济周期所决定。他怀疑是否可能就农业对经济周期的关系的明确性质，得出一个确定的结论。

哈伯勒所采取的见解，似乎是折中以上三种论说，尤其是折中后二种论说。他以为这三种见解并不一定是互相排斥的。我们可能将农业生产方面的一般对需求变动缺乏反应的特性，与它对工商业可能有影响的偶现的自发变动或定期的自发变动，调和起来。② 在讨论了农业波动可能影响一般工商业的各种途径，以及工业波动可能影响农业的各种途径以后，哈伯勒得出下面的结论：想要用周期变动的“农业学说”取代周期变动的货币学说或投资过度学说，其不能成立，正如同想要用周期变动的“发明学说”（Invention Theory）或“地震学说”（Earthquake Theory）来取代它们，其不能成立，完全一样。总之，在这方面所能尝试的，是将农业波动的重要性找出来，以之作为经济制度中的一种潜在激发力量。③ 这种论调与庇古的

① 在这一点上汉森的见解和狄莫辛科不同。狄莫辛科认为农产品价格的变动，主要的是依靠农业生产而定，而与商业几乎毫无关系。

② Gottfried Haberler，*Prosperity and Depression*，1941，p. 154。

③ Haberler，同前书，pp. 163-164。

见解更为接近。至于丰收是否有利于贸易及歉收是否有害于贸易的问题，我认为哈伯勒提出的见解比较合理，可以考虑接受。他说，首先，这个问题应根据经济周期发生扰乱的阶段而定。很明白的，一次丰收可能产生激发的作用，也可能产生紧缩的影响，要依循环的阶段及受影响的地区和人口而定。其次，我们不要太草率地假定麦子丰收与棉花丰收有相同的影响。收获物不同对于工业及贸易的影响也不相同的事实，应该加以考虑。最后，我们还要考虑收获变动的周期性达到什么程度；如果这种变动是周期性的，我们就要考虑对于一般经济周期而言，这种收获变动的自发性及独立性达到什么程度。[①]

关于农业在经济周期中的作用及其在周期变动中与工业的关系，我们已作了简单的讨论。我们从那种认为农业在经济波动中具有唯一的或支配的作用的极端见解，讨论到那种认为农业只是“工商业的足球”的另一极端见解。至于本书的作者，则认为只要我们能认清并注意到历史发展的意义及其复杂情况，这种见解的分歧就可以大部消除，至少也可以将争端本身解释明白。如果我们认为经济周期只是现代资本主义经济发展到较高阶段以后才产生的现象，那么农业就只能在经济周期中处于被动的地位，而且日益成为“工商业的足球”。但是另一方面，如果我们广义地解释经济周期，甚至将产业革命时期以前或产业革命早期经济现象的周期变动也包括在内，则农业在一定时期和一定地区内，在引起和形成经济周期方面可以发生重要的甚至支配的作用。从历史上看，在工业化的过程中，食粮和农业原料已经被削弱了决定经济活动区位的作用，而将这种作用让位于矿产资源如煤炭了。谈到经济活动的周期变动，在其发动和形成上，也似乎发生了同样的情形。更进一步，如果我们在解释现代资本主义制度下的经济进步和周期变动时，认为只有企业创建精神及生产技术是发动的因素[②]，而制度上的形态如生产结构及贸易组织等充其量只是修整和定形的因素，则上述争论几乎都是无关紧要的。

---

① Haberler，同前书，p. 164。

② 关于这一命题，读者可参考本书第三章第二节的讨论。

将这种复杂的情形放在心目中，我们就可以得到下面的结论：农业在经济周期中是否起作用以及起何种作用，乃依人们所用经济周期的概念以及对经济进化所采取的根本观点如何而定，而且这种作用在经济发展中也并不是一成不变的。由于农业生产的供给缺乏弹性及其他特性，农业就价格现象言，在周期变动中每每较工业受到更大的波动。在景气时，农产品价格每每较工业品价格上涨更烈，而在萧条时，则下落更甚。然而这种情形并非表明收入变动也必定采取同一方式。相反，农业收入对城市劳动收入及资本收入的关系，往往表现出一种很不相同的图景。①

二、原料成本与工业区位

有些工业以农产品为原料，如纺织工业、制革工业、制鞋工业、粮食加工及包装工业。在这些工业的成本结构中，原料成本每每占据重要的地位，在若干场合还占据支配的地位。让我们以棉纺织工业为例。在中国，根据 1933 年中央研究院社会科学研究所的调查，就十四磅粗布而言，原料占总成本百分之三十点五，直接劳动占总成本百分之三十四点三；就十二磅细布而言，原料占总成本百分之二十七点四，直接劳动占总成本百分之三十点七。② 在美国，根据 1935 年所作的一个调查，在各种不同的纺织品中，原料成本在不计销售费用的总成本中所占成分是从百分之三十三点一到百分之六十点七不等。③ 至于任何单个工业，工业进步或技术改良是否会使原料成本在成本结构中的百分比加高或减低，研究资料尚感缺乏。不过我们可以假定，两种情形都是可能发生的。此处我们只须强调，原料成本在一个工业的成本结构中占有的重要性有两种效果。第一，在景气时，在

---

① 参阅 J. D. Black, *Parity, Parity, Parity*, Cambridge, Massachusetts, 1942, Chapter 8, The Three Shares of National Income, and Chapter 9, Farm vs. City Incomes。

② 王子建、王镇中：《七省华商纱厂调查报告》，商务印书馆，1935，第 122 页。

③ H. E. Michl, *The Textile Industries: A Economic Analysis*, New York, 1938, p. 111。

萧条时，以及在正常的时期，使用原料的工业与供给原料的农业会互相发生影响。农业收入和使用农业原料的工业的利润两者之间的变动关系，是这种互相影响的良好指标，虽然它只是一种局部的指标。关于这种关系，本章最后一节将有详细的讨论。第二，原料成本对于一个工业的区位有重大的影响。这方面的问题是我们现在就要探讨的。

原料的来源的确是决定工业区位的一个主要因素，虽然其重要性因工业不同而异，并且要依这些工业的生产结构的特性而定。胡佛（Edgar M. Hoover，Jr.）在研究制造业的区位时，认为“要得到一个生产过程的各个连续阶段的利益，促使任何生产阶段的区位，要不就定于原料的来源地，要不就定于消费点（市场），而不会定于任何中间的地点”。这是因为“当使用两种原料而生产地是在两种原料的来源地之一或在市场时，整个过程只须载运两次。当生产地是在另外的第四地点时，整个过程就须载运三次。于是我们可以说，当最低运输成本点很靠近一个没有装卸成本（Loading Cost）的区位点时，为节省装卸成本，会使这一最低运输成本点移向该区位点。这种情形更限制了生产区位离开市场和原料供给地而移到另外一个地点的可能性”。[①] 胡佛由此得到一个结论，认为许多就个别分离的生产地点作出的运输定向（Transport Orientation）的几何派的分析是没有什么用处的。[②] 在原料来源及市场以外，胡佛介绍了另外一种区位地点，即运输的自然交叉点（Natural Breaks）——例如港口、货运中心或铁道中心。“就减少拖运次数及装运费用言，此种区位可以发生与原料区位或市场区位相同的利益”。[③] 因此，我们根据胡佛的见解可以作一小结，即运输成本的影响事实上每每使生产区位确定于市场，确定于原料来源地以及确定于运输网的

① Edgar H. Hoover，Jr.，*Location Theory and the Shoe and Leather Industries*，Harvard University Press，1937，p. 57。

② A. P. Usher 在其 *A Dynamic Analysis of the Location of Economic Activity* 一书中（Mimeographed，1943），采取同一见解。

③ Edgar M. Hoover，Jr.，*ibid.*，p. 58。

交叉或终点。

在以生产技术为主的“技艺情况”一定时，经济活动的区位是由人口定居的方式和自然资源的分布来决定的。这意思是说，当生产技术一定时，工业区位是由市场和原料来源两方面所产生的力量来决定的。不过市场与原料来源并不是互相排斥的。从历史上可以看到，在经济发展的初期，市场与原料来源是和谐一致的，在若干场合，甚至还合而为一。家庭农业与家庭工业的经济就是这种情形的一个典型例证，甚至在今天，有些国家仍有这种情形。人口的“农业基层”（Basic Agricultural Stratum）——这是韦伯（Alfred Weber）及里希尔（Hans Ritschl）所用的名词[①]——是十分简单地依据自然资源的分布来决定区位的，一般在较肥沃的地区，人口较密，耕作亦较集约。由于运输的改良，贸易和地区专业化又有发展。于是，第二个人口层出现了，为农民带来了简单的乡村工业。因为原料、市场及劳动力最初都是由农业人口来供应的，所以新的“工业上层结构”（Industrial Superstructure）是依据那种“基层”人口来确定区位的。显而易见，在经济发展的这个阶段中，市场和原料来源实际上是合而为一个地点的。

市场与原料来源之分离，是伴随着“都市化”（Urbanization）过程的开始而发端的，并伴随着这一过程的继续进行而益甚。在这种都市化过程中，工业化不过是其中最有声色的一个阶段。在这一阶段，市场和原料来源是作为决定工业区位的两个单独的力量而存在着的。一个工业是否应定位于原料来源地或定位于市场，大都须视生产结构的特性如何而定。简言之，这种区位是依据原料成本对总生产成本的相对重要性而确定的。关于这点，我们可以稳妥地说，凡使用同种原料而经过连续不同的生产阶段之工业，早期的生产阶段，较之后期的生产阶段，应定位于接近原料来源的所在地。从胡佛对制革工业与制鞋工业的关系的分析，我们可以引用一个

① 见 Alfred Weber，“Industrialle Standortslehre”，in *Grundriss der Sozialökonomik*，Volume Ⅵ，1914；Hans Ritschl，“Reine und Historische Dynamik des Standortes der Erzeugungszweige”，in *Schmollers Jahrbuch*，1927，pp. 813-870；and Edgar M. Hoover，Jr.，*ibid.*，p. 284。

好的例证。他认为制革工业及制鞋工业可以当做一个过程的连续阶段。基于相同的理由，大多数加工和磨碾工业的区位也是靠近原料来源的。他说："制革工业，从其大部历史及其大多数分支机构来看，主要的是依据各种原料的运输成本来确定区位的，而且还可以解释我们所要论到的很多同类工业的行为。另一方面，制鞋工业同样是另一类工业的代表，一般说来，这一类工业的运输成本，与熟练劳动等所提供的利益比较起来，则是不很重要的。"①

技术变化能使工业重定区位，即使是主要以农产品为原料的工业也一样。这是因为，一方面技术变化本质上能改造一个工业的成本结构；另一方面技术变化能创造新的外部经济（External Economies）或是创造利用原有的外部经济的新机会。

第三节 联系因素之三：劳动力

在第一节中，我们已经分析了人口与粮食需要的问题。在本节中，我们将进而观察作为农业和工业劳动力供给来源的人口。以人口作为劳动力供给的来源，我们要探讨的第一个问题，就是在自然资源一定及技术发展阶段一定时的"适当的"人口量（The "Optimum" Population）。第二个问题是人口的职业分配，尤其是在农业与工业之间的分配问题。由于许多原因，其中尤以技艺适应的困难最为重要，在短期中，农业与工业之间劳动力的移动性可以视为零；但是在长期中，劳动力应视为可以在农业和工业之间互相移动的，虽然劳动力从城市回到农村是较为困难而很少有可能的。

① Edgar M. Hoover，Jr.，*Location Theory and the Shoe and Leather Industries*，Harvard University Press，1937，p. viii。

在工业化的过程中，当技术变化最显著时，劳动力从农村移到城市的状况也最为明显，虽然技术变化并不是引起这种移动的唯一因素。在技术的发展情况一定时，劳动力的转移依然会发生于不同的各生产部门之间。这方面的情形也是本节所要讨论的。

一、人口与劳动力供给

正统派的经济学者每每认为“劳动力供给”和总人口的意义相同。当他们讨论报酬率的变动引起劳动供给的变动时，他们所考虑的只是长期变动而非短期变动。在他们看来，任何一个时期，当总人口一定时，劳动力的供给也是固定的。这种见解之不适当，很久以前就已经为朗格（F. D. Longe）在驳斥工资基金学说时指出来了。他认为：“劳动力的供给只是一种潜在工作（Potential work）的供给，而且每一个有实际经验的人都会明白，从劳动者所得到的工作量并不是由劳动者的数目来决定的，正如从一个果园所得到的苹果数量，不是由园中树木的数目所决定的一样。”[①] 近年来，有些学者时常指出传统见解的缺点和不当，其中道格拉斯（Paul H. Douglas）在他对工资学说所作的有价值的分析中，曾对于上述见解提出了强烈的反对论点[②]，其内容如下：劳动力的供给，即使在两个人口相等及年龄分配相同的国家之间，也可以有很明显的差异。第一，在同一个年龄组合中，有报酬的被雇者比例，由于社会传统及工资不同，而可能有差异。第二，每天的工作时数可能有差异。第三，工人旷工的日数可能有差异。因此，劳动力的供给，并不如大多数古典学者所抱的见解那样，与可雇用的劳动者‘存在数量’（Stock）完全一致，而却可能如同在两个不相等的人

① F. D. Longe, *A Refutation of the Wage-fund Theory* (Reprinted under the Editorship of G. H. Hollander), Baltimore, Maryland, John Hopkins Press, 1904, pp. 55-56。(Original printing, London, 1866。)

② Paul H. Douglas, *The Theory of Wages*, New York, 1934, pp. 269-270。

口之间一样，发生着很大的差异。由是，我们可以推知，报酬率的变动可以改变任何一个时候所提供的劳动者数量，因为上面所列举的三个变数中的每一个变数，都可能因工资率的变动而波动。

在古典传统以外“注重实际的经济学者”[①]，已经认清了这种短期供给与工资率有某种函数关系的趋势，例如17世纪及18世纪大多数的英国重商主义者，就相信劳动力的供给曲线是“向下”倾斜的，还相信工资增加会引起工作量减少，而工资减少会引起工人工作更多的时间。就被雇比例而论，劳动力供给曲线向下倾斜的见解，道格拉斯已经在统计上加以证实而且更有力量了。[②]

关于在短期劳动力供给方面当做主要变量的每小时工资与工作时数的关系，奈特（Frank H. Knight）曾经指出，一个工人合理的工作量度只能达到一定点，在该点，从被雇的最后时间单位所获货币而得到的效用或满足，应和这同一个最后的时间单位的工作所招致的反效用相等。[③] 工资增加可以使得所提供的劳动数量减少，而工资减少则大概会有相反的效果。因此他相信，就工作时间来说，短期的供给曲线是向下倾斜的。然而对这种推理体系的正确性，罗宾斯（Lionel Robbins）曾提出质疑。他指出，如果这种推理完全正确，则将无人工作较长的时间以求得较高的收入报酬。他根据逻辑而作推论说，一个人是否在取酬多时工作较少或者在报酬少时工作较多，须视以“努力”（Effort）计算的对收入的需要弹性而定。[④] 不过，他未曾为他所谓的“努力”下定义，因之这种暧昧不清的概念，使他的论点反而显得更难以理解。

本书不拟进入这种争论。此处我们只须表述两点。第一，一个劳动者

---

① Douglas所用之名词，见上注所引之著作，p. 270。

② Paul H. Douglas，*The Theory of Wages*，Chapter 11，The Short-run Supply Curve of Labor，especially pp. 272－294。

③ Frank H. Knight，*Risk，Uncertainty and Profit*，pp. 117－118。

④ Lionel Robbins，“On the Elasticity of Demand for Income in Terms of Effort”，*Economics*，Volume Ⅹ，1930，pp. 123－129。

是否在工资减少时增加工作时间而在工资增加时减少工作时间的问题，只有依据劳动者的所得属于何种“收入水准”才能解答。我们可以说，对于收入水准较低的劳动者，上述的效应是极可能发生作用的，而对于收人水准较高的劳动者，则往往不发生作用。但是何种收入水准应视为低水准，何种收入水准应视为高水准，又是由许多因素决定的，而且这种概念的本身也因时间、因国家而有不同。第二，工作时间的供给曲线依所获收入而向下倾斜的情况，最好是以农业来阐明。在萧条或歉收的时候，农民倾向于，而且在若干场合还不得不工作较长的时间，大多是加长所营副业的工作时间，以弥补其最低生活的要求。这种情形同样见于商业化农场（Commercialized Farms）和自耕农农场（Peasant Farms）。美国农民早在 1929 年开始的严重萧条中所遭受的经验，就是最好的例证。农民每单位产品及每单位工作时间的实际收入，都大大下落。农民为了要填补这种收人的损失，至少填补其中一部分，就要工作较长的时间。在 1929 年左右，中国东部的农村也发生过同样的情形，当时，丝的输出狂落，大大地减少了那一地区的农场收入。

长期的劳动力供给，不仅由影响短期劳动力供给的一切因素来决定，而且也由人口增长量及人口增长率来决定。[①] 人口的增长，在两方面发生作用。一方面是对需要发生作用，产生对于食粮及其他必需消费品的新需要。另一方面是对供给发生作用，使这一经济社会增加新的劳动力，这种新劳动力可以用于开发新土地，可以用于从事新工业，或用于加强老的生产部门，或则干脆闲置不用。假如这两种相反的力量，如同在卡塞尔的“匀速进步情况”（Cassel's “Uniformly Progressive State”）[②] 中一样，保持与原

① 参考 Douglas，*The Theory of Wages*，Chapter 13，The Long-run Supply of Labor as Conceived by Economists and Students of the Population Problem。他在此处用从马尔萨斯的人口理论直到 Raymond Pearl 的人口增长法则，来讨论现在这个问题。

② Gustav Cassel，*Theory of Social Economy*，London (English edition)，1932，Volume Ⅰ，p. 34。我们必须注意，Cassel 的“匀速进步情况”，与静态情况比较起来，并无任何本质上的不同，因为在这两种情况下，平均每人资本均未增加。

来相等的增进率，就不会发生什么新的失调。如果一方的力量超过另一方的力量，例如粮食的需要超过新的劳动力供给所增加的生产，即使考虑到这些新产品能用以与其他经济社会相交换，但这一经济社会的生活水平一定会降低。从马尔萨斯以来的正统人口理论，都只考虑这一方面的情形。我们必须指出，正统派学者不曾考虑生产力增高这个因素。在静态经济中，生产力不增加，或是生产力的增加率不能补足需要超过供给的差额，报酬渐减法则就可能发生作用，尤以农业为然。时日渐久，这种情形自然会使粮食短缺，构成更严重的问题。但是生产力及其增加率是一种如此重要的因素，凡研究经济问题者都绝不能轻易忽视之。正是基于这种理由，正统的人口理论才被人摒弃了。

就考虑生产力的变化一点而言，现代对“适当人口量”（Optimum Population）的研究，与正统派经济学者的研究，颇为不同。像现在这种生产技术发生变化的改革观念，有时可以使所要求的人口数量较大，有时又使其较小，对于正统理论可说是完全陌生的。约翰·穆勒（J. S. Mill）原被有些学者视作“适当人口理论之父”，可是他的“适当量”只需固定一次就永远不变了，无论怎样的改革也不会将其改变。另一方面，现代理论的“适当量”是不断移动的；它在本质上就是“改革的进步”的一种函数。[①]“当生育节制的方法日增时，决定其方向及速度者，主要的是经济因素，或生活标准，以及工业技术的不断进步，因而‘适当人口量’将是给予每人最高收入的一个变动数字。”[②] 因此，若一地区内每人总所得，较之人口略少时

① Lionel Robbins，“The Optimum Theory of Population”，in *London Essays in Economics*，London，1927，p. 111。Edwin Cannan 很久以前就提出，适当人口量必须是一种“变动的”形态，而且这种概念应该与“生产力”相关联。早在 1888 年当 Robbins 的 *Elementary Political Economy* 初次发行时，Cannan 在该书的序言中（p. iii）就说过，“认为人口增加必定总会减低工业的生产力，或人口减少必定总会增高工业的生产力的见解，并不正确。同样，认为人口增加必定总会增高工业的生产力，而人口减少则总会减低工业的生产力的见解，也并不正确。事实却是工业生产力的增进有时是由于人口增加，有时则是由于人口减少。”

② J. A. Hobson，*Economics and Ethics*，New York and London，1929，Part Ⅳ，Chapter 6，An Optimum Population，p. 345。

的每人总所得为小时，则此地区为“人口过剩”（Over-Populated），这种人口过剩点，可能在“生活资料的压力”问题发生以前，早就已经达到了。[①] 总而言之，现代经济学者的研究，是着重“人口量大小”（Size of Population）与“生产效率”（Productive Efficiency）之间的关系，换言之，是着重人口量大小与在生产中一切和劳动力合作的其他因素的数量及生产的技术系数之间的关系。由于考虑这种关系，就产生了一种与马尔萨斯的“最大人口量”（Maximum Population）相反的概念，那就是和一定生活品数量相适应的“适当人口量”的概念。所谓“适当人口量”就是当其他因素（包括土地、生产技术、资本及组织）的数量一定时，能生产“最多产品”（Maximum Product）的人口量。高于或低于这种人口量的任何增减，都会减少出产数量。[②] 这种适当量，与约翰·穆勒所提出的适当量相反，并不是任何时候都固定不变的，而是只有依据经济制度中所有的其他资料才能决定的。

二、人口的职业转移——劳动力自农村转入工商业以及自工商业转入农业

一般的见解都认为贸易与劳动移民可以当作两种相互替用的方法。这就是说，任何两个地区可以互相交换它们各自的生产成品，也可以互相交换它们各自的以劳动为主的生产要素。罗森斯坦-罗丹（Rosenstein-Rodan）以一种不同的说法来阐明这同一事实，认为“应用国际分工的原则，若不是劳动必须运去以就资本（移民），就是资本必须运去以就劳动（工业化）”。[③] 这对于一国以内各区域之间的移动也是同样适用的。但是我们必须

① Lionel Robbins，“The Optimum Theory of Population”，in *London Essays in Economics*，London，1927，p. 120。

② Eric Roll，*Elements of Economic Theory*，Oxford University Press，1937，p. 215。

③ P. N. Rosenstein-Rodan，“Industrialization of Eastern and South-Eastern Europe”，*Economic Journal*，June-September，1943，p. 202。

分清劳动力从一个地区移至另一个地区与劳动力从农业转入其他生产部门的区别。劳动的移民，在大多数场合，只是由于饥馑或当地劳动力供给过多而产生的压力所引起的。亚洲诸国的移民，例如从印度及中国移民到南太平洋各地，就是一个典型的例证。这里不需要有任何技术变化。这种转移仍只能认为是生产的“粗放化”（Extensification），而不是生产的“集约化”（Intensification）。另一方面，劳动力自农业转入其他生产部门则不同，因为这种转移主要的是由于某一经济社会所发生的技术变化，或是由于其他生产部门，如工商业的扩张，引起了对劳动力需要的增加。这种意义的劳动转移，是一种职业或就业的变动，因此，可以引起也可以不引起区域之间的劳动移民。这种情形在实行工业化的很久以前就可以发生，但是工业化则已经使这种情形，并且将继续使这种情形在经济进化史上发生最显著的作用。

劳动力从农业转入其他生产部门所表现的这种职业转移，可以从每人货币报酬的差异中得到解释。因为我们对于由农业得到的收入难以进行精确的计算，我们只能稳健地说，除了新兴国家的大农业经营者，殖民地国家的种植园主，以及少数欧洲的大农业经营者以外——这些人只构成全部农业经营者中的很小部分——从农业经营所得到的实际报酬，总是小于从工业、商业及自由职业等所得到的实际报酬。[①] 当工商业在扩张时，这种差异或间隔变得更大，在工业化初期尤为明显。然而货币报酬的差异并非造成劳动力在各生产部门之间转移的唯一理由。关于这个问题，我们将在第五章中作进一步讨论。我们也要认清，即使是农业的货币报酬低得多，但仍然有许多因素补偿这种低收入，并使农业劳动力不致转移到其他生产部门。在这些因素中，我们可以举出：占有土地所具有的安全感，不像工业劳动者那样易于受人支配的农民独立性，以及目睹劳动用于种植农作物、

① 例如在美国，由统计可以知道，在 1924 年从事农业者每人收入（每年平均数为 281 美元）大约是各种职业者总平均每人收入（每年平均数为 712 美元）的五分之二。见 Royal Institute of International Affairs，*World Agriculture：An International Survey*，London，1932，p. 59。

植树及畜养所得到的活生生的成果而产生的满足，等等。

在劳动力的移动和就业的选择中，我们必须注意的另一因素是家庭的组成情况。如果我们假定家庭的区位是由家庭中主要的谋生者所决定的，则家庭中其他成员所寻求的有酬就业也必须在该区位以内，而不能随意选择其他地方的别种就业。这种劳动力量，最好称之为“受外在条件限制的”(Externally Conditioned) 劳动力。因为这些劳动者的区位是受他们所得到的职业以外的条件来决定的。[①] 任何经济活动，如果由积极因素吸引了一定数目的主要谋生者，则结果一定会产生一群可雇用于其他职业的劳动后备军。这在潜在失业经常存在的农业地区，尤其值得注意。

美国的统计表明，从 1870 年到 1940 年，农业劳动在绝对量上及相对量上都减少了。就绝对量而言，1940 年的农业劳动者只是 1870 年农业劳动者的百分之五十六点六，虽然在这段期间，各种工人的总数已经增加了三倍。就比率而言，农业劳动者也从 1870 年占全体工人的百分之四十七点三减到 1940 年的百分之十七点五。在这段时期内，制造及机械工业的工人保持了一贯的相对重要性（大约总在总数的百分之二十八左右），然而其绝对数量则已经增加了三倍。此时期中运输工人及贸易工人都增加了十倍，其相对比例也各自从百分之三点二增到百分之九点二以及从百分之四点六增到百分之十三点八。同期内从事自由职业、公共职务及抄录工作的人，在绝对数目及比例上都大量增加了。[②] 这种方式的职业转移——持续的或长期的从农业转入其他生产部门——是标志工业化过程的主要特性。

职业转移的历史方面可以与经济活动的区位方面联系起来。当农业与工业密切连结的时候，农业与工业的区位几乎是一致的。这就是说，工业活动与农业活动都是集中在食粮及其他生活必需资源富足的地方。在那个

---

① S. P. Usher，*Dynamic Analysis of the Location of Economic Acitivity* (Mimeographed)，1943，p. 43。

② 统计的来源，见 H. D. Anderson and P. E. Davidson，*Occupational Trends in the United States*，Stanford University Press，1940，Table 4，pp. 16-17。

时候，工业劳动与农业劳动几乎是一致的，至少也是密切相关的。不仅大量的专业的工业工人要在社会上及经济上与农业工人保持密切的相互联系，而且农家还可替附近的工业直接供给大量的零工劳动。当商业扩展时，港口或河流交汇处成为商人的贸易中心及轻工业的集中地。劳动移民及职业转移都从而开始发生，进而贸易以及与贸易相连的活动也开始同农业分离。但是只有到了所谓产业革命时期，这种分离，尤其是工业与农业的分离，才开始发生最有力的和给人印象深刻的作用，显而易见，不同的工业有不同的区位；在一定的生产技术发展的情况下，这些区位主要是由表现为成本结构的所使用的资源和劳动来决定的。在若干场合，资源——原料——是决定区位的主要因素，如制革工业；在若干场合，劳动是决定区位的主要因素，如制鞋工业。[①] 但是，在最后的分析中，在一个已经开始工业化的社会里，动力资源，其中煤最可为代表，被认为是确定经济活动的区位的主要因素。这是因为在现代社会中，必须以煤为动力的若干工业已经如此显要，以致其余的经济活动必须根据这些工业来相应地进行调整及重新定向。在这种场合，作为社会生产要素的劳动，必须转而从属于那种受地理区限的动力资源。[②]

在“长期的”职业转移以外，各种生产部门之间还有“季节性的”（Seasonal）及“周期性的”（Cyclical）劳动转换。季节性的转换最常见于谷物收割后及播种前这一段时间。在这一段期间，即使假定收割时节所有农民都全部就业了，农业劳动也仍有暂时的过剩。在工业几乎全是小规模的，而且其区位接近农民住处的小农国家里，这种情形尤为显著。这种工业也是列入所谓“乡村工业”（Rural Industries）的范围，很久以来就是农村家庭所从事的“副业”（Side-line）。甚至在不同的国家之间，也有季节性的移民。在欧洲大陆和大不列颠，运输的便利使这种移民成为可能。例如在第

---

① Edgar M. Hoover, Jr., *Location Theory and the Shoe and Leather Industries*, 1937, p. viii。

② 我们必须注意，电力输送对于工业的区位方面也是有革命性的影响的。

二次世界大战开始以前，爱尔兰的劳动者每年都到英格兰及苏格兰帮助收割及采摘马铃薯，而波兰的大量农业工人，则年年到德国帮助栽培甜菜。德国的雇主认为，由于这种工作有季节性，德国工人所需的工资较高，以及德国农业工人离乡入城，所以若无波兰工人的帮助，就不可能兴办制糖工业。在第一次世界大战的前夕，其他国家每年季节性移民到德国者（其中主要的是俄国领土上的波兰人），数目已增达四万人。[①] 这种区域之间的劳动移动，自然与需要改变生产行业的职业转移不同。但是这种区域转移对于职业转移也有深远的影响，因为它能为工人已经移入的区域或国家，节省一部分可以转入其他生产部门的本地劳动者。

生产部门之间劳动力的周期性的转换有各种不同的方式，依所分析的周期阶段而定。我们可以说，在高涨时（Upswing），农业工人有移入工业部门的趋势，因为在那个时候，工业与商业正进行大规模的扩张，同时农业生产是多少保持稳定的，目前的战时景气就是一种典型的情况。许多来自乡村的工人，包括妇女及小孩，连同那些本来已经在城市区的工人，都转入了战时工厂。如果景气能够维持，这种周期性转移就可能变成长期性转移。但是最可能的，正如同以往时常发生的，就是当景气过去时，那些“最后转入者”就成为“最先排出者”。这些工人不得不回到原来的职业，大多数是回到农业，有些留在家中，有些则转入报酬甚至更少的生产部门。这就会引起“变相失业”（Disguised Unemployment）情况的发生。[②] 然而我们必须注意，工会运动所引起的“工资刚性”（Wage Rigidity）以及政府所提倡的社会保险（Social Insurance），对于萧条时的劳动力转移，也有一些影响。例如在美国，我们就可看到工资刚性的情形，在1930年的萧条中，

---

① Royal Institute of International Affairs, *World Agriculture: An International Survey*, 1932, p. 68。

② Joan Robinson解释“变相”失业，认为“对于工业所产生的普通性的产品的需要减少，常引起劳动脱离生产力高的职业而转入生产力低的职业，这种脱离的原因——有效需求下降——正是普通所谓失业的原因，于是我们很自然地可以称被辞退的工人改而另谋低下职业为‘变相’失业”。见其*Essay in the Theory of Employment*, London, 1937, p. 84。

农业的纯收入大量消失，资本的收入也是一样，但是工资率则继续保持了相当高的水准。[①] 还有一种极端的见解，认为价格——工资的刚性或缺乏灵活性是促使失业存在的必需条件。依照这种见解，工资刚性会加速萧条中以“变相”失业形态出现的劳动力转回原业或转入他业的趋势。

第四节　农民作为买者与卖者

古典学派及其以后的经济学者，几乎毫无例外的，是根据自由竞争和完整竞争的假定来进行分析的。直到最近二十年来，尤其是自从 1933 年罗宾逊夫人（Joan Robinson）和张伯伦（E. H. Chamberlin）的著作发行以来，不完整竞争和垄断竞争的理论才更为人注意，尤以研究经济政策时为然。但是现在一般仍然假定，不完整竞争与垄断竞争[②]只存在于工业市场（工业品市场），而在农业市场（农产品市场），则在很久以前就有完整竞争或近于完整竞争的形态，此种情形，犹见于今日。可是我们进一步探究事实，就会认清，说完整竞争流行于农业市场的假定，是怎样的不合乎实际情形。[③] 这种假定不仅在现代资本主义社会不合乎现实情形，即令在工业化

① John D. Black, *Parity, Parity, Parity*, 1942, pp. 100, 101。

② 此处所用的“不完整”竞争（Imperfect Competition）与“垄断”竞争（Monopolistic Competition）两个名词是交替使用的，因为我们假定这两个名词的差别并不极大或极关重要，以致使我们现在分析的一般论证无效。但是两个名词的区别我们必须记在心中。关于这种区别，张伯伦曾特别精心地写过一篇文章，即“Monopolistic or Imperfect Competition?” *Quarterly Journal of Economics*, August, 1937, pp. 557－580。J. A. Schumpeter 曾区别这两种情形，将“垄断”竞争连同双边垄断（Bilateral Monopoly）和寡头垄断（Oligopoly）作为“不完整”竞争的三个最标准的例证。见 *Business Cycles*, Volume Ⅰ, p. 57。

③ 有些学者已经认清这一点，例如 W. H. Nicholls 在其 *A Theoretical Analysis of Imperfect Competition with Special Application to the Agricultural Industries*（1941）一书中即是如此。截至目前，这本书几乎是对这个题目的唯一的系统研究。但是大多数学者却都未曾回溯到资本主义以前的时期。

尚未开始的社会，也是不合乎现实情形的。但是我们应该指出，从经济学开始成为科学以来，完整竞争本身的概念就时时变更。依据现代经济学者对于完整竞争或纯粹竞争所定的严格标准，完整竞争必须排除任何方式的区位限制、服务差异（Service Differentiation）、制度障碍及人们的无知。因此，我们可以说，在我们的历史上，从来就没有这种完整竞争或纯粹竞争存在过；而且还可以说，只要是涉及了人类的行为，这种竞争也将永远不会有实现的一日。

本节意在研究农民以买者姿态出现的市场以及农民以卖者姿态出现的市场。我们将论及已经工业化的国家和尚未进行工业化的社会的情形。

一、农民作为买者

纯理论的分析已经指明，在垄断竞争下较之在纯粹竞争下，价格较高，生产规模较小。[①] 若干统计调查及实际研究也已经证实，垄断、寡头垄断（Oligopoly）及垄断竞争（Monopolistic Competition），从工业力量开始集中以来，久已流行于大多数工业市场。在19世纪及20世纪，由于生产技术的长足进步及金融机构的庞大扩张，这种集中趋势，在高度工业化的国家中，更是在加速地进行着。在这方面，农民一如其他消费者，较之纯粹竞争真正存在时，要受所付价格较高之苦。但是一个农民究竟受损到何种程度，则须视其购买预算的内容构成而定。这是因为垄断的性质和程度，依各种工业的不同而有差异。我们可以有理由认定，现代社会里的一个典型的农民，其购买预算总要包括下列各项货物和劳务：为生产用的——农业器具、化学肥料及铁道运输；为消费用的——衣着、靴鞋及家庭用具；为两方面都要用的——汽车及收音机。所有这些项目，除开衣着、靴鞋及家

① Edward Chamberlin，*The Theory of Monopolistic Competition*，Chapter，5，Product Differentiation and the Theory of Value，特别是最后一节，pp. 113-116。

庭用具几项外，在一个对于美国工业所作的实际研究里[①]，都是划属于“垄断的”市场（“Monopolized” Markets）这一类别。在此种市场，或者是少数厂家控制着全部供给，或则是一个厂家或少数厂家控制着大部分供给。即使是衣着、靴鞋及家庭用具等市场，其“竞争”性质也是值得怀疑的。因为由于区位、制度及人的认识或无知方面所引起的垄断性因素，在任何货物或劳务的市场上，都是永远也不会完全绝迹的。

因此我们可以得一结论：在现实社会中，农民在工业品市场上对于同量货物所付的价格，较在能实现纯粹竞争或完整竞争的社会里所付者为高，或者对于同量付款所得到的货物，较后者为少。然而我们必须认清，这只是就短期的市场关系而言的。此处并未考虑到那种有降低成本和价格的效果，因而使作为消费者的农民沾利的长期的技术进步，因为此处的讨论是假定技术为一定的。

表现在寡头垄断形态和垄断竞争形态中的垄断因素，确实存在于现代资本主义社会以前。这种因素早在现代工业化开始以前就已经存在，虽然它的性质自后有了变化，并且它的程度也在工业集中的过程中加强了。时至今日，在有些国家，虽然工业化尚未有明显的发轫，但是由于它和高度工业化的国家已互有来往，且其相互经济关系较前日益密切，其中有这种垄断因素存在，也是显而易见的事。

历史的研究使我们明白，将现代资本主义经济以前任何时期的市场认为是“竞争的”，毫无“垄断的”因素，尤其将几乎完全具有垄断性的行会制度（Guild System）下的市场认为是“竞争的”，毫无“垄断的”因素，实在是完全错误的见解。“行会商人总是监督对外贸易的。行会商人也监督手艺人，直到这些手艺人渐渐有力量形成本身的特许机构（Chartered Organization）为止。即使在这个时候，输出的手工艺品仍须依照具有输出垄

---

① United States Temporary National Economic Committee, *Competition and Monopoly in American Industry*, Monograph No. 21, written by Glair Wilcox, United States Government Printing Office, Washington, 1940。

断权的商人的需要，而且很多这种特殊的手艺人，在金融上并未能脱离输出者的操持而独立。”① “为使粮食价格低，并使那种和粮食交换的商品价格高，商人的联合组织（商人行会）不得不阻抑独立的中间人出现。”② 手艺人中也有垄断因素存在，在生产中及在产品市场上都可表现出来。裴朗（Pirenne）曾以一种简单的说法来描写中世纪的手艺人。他以为“在本质上，中世纪的手艺人可以定义为一种工业团体，只要与公共当局所订的规则相合，就享有从事一种特殊行业的垄断权。”③ 我们还可以认为，这种工业团体的目的是要达到“公平价格”（Fair Price）或“公正价格”（Just Price）以及保证机会均等，因此，这种垄断和那种主要目标在于追求最大利润的现代垄断不同。但是只要稍加考虑，我们又会明白，中世纪的公平价格，与现代工业家所标榜的那种包括“生产成本加上合理利润”的价格，并无若何差别。然而生产成本以及利润界限的“合理性”，都是争执甚多而意义含混的概念，并且即使将其意义弄清楚，也不能保证纯粹竞争或完整竞争的存在，或保证垄断因素的绝迹。更有甚者，就制度上的障碍而论，在中世纪的行会制度下加入工商业，较之在现代资本主义社会，所受限制更多。

在现时，中国可以作为工业化正在开始而尚待积极推进的国家的另一例证，虽然中国和其他已经工业化的国家接触，几乎开始于 19 世纪以前。在中国，构成农民家庭支出，尤其是构成现金支出的主要项目的几种商品，很久以来就是在垄断市场下出售的。其中最显著的一个例子就是盐。作为必需品之一的盐，千百年来就是在少数“有特权的”商人垄断下生产和分配，这些商人向政府交纳一定量的现金，每每是预先付款，取得运销盐的垄断权。这种享有特权的商人再依照政府颁给的特许证（Franchise）所规定的区域，将盐分配于批发商。批发商的仓库通常是在城市中；小村镇的

---

① Melvin M. Knight，H. E. Barnes and F. Flügel，*Economic History of Europe*，Boston and New York，1928，p. 215。

② *Ibid.*，p. 216。

③ Henri Pirenne，*Economic and Social History of Medieval Europe*，New York，1927，p. 184。

杂货商则从这些批发商手中购得盐，然后再将盐售予本地的人民，其中大多数是农民。盐的批发价格完全由有特权的商人决定，再由批发商加以若干修正。地方杂货商无权决定其购入价格，但是决定其售出价格时则具有重大的甚至唯一的影响。假如偶然有一个地方只有两个或几个杂货商，那么出售价格就是一种最好以双头垄断（Duopoly）或寡头垄断（Oligopoly）或垄断竞争的理论来解释的价格。不论此种价格采取何种形式，农民不得不对盐付以较在非垄断情况下为高的价格。中国农民现金支出中另一重要项目是农具，这种农具大都是本地铁匠所制造的。这种产品的价格，通常是由本地铁匠相互间决定的，主要是参照那种常为城市铸铁工厂所垄断的生铁价格。近几十年来，煤油成了中国城乡家庭支出中的一个普遍项目。中国家庭所用的煤油大都是美国美孚煤油公司（Standard Oil Company of the Unated States）的产物，这个公司在中国有几个代理商。我们从一些调查中可以看出，煤油的价格，几乎完全是由卖方在寡头垄断的或独家垄断的情形下，以“价格主宰”（Price Leadership）的形式来决定的。①

二、农民作为卖者

许多经济学者认为，在农业中，由于竞争的力量能够自由发挥作用，所以存在有完整的市场或近乎完整市场的情况。② 他们采取这种见解，主要

---

① United States Temporary National Economic Committee, *Competition and Monopoly in American Industry* , Monograph No. 21, Washington, 1940, pp. 127-129。

② 例如 Mason 的见解就是认为“在农业以外，以及在有组织的物品和证券交易以外，对于一个单独生产单位的产品需求具有完全弹性的市场，或许从来就没有存在过。”他又以为“由于农业的相对重要性减低，纯粹竞争市场的重要性也减低，但是可以提出一种与这种意见相反的事实，就是由于运输的迅速进步，那种具有完整竞争性的市场的区域反有增加。”指出运输进步对于减低区域垄断的地位有密切关系，这是很有意义的；但是认为农业市场是一种纯粹竞争的市场，则大有问题。不过 Mason 说，“纯粹或完整竞争是一个从未正确描述过经济社会的大部分情形的概念”，却是对的。见 Edward Mason, “Industrial Concentration and the Decline of Competition”, in *Explorations in Economics*, New York and London, 1936, pp. 434-443, especially p. 436。

是因为他们以为，在农业中，卖者的数目极大而经营的单位又极小，因而对于出售物的价格，不能施加显著的影响。我们承认这是完整竞争的一个条件，但是也要知道，还有和这个条件同样重要的其他几个条件，却并不存在于农业市场上。第一，就一定的区域来说，买者的人数常常很少，或者至少是较卖者的数目少得多。[①] 第二，如果认为制度上的限制及区位上的阻碍不发生于农业市场，因而其价格及资源流动性不受限制，那简直是荒谬的。最后，如果我们认为农民对他们进行买卖的市场具有完全的知识，那也是同样荒谬的。因此，我们可以得到一个结论，就是在农业市场上也是流行着不完整竞争或"买方垄断"性竞争（"Monoposonistic" Competition），后者是包括买方双头垄断（Duopsony）和买方寡头垄断（Oligopsony），并且更适宜于说明买方垄断因素的一个名词。

在"买方垄断"竞争下，价格对于农民较之在完整竞争时为低，正如在垄断（卖方垄断）竞争下，价格对于消费者较之在完整竞争时为高一样。在美国这样高度工业化的国家，我们可以清楚地看到，不完整竞争流行于农产品加工和分配工业中。[②] 除了最易腐坏的农产品外，最典型的运销渠道（Marketing Channel）是："农民——地方收购商——总批发商——零售商——消费者"。在中间人之中，总批发商正是占据在运销过程的"瓶颈"或关口（Bottleneck）上，极可能在不完整竞争的条件下买入及卖出。用专门名词来说，少数占支配地位的批发商可以同时是卖方寡头垄断者（Oligopolists）及买方寡头垄断者（Oligopsonists）。另一方面，乡村的收购代

---

① 此处需要少许解释。在中国这样的国家，与美国那样的国家相较，买者（商人）的数目在农业市场上一定大得多。但是如果我们只考虑一定的地区或一定的市场范围，在这个地区或市场范围内，运输便利使货物易于从卖者让渡给买者，则就"人数"（Number）言，垄断的情形当是一样的。

② William H. Nicholls, *A Theoretical Analysis of Imperfect Competition with Speicial Application to the Agricultural Industries*, Iowa State College Press, 1941。较简明的讨论，见同一作者之"Imperfect Competition in Agricultural Processing and Distributing Industries", *Canadian Journal of Economics and Political Science*, May, 1944。

理商，若未能和运销过程的较后阶段连结成一体的话，就可能要在纯粹竞争下售出（给总批发商），而在不完整竞争的条件下（从农民）购入，这是由于区位因素或生产者偏好的缘故。存在于农业市场的垄断因素是：市场分享（Market Sharing），协商的价格行为，价格主宰（Price Leadership），双边垄断（Bilateral Monopoly），价格的差别待遇（Price Discrimination），产品及劳务的差异区分等。[①]

上面所说的在美国关于农产品流入市场的最典型的路线，同样也是在中国关于农产品流入市场的最普遍的方式，尤其东南部的米、麦及大豆是这样。[②] 总批发商及地方收购者在谷物和棉花的运销上占有极重要的地位，而谷物和棉花正是中国农产品市场上最重要的商品。在中国，正和在美国一样，少数占支配地位的批发商同时就是卖方寡头垄断及买方寡头垄断者。唯一的差别只是，在美国，整个乡村都包括在内，都有这种情形；而在中国，由于缺乏全国性的运输系统，这种情形只见于一定的市场范围。乡村的收购代理商，一方面，在较大的市场范围内，只是竞售给总批发商的众多出售者的一员；但是另一方面，在规模较小且富有地方色彩的市场上，又和少数其他收购代理商形成了一群对农民的买方寡头垄断者。正是在这个市场渠道的接合点上，农民才不得不接受这种较低的价格。

我们已经知道在垄断竞争下，生产规模要比在完整竞争下为小。这就是说，在有垄断竞争存在的工业中，所用原料较少，因而对原料的需要较少，在这些原料中，农产品自然要占其中的一部分。另一方面，我们也知道农业生产较为固定，较难于调整以适应工业的波动。这两种力量——需要和供给——的交互作用，又有降低农产品价格的效果。

我们还须注意，在不完整竞争下，农民作为劳动力的出售者所接受的

---

① W. H. Nicholls，“Imperfect Competition”，pp. 150－151。

② 关于中国粮食产品运销渠道的详细讨论，见下列二书：张培刚及张之毅，《浙江省食粮之运销》，中央研究院社会科学研究所丛刊第十四种，商务印务馆，1940 年；张培刚，《广西粮食问题》，商务印书馆，1938 年。

工资报酬，要比在完整竞争下为低。现在一般都承认，“下斜的需求曲线（在垄断竞争下），使生产要素的报酬减低到其边际产品的价值以下。”[①] 在众多生产要素中，这种生产要素可能是劳动。在劳动这种情形下，罗宾逊夫人（Joan Robinson）沿用庇古（A. C. Pigou）的说法，称之为“剥削”(Exploitation)。[②] 依照罗宾逊夫人的意见，剥削的基本原因是劳动的供给或商品的需要缺乏完全的弹性。[③] 然而不论是由于什么原因，劳动在作为一种生产要素被雇于流行不完整竞争的工业时，所得到的工资总比不存在不完整竞争的情形下为低。由于工业中低工资的间接竞争，这会有降低农场工资的效果。这种效果将作用到何种程度，依所涉及的生产部门之间劳动力的流动性而定。另一种降低农场工资的因素我们也须注意。在上面我们曾提到垄断工业的生产规模要比在纯粹竞争下为小，因此，这些工业所雇用的劳动力必较少。这就是说：“劳动力将从工业转开而与农场劳动者竞争，使农场工资降低；更由于这种间接的竞争，将使更多的农场劳动者转变为佃农（由是抬高地租减低佃农的收入）。”[④] 至于这种效果将作用到何种程度，也是依于劳动者从工厂转回农场的难易而定。

---

① Edward Chamberlin，*Theory of Monopolistic Competition*，p. 187。

② 张伯伦曾批评罗宾逊夫人使用庇古对于“剥削”所下的定义，而认为这种定义只适用于纯粹竞争的情形，而不适用于垄断竞争的情形。至于张伯伦自己的意见，则认为在垄断竞争下，所有的生产要素都必然地要被剥削。同上注书，pp. 182-183。

③ Joan Robinson，*Economics of Imperfect Competition*，p. 281。

④ G. S. Shepherd，*Agricultural Price Analysis*，1941，p. 394。

第三章

工业化的理论

在着手研究主要问题以前，详细讨论一下“工业化”的概念和类型是迫切需要的，因为工业化一词含有许多不同的意义，时常引起不必要的混淆。我们并不能要求每个人对于这一名词都同意一个定义或一个概念，但是我们在确定任何定义以前，有些基本要点必须予以考虑并予以澄清。此后，我们将进而尝试解释工业化这种经济转变过程“为什么”会发生，并叙述其“如何”发生。“为什么”的问题必然会包含一些个人的意见及判断，而且将引起进一步的争论。本文将尽可能客观地来研究这个问题。“如何”的问题主要是一个叙述性的及历史的问题。我们将引入若干理论或解释，因为对于时间过程的任何叙述，若无某种理论作依据，就不能有充分的说服力。

第一节　工业化与产业革命

“工业化”（Industrialization）可以被定义为一系列基要的“生产函数”（Production Function）① 连续发生变化的过程。这种变化可能最先发生于某一个生产单位的生产函数，然后再以一种支配的形态形成一种社会的生产函数②而遍及于整个社会。“基要的”（Strategical）生产函数的变化能引起并决定其他生产函数的变化，对于后者我们可以称为“被诱导的”（Induced）生产函数。从已经工业化的各国的经验来看，这种基要生产函数的变化，最好是用交通运输、动力工业、机械工业、钢铁工业诸部门来说明。

上述工业化的定义，只是作者所倡议而尚具试用性的一个定义。它比大多数其他学者所用的定义或解释，要广泛得多。③ 我们的定义可以表明以往两个世纪中经济社会的主要变化，而且可以将工业发展及农业改革都包括在内。如果我们将所有的生产部门——制造业、采矿业及农业——分为资本品（Capital-goods）工业及消费品（Consumption-goods）工业，显而

---

① 生产函数通常总是写为 $P=f(a, b, c, \cdots)$，其中 P 是产品，而 a，b，c，…则是生产性的劳务或生产要素。我们还可以用柯布-道格拉斯（Cobb-Douglas）的公式写出来；对于平面的情形是 $P=bL^kC^j$，对于立体的情形是 $P=b+kL+jC$。关于后者，有 M. Bronfenbrenner 所作的讨论，见其论文“Production Function：Cobb-Douglas，Interfirm，Intrafirm”，in *Econometrica*，January，1944。

② 只有在自由竞争流行时，“社会生产函数”才能成立；在自由竞争下，与我们的论点最有关联的是生产要素的自由流动性。然而现实存在的是不完整竞争，所以社会生产函数的概念，只适用于理论上的分析。

③ 最为一般人所了解的定义或解释是，“工业化”所着重的不是农业及其他“初级”生产的增加，而是制造业及“次级”生产的增加。见 Eugene Staley，*World Economic Development*，Montreal，1944，p. 5。这种解释或见解，却未能将“工业化了的农业”仍在整个经济社会中占优越地位的情况包括在内；最类似这种情况的例证是丹麦的情形。

易见的，这些基要的生产函数大都与资本品工业相关联。同样显而易见的，差不多所有的农业经营，以及一部分制造工业如纺织工业、制鞋工业，都是属于消费品工业的范围。依照这种分类，农业经营如同任何其他消费品工业一样，必定要同样受基要的生产函数的影响和控制。只有依照这种解释，在我们的定义下的工业化才可以将制造业的工业化及农场经营的工业化都包括在内。参照以往两个世纪的历史，我们就能够清楚地看到，“基要的”创新（“Strategical” innovation）[①] 怎样带来，又怎样加强我们所谓“工业化”的过程。其中最显著的是：铁道的建立、钢制船舶的使用及运输的摩托化（Motorization），蒸汽引擎的广泛应用及动力工业的电气化（Electrification），在制造业及农业上机器的发明和应用，以及机器工具的制造和精细化。这些基要的创新或基要的生产函数的变化，更进一步加强了伴随现代工厂制度、市场结构及银行制度之兴起而来的“组织上的”变化（“Organizational” changes）。这一切变化，都曾经对农业及制造工业的生产结构发生巨大的作用，因之曾经构成，而且将继续构成，工业化过程的主要特征。

有一些学者对于工业化也采取了与我们相同的概念。这些学者中值得特别注意的是斯威齐（Paul M. Sweezy）。他将工业化定义为新工业的建立，或新生产方法的创用。斯威齐认为“如果我们从一个全无工业（除开手工业）的经济社会开始，那么，这种经济社会可能要经历一种通常称为‘工业化’的转变，在这一转变中，全社会的大部分力量都是投于创用新的生产方法。新工业的建立，有时就总生产而言规模极为庞大，以致还需要在某一时期减少消费品的生产。在工业化的过程中，所有我们通常称为‘基

① 熊彼特定义“创新”为创立一种新的生产函数。在这种概念之下，基要的创新可以看做和我们所说的基要生产函数的变化相符合。关于创新的更详尽的解释，读者可参见 J. A. Schumpeter, *Business Cycles*, 1939, Volume Ⅰ, pp. 87-102。布莱克近来对于农业的创新也作了一个有价值的分析，按照我们的分类，其中有些可视为基要的（至少对于农业），有些则可视为诱导的。见 John D. Black, “Factors Conditioning Innovations in Agriculture”, *Mechanical Engineering*, March, 1945。

本’工业的，都以新工业的姿态出现，而且这些新工业的建立吸收了新积累的资本，但却未相应的增加消费品的生产。”[①] 斯威齐的定义或解释，与我们的正相符合，所谓新工业的建立或新生产方法的创用，根本上是与生产函数的变化相同的。虽然他未曾用“基要的”这样的形容词来规限这种过程，但是就他所认为的“工业”只存在于工厂制度下（意即只存在于手工业时期之后）而论，以及就他所着重的资本品工业（或如他所称的“基本”工业）而论，他对于工业化过程的概念及解释，实际上与我们在这里用的是一致的。

我们已经定义“工业化”为基要生产函数连续发生变化的过程。这种过程包括各种随着企业机械化、建立新工业、开发新市场及开拓新领域而来的基本变化。这多少也可说是“扩大利用”（Widening）资本和“加深利用”（Deepening）资本的过程。[②]

这种过程可以提高每个工人及每单位土地的生产力。就是在这种意义上，有些学者如康德利夫（J. B. Condliffe）和罗森斯坦-罗丹（Rosenstein-Rodan），认为工业化是代替移民的一种方法，以解决经济发展落后区域中的人口过剩及提高国民收入的问题。[③] 也就是在这种意义上，工业化与农业改造，尤其是在发展迟缓的区域，根本可以认为是一个问题的互相连接的

---

① Paul M. Sweezy，*Theory of Capitalist Development*，New York，1942，pp. 218-219。

② “加深利用”的过程是指每单位产量所用资本的增多，“扩大利用”的过程是指那种和制成品产量同比例增加的资本构成（Capital Formation）的扩张。见 Alvin H. Hansen，*Fiscal Policy and Business Cycles*，New York，1941，p. 355。H. Frankel 则认为“工业化是每个被雇者及每种货物的资本设备与生产力的增加”。见其“Industrialization of Agricultural Countries”，*Economic Journal*，June-September，1943，p. 191。

③ Condliffe 说：“鉴于以生育节制作为远东国家人口过剩的补救方法只有待诸将来，而移民所提供的解救价值又很小，因此，所余的唯一解决方策只有迅速工业化。”见 J. B. Condliffe，“The Industrial Revolution in the Far East”，*Economic Record*，Melbourne，November，1936，p. 191。Rosenstein-Rodan 认为，“如果应用国际分工原则，不是劳动必须移动以就资本（移民），就是资本必须移动以就劳动（工业化）。”他又认为“工业化是以比富裕区域为高的速率，来提高贫穷区域的收入，以达到世界各个区域之间更加平等的收入分配。此种论点的假定是过剩农业人口的存在。”见 P. N. Rosenstein-Rodan，“Industrialization of Eastern and South-Eastern Europe”，*Economic Journal*，June-September，1944，p. 202。

两部分，虽然我们应将农业国家的工业化与工业国家的“农业化”（Agrari-anization）明白地加以区别。①

工业化也是一种过程，在这种过程中，工业进步的经济利益，主要是以报酬渐增的形式，不断地创造出来，而且全部地或局部地得到实现。② 如马歇尔所解释的，报酬渐增是一种数量的关系，也就是：“一方面是努力及牺牲的数量，另一方面是产品的数量，这两种数量之间的关系。”③ 换言之，这是一种投入（Input）与产出（Output）之间的关系。由于效率也是定义为产出与投入的比率，所以报酬渐增可以视为效率渐增。为此，马歇尔对于报酬渐增法则曾定义如下：“劳动及资本的增加总是引起组织的改善，而组织的改善又增加劳动及资本的工作效率。”④ 报酬渐增之获得，或是由于实现内部经济（Internal economies），或是由于实现外部经济（External economies），或是由于兼行二者。我们应该注意，在一定的技术情况下，对于一厂家或一工业，总有一种适当的报酬渐增的规模或范围。一种新技术将延长这种规模，或扩大这种范围，或创造一种新规模或范围。因此工业化也可说是一种过程，在此过程中报酬渐增的规模和范围得到不断的创造，并且在适当的时候得到不断的延长和扩大。

但是工业化并不仅仅是报酬渐增的创造和实现，因为除此而外，工业化还可以使报酬渐减的边际（Margin of diminishing returns）提高。一般都

① Wilhelm Röpke 对于这方面曾作过有价值的讨论。在讨论农业国家工业化的文章中，他对两种情形加以区别，认为“工业化”是一种与世界经济发展相符合的现象（Un phénomène qui ne s'écarte pas de la ligne jusgu'à présent suivie par le dévelopment de l'économic mondiale），而工业国家的“农业化”则是一种违反经济进化趋势的政策，而且不消说得，是反动的。（Il s'agit ici d'une vèritable rupture de la ligne d'evolution，d'une réaction incontestable）。见其文“L'Industrialization des Pays Agricoles：Problème Scientifique”，*Revue Économique Internationale*，July 1938，pp. 117－118。

② 此处只限于工业进步的经济方面。至于在社会方面，工业进步是否会使工人及全体人民有利，以及如果有利，其利益究竟达到何种程度，则主要是依据产品与收入的分配制度而定。关于那方面的讨论不在本书的范围以内。

③ Alfred Marshall，*Principles of Economics*，p. 319。

④ *Ibid.*，p. 318。

认为，在制造工业中经济进步的条件是报酬渐增的存在。至于农业进步的形式则不相同，因为在农业中，报酬渐减法则发生作用。这种区别本是由来已久而且极为重要的。但是它并不如大多数经济学者所想象的那样明确，那样简单。第一，就整个社会而言，土地无疑的是一种固定的生产要素。然而对于个别的农场，土地却是一种可以扩展的生产要素。由于应用现代的农业机器所引起的内部经济仍然是存在的，并且还能通过增加农场面积的途径而获得之。[①] 第二，在高度商业化的农业中，利用扩大销售和购买的机构，可以产生各式各样的外部经济，这是那些多少是自给自足的农业社会所没有的。这些外部经济之获得，因农业经营之不同而程度有大小。此处我们只须认清这个实际存在的事实。最后，我们还须认识到，并非所有的制造工业都属于报酬渐增的范围，其中有些也同样受报酬渐减作用的影响。

诚如阿林·杨（Allyn Young）在理论上所预料的，平均每人的高额生产是“工业”渐增规模的函数，而不是“工厂”渐增规模的函数。[②] 琼斯（G. T. Jones）及柯林·克拉克（Colin Clark）又曾作过一番精细的统计研究，企图表明在厂家或生产单位的规模与每个工人的纯出产之间，是否存在相关（Correlation）。结果表明答复是否定的。[③] 不过琼斯对于英美的生产统计，却作过一段长时期的考察，结果则表明，在任何工业中，平均每人

---

① Peck 曾经说得好，“农业经济学的研究告诉了我们现代乳品工业的一种情形，即增加土地及资本设备的数量到一定程度时可以增加农场实物出产的相对报酬或货币的相对报酬。因是，纽约州或新英格兰在五六十年前的一人农场（One-man Farm）以八十英亩到一百英亩最合理想。但是利用新的机器工具，电气榨乳机、肥料播散机、载草机、拖拉机、货车、汽车等，一个农民可以照顾到二百到三百英亩的作物和收成”。Harvey W. Peck，*Economic Thought and Its Institutional Background*，New York，1935，p. 160。关于更详细的讨论及事实的证明，读者可参考其论文，“The Influence of Agricultural Machinery and the Automobile on Farming Operations”，*Quarterly Journal of Economics*，May，1927。

② 见 Allyn Young，“Increasing Returns and Economic Progress”，*Economic Journal*，December，1928。

③ 详细的讨论见 Colin Clark，*Conditions of Economic Progress*，London，1940，pp. 291－312。

生产量的增加，大多是依整个工业的相对增长率（Relative rate of growth）而定。[①] 这一切都与阿林・杨的说法相符合，尽管这些实际材料的研究，并不是完善的。

另一方面，“产业革命”一词已经成了一般所公认的专指英国经济史上某一时期的称号。因之，这个名词带历史的含义反而多于带理论的概念。这个名词得有今日的流行，是由于托因比（Arnold Toynbee）将它作为自己的讲稿合订本的标题，在托因比过早逝世后的一年，即1884年出版；而这个名词在经济著作中的地位的确定，则是由于二十二年后，法国学者孟都（Paul Mantoux）用它作为一部苦心孤诣地钻研多年的著作的标题。[②] 但是这个名词并不绝对是托因比开始创用的。厄谢尔认为这个名词是法国学者布朗基（J. A. Blanqui）在1837年初次使用的，企图将产业革命的重要性与法国革命相提并论[③]，但是只有托因比对这个名词的使用才使我们把握了它的真义，并且相信这个时期所发生的事实，的确包括了一个如此这般完整的和迅速的变化，因而应该恰当地标明为“革命”。[④] 按照托因比及孟都的意见，产业革命一词在英国经济史上所标明的时期是从1760年至1820年。[⑤] 不过我们应该明白，经济史家对于这段时期所应包括的精确年限并无

---

① G. T. Jones，*Increasing Returns*，Cambridge University Press，1938。

② Arnold Toynbee，*Lectures on the Industrial Revolution of the Eighteenth Century in England*，London，1st Edition，1884，New Edition，1908；Paul Mantoux，The *Industrial Revolution in the Eighteenth Century：An Outline of the Beginning of the Modern Factory System in England*，New York，1928，English translation from the French revised edition of 1927。

③ A. P. Usher，*The Industrial History of England*，New York，1920，p. 247。

但是据Bezanson所言，“产业革命”一词的使用，可以回溯到1827年时，也是由一个法国学者所创用，但不详其姓名。见Anna Bezanson，“The Early Use of the Term Industrial Revolution”，*Quarterly Journal of Economics*，February，1922，pp. 343－349。我们似乎还可以追溯到更早。但是现在，从我们所发现的调查结果来看，我们可以满意于下面的结论，那就是这个名词最可能的是先由法国学者开始使用，而且其使用不能早于1789年的法国革命时期。

④ Sir William Ashley，*The Economic Organization of England*，London and New York，New Edition，1935，p. 140。

⑤ Toynbee，*ibid.*，pp. 64－73。Mantoux，*ibid.*，p. 43。

一致的意见。[①] 这种意见的不一致是有道理的，因为经济进化不论表现得怎样剧烈，总不是突然而来的，而每每是逐渐发生的。这个名词也并不是只限于标明英国经济史上的一段时期。它常常被用以泛指任何国家与英国该段时期相似的时期，例如德国自 1870 年以来的产业革命，美国自 1880 年以来的产业革命，俄国自 1890 年以来的产业革命，日本自 1894 年中日战争以来的产业革命。近几十年来，此种泛用的趋势更甚。

将产业革命当作一段时期（Period）与当作一段过程（Process）一样，对于经济转变的理论都很重要，所以我们应当以较多的篇幅来探求其性质及特色。关于这个问题的思想体系，大致可以划分为下列四类或四组，当然这种划分或分类并不是非常确切或毫无遗漏的。

第一组是较早的学者，如法国的布朗基及英国的加斯克尔（P. Gaskell），他们亲自看到产业革命开始时所发生的种种变化。他们对于纺织工业的发明及蒸汽引擎的发展印象极深，所以每每将这些巨大变化的主要原因归之于发明。大发明差不多被认为就是产业革命了。

第二组是托因比及其若干信奉者，他们对于经济思想及商业政策的变化，较之对于工业组织的变化，更为重视。托因比认为“产业革命的真谛是以竞争代替从前控制财富的生产和分配的中世纪的规章”。[②] 因此，他认为发明及工厂制度的成长虽然无疑地也形成了革命的特色，但这些对于经济理论和商业政策的新看法的形成，却只不过是偶然发生的事情。对于这种见解，厄谢尔曾作过评论，值得我们引证：“托因比的努力一定博得深切

---

① 例如 Cunningham 将产业革命的时期定为 1770 年至 1840 年。见 Archdeacon Cunningham, *Growth of English Industry and Commerce*, Cambridge University Press, Volume 111, 1907, p. 613。另一方面，厄谢尔并未定出产业革命的开始时期。我们可以有理由推测，他和他的合著人多少是以七年战争（1756—1763 年）结束后的十年作为产业革命时期的开始。这是因为他们曾经多次着重并提到在那十年中，工业的扩张变得日益显著。见 A. P. Usher and Others, *An Economic History of Europe Since 1750*, New York, 1937, p. 105 and p. 109。

② Arnold Toynbee, *Lectures on the IndustrialRevolution of the 18th Century in England*, p. 64。

同情，因为他的努力无疑地给这种运动以更广泛的重大意义，但是令人遗憾的是他太着重于自由放任理论的兴起。最近四分之一世纪的事实使我们都脱离了无限制的个人主义的老观念，因此也很少有人会再将‘个人自由制度’当作产业革命的主要特征了。”①

第三组包括马克思以及信仰马克思主义的学者。马克思在其名著《资本论》中，将“现代工业”（Modern industry）的革命与“工场手工业”（Manufacture）的革命分开，认为“在工场手工业中，生产方式的革命始于劳动力，而在现代工业中，则始于劳动工具”。② 显然，在解释产业革命时，他很强调工厂制度及组织上的变化，正如他所说的，“现代工业的起点是劳动工具的革命，而这种革命则以工厂内有组织的机器制度而为其发展的最高形态。”③ 但是不论就任何意义来解释，他也绝未忽略这种过程的技术方面。我们再引证几段他的著作，对这点便非常明白。他说，“这里，我们从工场手工业看到了现代工业的直接的技术基础。工场手工业出产了机器，而现代工业由于利用这种机器，在其首先占领的那些生产领域中，排除了手工业生产和工场手工业生产。”④ 这是因为，“达到其发展的一定阶段以后，现代工业在技术上就同它那由手工业和工场手工业所提供的基础发生冲突。”⑤ 总括而言，我们可以说马克思既着重生产力的变化（包括技术变化），也着重生产关系的变化（制度变化），而且认为这两种变化在经济进化史上一直发生交互的作用——一方面破坏（destroying），一方面产生（generating）。这是辩证法（Method of dialectics）的一种运用。因此，马克思和他的学生们认为，使现代工业产生和成长的产业革命，最好是以这

---

① A. P. Usher，*The Industrial History of England*，New York，1920，p. 250。

② Karl Marx，*Capital*，English translation from the 3rd German edition，Chicago，1909，Volume Ⅰ，p. 405。

③ Karl Marx，*ibid.*，p. 430。

④ Karl Marx，*ibid.*，p. 417。

⑤ Karl Marx，*ibid.*，p. 418。

两种变化的作用来解释，而更重要的，是以其交互作用来解释。[1]

第四组是由一些现代学者所构成，他们认为产业革命只是现在仍在进行的庞大而复杂的过程的一个阶段；其中的各种转变是逐渐形成的，但要充分了解这一阶段的性质和特征，惟有研究潜存于漫长的经济进化过程中的基本原因或基本因素。这一组的思想并未轻视产业革命的意义，只不过是他们认为，自从产业革命的意义一直为较早期的学者所夸大以后，现在再将其回复到经济进化史上的适当地位而已。要列举出主张这种见解的主要人物是很困难的，因为从来不会有两个学者的见解完全相同。但是下面两个经济史学家的见解，如果合起来看，倒可以用来说明这一组的意见，尽管我们不能认为前一学者的任何见解，会与后一学者的见解完全一致。

沙德韦尔（Arthur Shadwell）在很久以前就认为"产业革命"一词，选择得并不高明。依照他的意见，这个名词本来是基于对事实的误解，而且还每每继续维持一种狭隘而错误的见解。由于注意力过分集中于纺织工业，尤其是织布业，同时观察问题又太表面化，结果是得到一种既有缺陷又嫌夸大的概念。革命是突然的事变，但是以往所发生的并不是突发的事变，而是一种庞大而逐渐推移的进化过程，它包括一些家庭工业的改变，但是所涉及的范围却广泛得多。[2] 为此，他将产业革命的时期包括在漫长的工业进化过程之内；其理由，一部分已如上述，一部分将在下面的讨论中加以说明。我们所讨论的时期，只是代表现在仍然在继续进行的一个庞大而复杂的过程的一个阶段；而且从这一阶段的特殊色彩所推得的一些结论，在应用的范围上也是有限的。工业进化的真谛并不是大工业代替小工业，

① 我们再引一段他的著作，就可使这一点更为明白。"采取机器形式的劳动工具一定会使自然力代替人力，并使自觉地应用科学代替单凭个人经验的臆断方法。在工场手工业中，社会劳动过程的组织是纯粹主观的，这是各种零星劳动者的组合；现代工业在其机器制度下有一种纯粹客观的生产机构，在这种机构中，劳动者仅仅是一种已经存在的物质生产条件下的附属物。"Karl Marx, *ibid.*, p. 421。

② Arthur Shadwell, "History of Industrialism", in *An Encyclopaedia of Industrialism*, Nelson's Encyclopaedia Library, pp. 292–293。

甚至也不是机器居于支配地位，而是意义远为广泛的事情。简言之，工业进化的真义是“驾驭自然来为人类服务”，而要探索其发端，我们必须回溯到科学的起源——回溯到文艺复兴后来追求知识。[①] 也正是由于这些原因，沙德韦尔采用了“工业主义”（Industrialisrn）一词，来指那种由于工场手工业的现代发展以及相随而生的“采掘”工业和运输工业的发展所产生的社会和经济情况。[②]

对于澄清在所谓产业革命时期表现出来的经济转变的性质，厄谢尔作过深入的研究。很久以前，他就认为没有简单的法则，能够对于那种使产业革命具有深远意义的力量和反响的复杂性，予以足够的描述。在这种复杂的情况中，有工业与农业的关系的变动，有由于棉纺织业的兴起所引起的纺织行业的重新调整，有使所有金属行业在工业社会中居于更重要地位的冶金工业的技术进步。这些转变都不是突然而来的：它们具有连带交互的影响，所以特殊的发明同时既是原因又是结果。[③] 为此，厄谢尔见解的要点，可以归纳为：对考察中的转变，我们不能以任何单个的因素或理论来描述或解释；而且这种转变的过程是渐进的，并不是突然的。

本书已经用一种理论概念来定义工业化，又将产业革命看做是历史发展的一个阶段。这两个名词不能互相视为一致，也不能看做是互相排斥的；这两个名词有一部分重叠。在我们的定义下，就整个世界经济而论，我们可以认为产业革命时期是工业化的最初阶段。[④] 然而我们必须注意，在那个时期，只有英国和法国是先进的工业国家。今天，也只有用那种概念，产

---

① Arthur Shadwell，*ibid.*，pp. 295－296。

② Arthur Shadwell，*ibid.*，preface，p. vii。

③ A. P. Usher，*The Industrial History of England*，New York，1920，p. 251。

④ 熊彼特认为第一次“康德拉捷夫（Kondratieff）周期”或第一次长周期（1787—1842 年）正是产业革命的时期，此时期的最后阶段包括“铁路化”（Railroadization）。见 J. A. Schumpeter，*Business Cycles*，New York and London，1939，pp. 252－255。我们可以说产业革命、铁路化、电气化及摩托化，是工业化的漫长过程中的不同阶段。

业革命一词才能适当地用来表示经济发展比较后进的国家工业化的开始阶段。[1]

第二节 工业演进中的发动因素与限制因素

关于现代资本主义的兴起以及产业革命时期的降临，长期以来在解释方面就一直存在着未能解决的争论。对这些争论作进一步的探究，会促使我们研究经济发展的理论；此种研究或有助于经济进化理论的建立。在纯经济理论中，历来的传统都是集中研究“因变数”（Dependent variables），例如货物和生产要素的价格，而假定决定这些变数的“资料”（Data）是给定的。至于经济发展的理论，则着重于研究经济理论的“资料变动”，这种资料，我们称之为“自变数”（Independent variables）。奈特（Frank H. Knight）曾提出一个著名的表单，列出“我们必须研究其变化或其变化可能性的因素”。这些因素一方面是经济理论的资料，一方面又是经济发展理论的对象。表单上包括有下列因素或自变数[2]：

1. 人口的数量和组成；
2. 人口的口味（taste）和癖好；
3. 现存生产能力的数量和种类，包括 a. 人力，b. 物力；
4. 这些生产能力所有权的分配，包括人控制人或控制物的一切权利；
5. 人和物的地理分布；
6. 技艺的状况，关于科学、教育、生产技术、社会组织等等的全部

① Condliffe 曾借用“产业革命”一词来表示远东的工业化。见其论文，“The Industrial Revolution in the Far East”，in *Economic Record*，Melbourne，November，1936。

② Frank H. Knight，*Risk*，*Uncertainty and Profit*，New York，1921，p. 147。更详细的讨论见 E. Ronald Walker，*From Economic Theory to Policy*，Chicago，1943，pp. 149-163。

情况。

我们并无理由假定，这些因素或变数，对于其他因素或变数的变动，是完全独立而不受影响的。在长期中，这些自变数可能也变为因变数。试以口味为例。依据罗尔（Eric Roll）的意见，口味或消费者的偏好有三种变化。第一种是“自动的”变化（“Automomous” Changes），其原因不易确定；第二种是“反响的”变化（“Repercussive” Changes），其本身就是人口、资本、生产力等变化的结果；第三种是“诱发的”变化（“Induced” Changes），乃有意引起的口味变化。[①] 其中只有第一种变化可说是独立的。我们很难用统计来确定在口味变化中，属于第一类的比例如何。但是我们有理由可以说，将第二类和第三类的变化合并起来，在次数及程度上，极可能超过第一类变化。为此，熊彼特（J. A. Schumpeter）认为，我们很有理由“在进行分析之先，假定消费者所主动引发的口味变化是可以忽略的，同时假定消费者口味的一切变化都是从属于生产者的行动的，或者是由生产者的行动所引起的”[②]。

如果我们将这种论证推演过远，那就必将使我们觉得，在经济社会中没有一种因素可以看做是独立的，因为一切因素多少总是相互依存，相互发生作用的。为此，我们必须找到一个止步点和立足点。因为要建立一种理论或一种系统的论证以解释极为复杂的经济现象，特别是因为进化的时期或过程愈长而这种复杂性愈增，我们必须使用“局部”相依性（“Partial” interdependent）及“相对”连续性（“Relative” continuity）的概念[③]，以

---

① Eric Roll, *Elements of Economic Theory*, London, 1937, pp. 217-218。

② J. A. Schumpeter, *Business Cycles*, New York, 1939, Volume Ⅰ, p. 73。

③ Usher一直采取“相对连续性”的观点，以解释历史的发展。见A. P. Usher, *History of Mechanical Inventions*,, New York, 1929, p. 6。Black也是很久以来就采取一种“局部的或相对的动态”观点，以解释经济社会的性质；他曾经说：“一个纯粹静态社会必定是任何事物的数量和形态都是固定的一个社会；一个纯粹动态社会必定是任何事物都是恒常处于一种流动的或变化的情况下的一个社会。至于我们所生存的社会，则处于这两种极端之间。”见John D. Black, *Production Economics*, New York, 1926, p. 591。

代替一般相依性及绝对连续性的概念。关于这一点，我们已经在第一章中予以说明。正是为了这种理由，我们仍能依据几种基本因素，加上若干限制条件之后，来解释工业进化的过程。

工业进化的过程在性质上有异于经济发展理论所使用的过程，在时期上亦较后者为长，因之，上面所引奈特列举的若干因素，必须重新加以考虑，重新予以分类。第二种因素人民的口味及性癖，应该当作因变数。第五种因素人和物的地理分布，必须重新划入第一种及第三种因素中。经过这样重新划分后，我们解释工业进化的过程，可以用下列四种基本因素：

1. 人口——数量、组成及地理分布；

2. 资源或物力——种类、数量及地理分布；

3. 社会制度——人的和物的生产要素所有权的分配；

4. 生产技术（Technology）——着重于发明的应用，至于科学、教育及社会组织的种种情况，则未包括在目前的讨论范围内。

在这四种因素之外，我们还必须提到另一种基本因素，那就是：

5. 企业创新管理才能（Entrepreneurship）——改变生产函数或应用新的生产函数，也就是改变生产要素的组合或应用新的生产要素组合。

作者认为这五种因素是发动并定型工业进化过程最重要的因素。但是它们的性质和影响各有不同，可以再归纳而划分为两大类：一类是发动因素，包括企业创新管理才能及生产技术；一类是限制因素，包括资源及人口。当然，这种划分也只能是相对的。至于社会制度，则既是发动因素，又是限制因素。本书中，除把社会制度这一因素看做“给定的”以外，对其余各种因素，则将依次加以讨论。

一、发动因素：企业创新管理才能及生产技术

企业创新管理才能（Entrepreneurship）

“企业创新管理才能”的概念，长期以来就是一个争论的题目。有一位

学者把它定义为“实行创新”的功能。[①] 另有一位学者则将其职能分为：1. 担负风险（Risk-taking）；2. 管理（Management），包括监督及调整能力。[②] 本书作者曾经在一篇未发表的文章中，将管理的功能加以解释，并拟在一定限度内，将有关疑点予以澄清，认为管理功能就是“外部的”及“内部的”调整功能。[③] 外部的调整（External Co-ordination）是指决定何种买卖契约应该缔结以及对于一定的“资料”汇集（The given constellation of “data”）实行调整的那一部分管理功能。换言之，这种功能是关于资源在各种投资途径之间的分配，以及关于生产单位对经济情形不断变化的适应。内部的调整（Internal Co-ordination）是指关于依据预先决定的计划而适当地及有较高效率地进行生产——不论是“定货生产”（make to order）或“现货生产”（make for stock）——的那一部分管理功能。

但是我们此处所强调的，是存在于企业行动幕后并领导企业前进的“企业创建精神”（Enterprising spirit）。桑巴特（W. Sombart）曾经将这种精神解释为一种由取得、竞争及经济合理性（Economic rationality）诸原则所支配的精神状态。[④] 他认为“企业创建精神”[⑤]，连同“方式”（form，指“规章”和“组织”）及“技术方法”（Technical methods）是构成现代资本主义本质的三种基本特征。三者之中他最强调的是企业创建精神。据他所说，“在不同的时候，人类对于经济生活所抱的态度也就不同，企业创建精神为它本身创造了适当的方式，并从而形成经济组织。”[⑥] 这种精神不仅是

① J. A. Schumpeter，*Business Cycles*，New York，1939，p. 102。

② N. Kaldor，“The Equilibrium of the Firm”，*Economic Journal*，March 1934，pp. 60—76。

③ 见拙作：“A Note on the Equilibrium of the Firm”，(Unpublished)，1943。

④ 见 Werner Sombart，“Economic Theory and Economic History”，*Economic History Review*，January 1929，pp. 1—19；又见 T. Parsons，“Capitalism in Recent German Literature：Sombart and Weber”，*Journal of Political Economy*，December 1928，pp. 646—648。

⑤ Sombart 所用的两个德国字为“Wirtschaftsgeist”及“Wirtschaftsgesinnung”，而在若干场合他只简单地称之为“der Geist”。我们很难将其用一个英文词表示清楚。作者以为“Enterprising-spirit”倒是比较恰当的。

⑥ Werner Sombart，*Der Moderne Kapitalismus*，Munchen und Leipzig，1928，Volume Ⅰ，p. 25。

“追求最大利润的动机”。很明显，追求最大利润的动机与追求最大满足的动机相连结，就形成合理的“经济人”（Economic man），并且构成经济理论中一条最基本的假设。但是企业创建精神则更为广泛，因为在“为利润而经营企业”以外，它还包括最重要的“为企业本身的发展而经营企业”的精神或志愿。

企业创建精神对于中世纪晚期所谓“商业资本主义”（Commercial Capitalism）的兴起和蓬勃发展，是一种基本的发动因素；诸如冒险开发新领域，航海的改良以及商业组织的进展，都是这种商业资本主义兴起和发展的特色。这些商业变化，将工业的市场扩大到史所未见的程度，再与18世纪终结时最为显著的机器发明和应用（技术进步）相连结，在使产业革命过程成为事实这一方面，贡献极大。[①] 自然，我们从不应忽视，在实际上各种因素的相互作用，较任何因素的单独作用，更为重要。但是无论如何，这种情形并不是轻视企业创建精神这一因素，在发动导向现代资本主义的这种过程上，所具有的基本重要性。作者常常认为，中国在传统上因社会制度的限制而缺乏这种精神，可以帮助解释产业革命何以未能早日在中国经济社会内自动发生。在研究这个问题时，我们自然还必须考虑其他因素的作用，如地理交通形势、对科学研究的态度以及政府的政策等。而且我们必须注意到，企业创建精神本身又须受文化传统的制约，至少也须受其影响。我们还要认识到，惟有当技术进步达到一定的阶段以后，企业创建精神才能充分地得到表现和发扬。

---

① Usher将机器的发明和应用、商业的变迁及地理环境的因素（Physiographic factors）作为产业革命的三个主要原因，并且特别着重这些因素的交互作用。见 A. P. Usher，*The Industrial History of England*，New York，1920，p. 252。亨利·赛（Henri Sée）在其著作的最初一章论述中世纪后期的资本积累情形时，力陈国际商业和金融是最重要的因素，同时批评 Sombart 过分着重地产的地租。他遵循 Pirenne 而特别注意新兴富人所发生的重要作用，甚至认为在较早时期就已经发生作用，同时还驳斥 Sombart 和 Bücher 把中世纪的都市经济看做是“闭关制度”（Closed system）。在他看来，今日（现代）资本主义社会的主要特征，不仅是大规模国际商业的扩张，而且是大规模工业的发展，机器过程的成功，以及大金融权威的优势日益显著。关于较详细的讨论，可参阅 Henri Sée，*Les Origines au Capitalisme Moderne*，Paris，1926；关于批评的讨论，则可参阅 M. M. Knight，“Recent Literature on the Origins of Modern Capitalism”，*Quarterly Journal of Economics*，May，1927，pp. 520-533。

生产技术（Technology）

生产技术包括发明（Invention）及创新（Innovation），创新的意义是指发明的应用。[①] 这里所用生产技术一概念较“技术”（“Technique”）为广泛，因为它是和变动的过程联成一体的。生产技术又指产业科学和技术，以及这种科学和技术的应用。生产技术是科学的，这是区分现代时期或工厂制度时期不同于手工业时期的基本特点。正如桑巴特所说的，“现代技术的特色就在于它是科学的。科学与技术的关系是如此的密切，而足以代表这同一运动的理论和实际两个方面。中世纪的技艺一方面是传统的，从师傅学来又再传授下去；另一方面又是经验的，基于经验的教导而不是基于客观的科学推理。……可见，现代技术既是合理的又是科学的”。[②] 在理论上，每一个生产单位的生产技术资料都可用一种连结生产要素数量的函数表现出来，这种函数我们称之为“生产函数”（Production function）。[③] 所以生产技术资料的变化，最好是以生产函数的变化来表示。

许多经济学者和经济史家解释工业进化和现代资本主义的兴起时，很着重生产技术这一因素，有些学者或史学家甚至认为它是支配的因素。我们都知道，马克思学说的根本观点是辩证唯物论和历史唯物论，根据这种学说，政治的、社会的及文化的形式，都是由社会的经济结构所产生，而社会经济结构的形式，则又为包括生产技术的生产力的变化所决定。[④] 这可

---

① “发明一种新机器或发展一种新方法，然后再将其应用，是人类进步的两个不同步骤，其间常有一段长期的时延，这并非农业所特有的经验。社会科学家每每用两个名词来表示这种步骤，称第一步骤为‘发明’，称第二者为‘创新’。”见 John D. Black，“Factors Conditioning Innovations in Agriculture”，*Mechanical Engineering*，March，1945。

② T. Parsons，“Capitalism in Recent German Literature：Sombart and Weber”，*Journal of Political Economy*，December 1928，p. 655。

③ J. A. Schumpeter，*Business Cycles*，New York，1939，Volume Ⅰ，p. 38。

④ Marx 写道，“生产技术显示出人类对付自然的方式，显示出人类维持生活的生产过程，从而还揭露出社会关系的构成方式，以及由这种社会关系所产生的精神观念的构成方式。”Karl Marx，*Capital*，English translation from the 3rd German Edition（《资本论》英文版），Chicago，1909，Volume Ⅰ，p. 406，note 2。

以代表以唯物主义（Materialism）来解释历史的最彻底的见解。桑巴特曾经以技术方法，连同企业创建精神和组织，作为解释现代资本主义实质的三大特色。熊彼特的经济发展理论则是以“创新”为基础，而创新在本质上就是企业家所实现的生产技术资料的变动。[①] 至于厄谢尔，则更把生产技术看得比其他因素为重。他说：“经济史所研究的生产技术问题，对于这些地理因素呈现一种尖锐的对照。技术变化包括一连串的，最后体现于实际成就上的各个创新。这些具有相对独立性的创新的序列或程序，是历史的动态过程的最显著的标志。……程序中的每一步骤，都是这种过程的不可缺少的部分；每一步骤必须安置在一定的秩序内；结果，这些生产技术发展的过程无论在形式上或在内容上都正是历史的本体。”[②] 可见，“经济史上的真正英雄是科学家、发明家及探险家。正由于这些人，社会生活才真正发生转变”。[③]

兹怀格（Ferdynand Zweig）在研究生产技术进步时，曾将其分为三类：生产力的进步（Progress in productivity），质量的进步（Progress in quality）及翻新的进步（Progress in novelty）。生产力进步的形式表现在机械化、合理化、工业心理及工业组织上。[④] 生产力的进步是我们的主要研究对象，其中，机械化较其他形式更值得我们注意。[⑤] 论及生产技术与生产力的关系，则以发明及创新按不相等的比例，提高生产要素的边际产品所引起的问题，最使人感兴趣。因为实际上，最重要的发明，是使机器的应用增

---

① J. A. Schumpeter，*The Theory of Economic Development*，translated from the 2nd German Edition，Harvard University Press，1934（The first German edition，1911）。但是我们必须认清，Schumpeter 的创新，比单单的生产技术变动，要广泛一些。

② A. P. Usher，*History of Mechanical Inventions*，New York，1929，p. 4。

③ A. P. Usher，*ibid.*，p. 6。

④ Ferdynand Zweig，*Economics and Technology*，London，1936，p. 38 and p. 52。

⑤ 关于这方面，兼具理论的和实际的讨论，见下面两种专著：Lewis L. Lorwin and John M. Blair，*Technology in Our Economy*，TNEC，Monograph No. 22，Washington，1941；and John A. Hopkins，*Changing Technology and Employment in Agriculture*，USDA，Bureau of Agricultural Economics，Washington，1941。

加或减少的发明，这也就是使所用资本比例增加或减少的发明，所以最重要的变化，是使资本代替劳动及使劳动代替资本的发明所引起的变化。前一种是“节省劳动”（Labour-saving）的发明，后一种是“节省资本”（Capital-saving）的发明。希克斯（J. R. Hicks）把前者定义为增加劳动的边际产品多于资本的边际产品的发明，把后者定义为增加资本的边际产品多于劳动的边际产品的发明。[①] 毋庸置疑，节省劳动的发明在历史上最为常见；而且在产业革命的初期，节省劳动的机器的应用，曾引起工人及其同情者的反对。节省资本的发明也可能发生，但是直到现在，仍不常见。在本书中，关于生产技术的变化及其对工业和农业的影响的讨论，将集中于节省劳动的发明。

二、限制因素：资源及人口

资源（Resources）

关于资源的构成如何，尚无共同的见解。这主要是因为资源这一概念本身是一个动态的及演变的概念，所以它的内容也随着生产技术的发展而时时不同。在日常生活中，资源往往只是用以指具体形式的物资，诸如农地、森林及矿藏等等。这种概念当然是过于狭隘一些。许多重要的因素，如气候、雨量及水力等等，也是必须包括在内的。古典区位理论学者中的韦伯（Alfred Weber），将物资分为“普遍的”（Ubiquitous）及“区限的”（Localized）两类，前一类可以用空气及水为代表，后一类则包括一切其他的实体物资。[②] 但是水并不能列为普遍的；相反，水在大多数场合是受限制的。同样，很少物资能够说是绝对区限的，或永远区限的。这是因为许多

---

① J. R. Hicks, *Theory of Wages*, London, 1935, p. 121。

② 见 Alfred Weber, *Theory of the Location of the Industries*, translated from German (1st edition, 1909), Chicago, 1929。

物资多少总能用其他物资来代替；而有些物资，虽然在某一时候无代替品，但是到另一时候则可能用功能完全相同的物资来代替。比如从焦煤中炼出靛青，人造丝（Rayon）在某种限度内代替蚕丝，都是很好的例证。因此，正如厄谢尔所说的，“将我们的注意力集中于区位化的程度，而不集中于划分物质为普遍的与区限的范畴，实在是更有意义的和更现实的。有效的地理分析工作，需要苦心孤诣地对世界各个地区的资源差异做一完善的调查。”[①] 而且“最显著的资源差异问题是集中在矿藏、雨量及潜在水力的分布方面。”[②] 因此，我们对于资源问题必须作动态的研究。这就是说，我们必须顾及到生产技术的变化并将其引入讨论。

不过动态的方法，并不排斥那种“假定”生产技术情况“一定”（assumed given）的分析场合。必须明了，假定生产技术情况一定，与完全忽视生产技术的情形大不相同。古典区位理论中那种修饰过度了的一套机构，便是奠基在这种忽视了生产技术的脆弱基础上。在我们的分析里，生产技术一定，只是用以“开场”（Setting-the-stage），这对于生产技术变化被引入以后的主要表演，实在是必要的步骤。在假定生产技术一定的这一时期或过程中，有些地区的一些资源是应该看做有限制的，从而这种资源就成为工业进化的限制因素。在前一章中，我们曾经说过，在产业革命发生以前，甚至即使在今天，对于工业化尚未开始的国家，粮食资源（包括土地肥性，气候以及其他的农作便利）是决定人口定居方式及经济活动区位的主要限制因素。产业革命以后，粮食的地位渐渐为煤所取代，在现代经济社会中，煤被认作是主要的限制因素。这可以部分地解释为什么法国在18世纪末期及19世纪初期一度成为仅次于英国的工业国家以后，不能再成为第一等的工业强国。法国缺乏必需的煤量以进行高度的工业化过程。利用水力发电固然可以补救一部分的煤量缺乏，但是水力本身也是受高度区限

① A. P. Usher，*A Dynamic Analysis of the Location of Economic Activity*，(Mimeographed)，1943，p. 23。

② A. P. Usher，*ibid.*，p. 25。

的；在既无水力又无煤藏可资利用的地方，大规模的工业就无法建立。另一方面，美国在应用节省劳动的机械（节省劳动的发明）方面，取得了惊人的进步，这不仅因为美国的劳动力稀少而引起较为迫切的需要，也因为世界上其他国家，都不如美国得天独厚、物藏丰富（就目前的技术情况而言），惟有依靠这些丰富的物资，节省劳动的机械才能制造出来，并且也才能发挥作用。所以，美国经济进步之迅速，一部分可由其需要的迫切程度和性质来解释，一部分可由其所控制的有利的资源组合来解释。[①]

在引入了生产技术变化后，由资源所产生的限制可能部分地解除，也可能转移或变为范畴不同的限制。事实上生产技术的目标每每是针对着克服某种物质的短少或缺乏所引起的困难。我们知道，人口稠密的欧洲深感原料不足。因此，欧洲不得不集中努力于尽可能地充分利用它所拥有的资源，不得不集中努力于为它所缺乏的资源，以及不能迅速从外地获得的资源，寻找代替品。换言之，欧洲不得不一般地集中努力于发明节省原料的方法，这种情形正可与美国集中努力于发明节省劳动的方法相对照。在欧洲，尤其是在德国，化学的进步可以作为这种情形的良好说明。[②]

人口（Population）

人口问题可以从数量、增长、构成及构成的变化等各种观点来进行研究。这里我们所说的构成是指职业的构成。我们要彻底了解以上各个方面的情形，唯有从人口与资源的关系来着眼讨论，换言之，唯有从平均每人的生产力及平均每人的收入来着眼讨论。根据我们在上面所解释的概念，由于不断地引入生产技术的变化，资源本身是继续变化着的。马尔萨斯传

---

① Erich W. Zimmermann, *World Resources and Industries*, New York and London, 1933, pp. 29－30。

② “德国最先从煤中提炼靛青；因为战争时缺乏智利硝石，德国的化学工业家乃借助于煤及褐炭从空气中制造氮气。炼铁高炉（Blast furnace）、酸性转炉（Bessemer converter）及炼钢平炉（Open-hearth）都可以看做是节省燃料的方法。法国的马丁（Martin）兄弟们更将炼钢平炉发展到不仅节省燃料，更可利用废铁的程序。德国及其他国家的化学家都在辛勤地工作，以求生产人造橡皮。”Erich W. Zimmermann, *ibid.*, p. 29。

统以来的古典人口理论有一个最严重的缺陷，就是忽略了生产技术的变化这一方面。这就使这种理论不正确，第一是将资源限于粮食一种，第二是断言粮食生产的增加率日益小于人口的增加率。

就人口数量的观点而言，我们最感兴趣的是资源数量对于人口数量的比例。有些学者认为资源就是土地，因而他们以为这种比例就是“人与土地的比例”（The man-land ratio）。① 这在农业社会或许是正确的，而在现代的经济社会则不是这样。单单是土地的面积，实在无法充分表示资源的数量。因为按照现代所用的含义并利用现代的生产技术，资源不仅包括农用土地，也包括煤藏、铁矿、油藏及水力。所有这些资源都必须加入计算，然后以之直接与人口数量相比较。我们还得注意，要衡量一个地区人民的实际的物质福利，我们主要考虑的是国民产品的数量与人口数量的比例。这种比例或比率，与平均每人产品，是一个东西。如以一个共同单位来计算产品，这种比率就变为平均每人收入。从这些度量，我们就可以看出人口总是分母。因此，有了预期的生产技术变化及潜存的资源数量之后，人口的数量自然成为决定这些比率的限制因素，而这些比率便是经济进步的良好指标。这可以解释，尽管产业革命开始于欧洲，而因人口稠密，其人民生活水平反而低于美国、澳洲及新西兰。印度不能使其人民达到高级生活水平，除了殖民地制度外，也是基于同一理由——资源对人口的比例过低。中国的重要资源数量仅次于美国，但是中国的庞大人口使这种比例降到很低的水平。就现在社会情况和生产技术情况而论，要将中国广大人民的生活程度提到高水平，并不可乐观。

人口的增长率，尤其是在工业化的过程中，是我们最须注意的一个方面，因为它适合于我们的动态分析。根据各个已经工业化了的国家的经验，

① “人与土地是对于人类社会的进化和生活从事科学研究所提供的终极因素。当这些因素已经有了，则立刻会引起人和土地之间的调整的必要。多少人需要多少土地，是任何社会中人类生活上最根本的考虑。” W. G. Surmer and A. G. Keller，*The Science of Society*，New Haven，Yale University Press，1927，Volume Ⅰ，p. 4。

我们或可推导出人口变动趋向的模式。在工业化的初期，死亡率剧减，使人口能大量增加；继之在工业化后期，生育率又加速地下落，在较先进的国家，这种生育率的下落大大压抑了人口的增加，使人们预感到人口有即将停止增加的前景。东欧各国，现在仍处于人口进化的扩张阶段，为要对于剧增的人口供应最低的生活，已遭遇到古代社会式的和根本性的种种困难。[①] 日本也正在度过人口剧增的阶段，这种人口剧增的情形是在任何国家倡兴工业化初期都会发生的。[②] 另一方面，西欧国家人口渐趋静止或减少的情形，消除了早期世人所发生的恐惧。现在大家明了，对于工业国家，人口减少的威胁较之人口过剩的威胁更为严重。因之，在西欧，人口增加率的降低正在使生活必需品制造工业的生产相对下落；至于日本和东欧国家，则所发生的趋向正好相反。这些国家必须尽更大的努力来生产必需品，以供养渐增的人口。这种经验对于工业化即将开始的中国，实具有重大的参考价值。

工业化过程一旦开始，就会发生从农业转入工业的职业转移。但是关于这个问题，还有几种因素我们必须认清，并且可用以防止任何过分的乐观。第一，这种转移在工业化的初期不会很大。在这一时期，手工业的劳动力将得到首批转入现代工厂的优先机会，这有两个原因：一则他们的手艺较之农业劳动者更为熟练，再则就劳动的转业费用而言，他们享有区位上的利益。第二，当农业机械化进行时，农业劳动者本身的剩余将会增加。这时，这个问题要依工业吸收此种剩余的速度和农业机械化进行的速率如何而定。第三，我们在上面已经说过，在工业化的初期，人口的增加一定较平常迅速。工业或不能吸收原存剩余以外的这种新增加的剩余。这就是在东欧国家所发生的情况。人口对土地的压力渐行加强，遂成为不可避免

① Frank W. Notestein，*The Future Population of Europe and the Soviet Union*，League of Nations，Geneva，1944，p. 165。

② G. E. Hubbard and T. E. Gregory，*Eastern Industrialization and Its Effects on the West*，Oxford University Press，London，1935，p. 153。

的结果。①

第三节　工业化的类型

完成工业化，有不同的方式或类型，主要依我们所用以分类的原则如何而定。我们可以依据工业化是由政府或由个人先行发动，将工业化分为三种类型：①个人或私人发动的；②政府发动的；③政府与私人共同发动的。在历史上，我们很难将任何国家明确地划归第一类型或第二类型，因为在这种过程开始时，每每包括政府和个人两方面的努力。但是如果像进行任何分类一样，允许有一定的误差或含糊范围存在，我们仍然可以将英国、法国及美国归入第一类型，苏联归入第二类型，德国及日本归入第三类型。苏联所发生的工业化过程可以称之为“革命的”（revolutionary）类型，以与当前在其他国家所发生的“演进的”（evolutionary）类型相区别。工业化的方式，还可以依据机器的应用及组织的变化是开始于消费品（Consumption-goods）工业或开始于资本品（Capital-goods，指以生产工具为主的生产资料）工业来分类；若是开始于消费品工业，还可以依据究竟是开始于纺织工业或开始于粮食工业来分类；若是开始于资本品工业，又可以依据究竟是开始于钢铁工业或开始于化学工业来分类。而且，工业化的分类，也可以依据筹措资本的方法是基于自给抑或由于国际投资和借贷来确定。

本节我们将在下列三个主题下，进而从历史发展上分析工业化的方式，即工业化如何开始，以何种程序和阶段表现出来，以及完成的速度如何。

---

① Frank W. Notestein，*The Future Population of Europe and the Sovitet Union*，League of Nations，Geneva，1944，pp. 165-168。

一、工业化的开始

工业化的开始，可能由于个人发动，也可能由于政府发动，更可能由于个人和政府共同发动。其由个人发动而开始者，实符合工业进化的自然趋势，是一种首先发生于英国和法国的类型。这种过程有一个阶段，虽然曾被称为"产业革命"，可是实际上它反而是工业化历史上最具演进性的类型。另一方面，我们若将那种由政府发动而开始的工业化过程称为革命性的，似乎更为适当，因为它是比较突然而声势浩大的。最典型的例子是苏联的工业化。其次，就是德国自1870年以来的和日本自1868年以来的工业化。这里我们将更多地考虑演进性的类型，因为在演进性的情形下，生产技术是一个发动因素而其本身也是变化着的；至于在革命性的情形下，生产技术可以当作是几乎完全给定的，因为在这种场合，生产技术大都是从外国输入或模仿外国的。

在演进性的过程中，使工业化开始的主要发动力量，如前节所述，是企业创建精神及生产技术。关于这一点，我们不再做更深入的讨论。但是我们对于诺尔斯（L. C. A. Knowles）夫人所持的论调，即认为个人的自由和英国的发明是推动19世纪经济发展的两大力量，则似乎必须略加评论。[①]我们同意她认为个人自由——包括迁徙自由、买卖自由及择业自由[②]，是以资本主义的兴起和扩张为特征的现代经济发展的一个重要条件。正如她所指出的，这种个人自由（大都采取经济自由的形式），主要是归根于法国大革命，至少就欧洲来说是如此，而且在一定程度上可用以解释英国和法国

① L. C. A. Knowles, *Economic Development in the Nineteenth Century*, London, 1932, p. 5。

② "个人自由的获得是指法国在1789年，德国及奥匈帝国在1806年至1848年之间，以及俄国在1861年至1865年之间的最后废除农奴制度。大英帝国在1833年，法属统治地在1848年，以及美国在1862年至1863年的废除奴隶制度，则势属当然之事。" L. C. A. Knowles, *ibid.*, p. 8。

何以在工业化的初期能取得领先地位。① 但是我们必须强调一点，那就是个人自由只是现代工业发展的一个必要（necessary）条件，却不是一个充分（sufficient）条件。缺乏个人自由，表示经济活动还有限制；可是达到个人自由后，并不就表明个人自由能发动并产生工业化过程。现在有很多国家，包括中国在内，虽然早已部分地废除了封建制度，它们的人民也得到了或部分地得到了经营经济事业的某些个人自由，但是产业革命或工业化运动并未在这些国家真正发生。在另一处，诺尔斯夫人说："个人自由不仅意味着农奴制度的废除；而且也意味着废止并解除行会制度的束缚。"② 在这种意义下，像中国这样的国家，的确更没有得到完全的经济自由。但是我们难道不可以说，废止并解除行会制度的束缚，其本身就是现代工业进化的结果。而且即使在现代经济社会中，中小厂商和普通民众也没有能够享受经济活动的完全自由，因为买卖双方，都存在有垄断的束缚。

从历史的记载看来，有人认为，战争除了曾经对于许多国家起过破坏和阻碍经济发展的作用外，也曾经对于有些国家起过引进并加速工业化过程的刺激作用。例如德国在 1870 年的普法战争后开始工业化；俄国在 1877 年的俄土战争后开始工业化；日本早先在 1894 年的中日战争后，接着又在 1904 年的日俄战争后开始工业化。按照这种看法，拿破仑战争（Napoleonic Wars）及克里米亚战争（Crimean War）对 19 世纪初期及中期经济活动的上升趋向，都分别有极大的影响。美国直到 1865 年南北战争结束后，才更加显著地开始推行工业化过程，这从采用保护关税政策、扩展棉纺织工业、迅速发展铁路、推广利用煤斤、建立钢铁工业，以及将机器应用于农业等情形，都可以看得出来。还有一个例子，就是第一次世界大战后 1920 年到 1929 年的经济恢复和短暂繁荣，也可以说明。

① "法国革命关于个人自由的观念，对于中欧及东欧在 1806 年及 1865 年之间所实行的废除农奴制度的改革，给以强烈的刺激。由于法国发端，欧洲的赫赫的自由贸易制度才在 1860 年至 1870 年之间完成，这意味着商业上及殖民方面种种束缚的废除。" L. C. A. Knowles，*ibid.*，p. 5。

② L. C. A. Knowles，*ibid.*，p. 8。

以战争解释经济扩张，最初是由万特鲁普（Ciriacy Wantrup）别出心裁地首创其论，后来康德拉捷夫（N. D. Kondratieff）、威克塞尔（Knut Wicksell），以及最近的汉森（Alvin H. Hansen），也都予以注意。根据这种分析，长期的繁荣根本上是由于准备战争及战争本身的庞大政府支出所引起的；而另一方面，长期的萧条则又源于战争支出猛然削减所招致的重新调控的困难。[①] 因此，这些学者都将战争看做是形成长期周期变动的一个刺激因素。其中，康德拉捷夫在估计战争的作用时，采取了较为稳妥的观点。他认为战争和革命固然能够合拍于长期波动的节奏，但并不能证明就是产生这些变动的原动力，而毋宁是这些变动的象征。不过战争和革命一旦发生，对于经济动态的速度和方向自然会施加潜在的影响。[②] 至于汉森所采取的见解，则较为肯定，更趋极端，他说："总之，我们或者可以说，在第一次所谓长期波动的'上升'阶段，战争所占的地位极为重要，甚至可以与产业革命所引入的创新的地位相等。"[③]

综上所述，战争对于经济扩张的影响可以从三方面来考察。首先，战争创造需要，因而刺激新产品的出现，并刺激那种在国内生产较为有利的代替品的应用。其次，战争刺激就业，而且不论在节省劳动方面或在节省原料方面，都表现出必须进行生产技术的革新。最后，战争有助于涤除若干制度上的阻碍，以免其妨碍有关收入分配及财产所有权的社会改革。这样，我们可以归结说，从近代的历史看来，战争曾经是一种刺激经济扩张

---

① "关于这个课题最好的实例是所谓第一次长期波动。长期的拿破仑战争，这些战争所引起的庞大的政府开支，以及这些开支对于产业革命带来的经济制度的变化所给予的刺激，都表现这些战争引起的作用极大。同样开支的剧减，再加上整个西欧在过了二十五年的战争生活后，回到平时情况所遭遇的重新调整的困难，可以解释 1815 年到 1845 年左右长期衰落时期的艰难情况。" Alvin H. Hansen. *Fiscal Policy and Business Cycles*, New York, 1941, p. 34。

② N. D. Kondratieff, "The Long Waves in Economic Life", *Review of Economic Statistics*, November, 1935, pp. 105-115。(Translated from German under the title "Die Langen Wellen der Konjunktur", appeared in the *Archiv für Sozialwissenschaft und Sozialpolitik* in 1926, Volume 56, No. 3, pp. 573-609。)

③ Alvin H. Hansen, *Fiscal Policy and Business Cycles*, New York, 1941, p. 35。

的因素，而它本身却又是列强对外经济扩张的结果。它对于战胜国虽然可以提供有利的机会，以发动或加速工业化过程；但对于战败国则会造成政治上和经济上的严重损害，除非后者把非正义战争转变为正义战争，进而改变旧的社会制度。因此，我们只有在首先认清了战争的性质之后，才能正确判断战争对一国经济发展的作用是有利的，还是有害的。

二、工业化的程序和阶段

当地理环境一定时，生产技术将会带来经济的和社会的变化。[①] 考诸最近两个世纪的历史，我们就会明了并且必须记住，生产技术变化的本身必然是互相诱导的。生产技术的变化构成一种“规律性的程序”（Orderly Sequence），这是历史的动态过程中最富于兴味和最具有意义的课题。我们还须认清，“整个程序中的每一步骤都是整个过程中必要的和不可分割的组成部分，而且每一步骤增长都必须依据一定的秩序进行。”[②] 所谓工业化的过程只是表述现代经济社会里生产技术变化的程序的另一种说法。因此，就“演进性”的方式而言，各种不同的工业以及工业以外的其他生产部门的建立和发展，也构成一种“规律性的程序”，这种程序在本质上也正是经济史的主题。其以“革命性”的方法所完成的程序，如苏联所完成的，则属于另一种不同的范畴。我们的研究，主要的将限于前一种范畴，只有在必要时才涉及后一种范畴。

晚近两世纪以来，带有战略重要性的生产技术变化，首先是在动力和

---

① 为说明起见，我们似乎要从 A. P. Usher 的 *A History of Mechanical Inventions*（New York，1929）一书中引证几段。“经济史深切地注意到各种有关联的科目的发展，尤其是注意到地理学及技术科学。……广义地说来，地理学是对于各种环境的因素给以说明，这种种因素不可避免地要从许多方面来影响社会生活。关于生产技术的科学，则是对于那种由人类活动所引起环境转变的最重要的单单一个因素给以说明。”（p. 1）“我们必须将社会进步的所有因素都把握在心中；地理资料主要是涉及被动地适应环境；生产技术资料则涉及人类行为主动地转变环境的过程。”（p. 2）至于社会变化的各个阶段，Usher 认为“最初是生产技术变化，其次是其成果的发展，最后是法律或习惯的改变。”（p. 6）。

② A. P. Usher，*ibid.*，p. 4。

运输方面。我们认识到18世纪后期纺织工业的发明和创新的历史意义，这段时期被人们称为“产业革命”的开端。但是直到1769—1782年这一时期，瓦特（James Watt）蒸汽引擎的发明，以及首先将它应用于制造工业，后来又以高压引擎（High-pressure engine）的形式应用于铁路火车，才产生了经济史上从来未见过的声势赫赫的变化。开始于19世纪中叶的“铁路化”（“Railroadization”）过程，是最能表现这些变化的事件。1832年透平水轮机（Turbin ewater wheel）的完成，使水力得以推广应用，水力透平和蒸汽力透平最显著的利用是在大型的发电站。但是当动力的传输还依赖于动力主轴（The driving shaft of the prime mover）的机械连结时，世界的大型水力尚不能大规模地利用。直到19世纪末叶，长距离传输电力的技术首先发展到令人满意的阶段，然后水力才开始分布到广大的区域而且成为最低廉的动力来源。[①] 水力的发展，对于工业的区域分布，发生了重要的影响，并且使缺乏煤和石油的区域也可能大规模地发展那些可以利用动力的工业。电气工业在起到媒介作用以传输和分配动力之外，对于通讯的发展，如电话、电报及无线电通讯体系等，也有重要而直接的影响。[②] 通讯发展对于经济结构的敏感性（Sensitiveness）的影响，尤其是对于市场和贸易敏感性的影响，不管怎样说它巨大，也不算夸张。至于电气冰箱的发明及其推广应

---

① “长距离输送直流电的重要开创工作，是由Marcel Deprez早在1880年至1890年这十年间完成的。1885年后，在交流电的技术问题方面也完成了重要的工作，如交流电的产生、输送、转为低压直流电等。至1891年，新技术的各种要素都已经建立在Niagara大瀑布。第一个动力场建于1891年；这个单位包括十个旋转马达，每个马达有五千马力，发动一个两面的交流发电机（Two-phase alternating-current generator）。这个工厂的这一部分，在1897—1898年开始利用，为美国动力生产史上标明一个新阶段，大约在同时，欧洲也有同样的发展。”A. P. Usher，*ibid.*，p. 369。

② 在美国，1921年以来，通用电气公司（General Electric Company）、美国电话电报公司（American Telephone and Telegram Company）及美国无线电公司（American Radio Corporation）之间的密切合作，就可以表明电气工业的发展对于通讯工业发展的影响。“依照扩大的协议，电话公司及通用电气公司在1920年7月1日缔结了‘交叉执照’协定（Cross-License Arrangements），通用电气公司所获得的无线电权利让渡给美国无线电公司，而电话公司则在无线电方面仍保留有某些权利。”J. G. Glover and W. B. Cornell（editors），*The Development of American Industries*，New York，Revised Edition，1941，p. 841。

用于储藏，也要予以注意。它对于市场和贸易影响之大，并不亚于任何其他发明。19 世纪最后数十年内燃机（Internal combustion engine）的发明，使石油日益重要；在本世纪初，这种机器又广泛地应用于汽车工业及农业机械工业。这些情形标志着生产技术进步和经济发展的另一阶段。最近二十年来，内燃机使飞机工业也有可能发展。毫无疑问，在这次战争结束后，飞机工业一定会突飞猛进，大事扩张。

在动力及运输之外，要算工具母机工业及钢铁工业在工业进化的过程中占据着最重要的战略地位。关于工具母机，最显著的事情是生产无穷无尽的标准划一的各种零件，使所谓“互换零件的制造”（Interchangeable manufacture），或在欧洲所惯称的“美国制度”（The American System）成为可能。[①] 互换零件的制造，又转而使大规模生产或大量生产（Mass or Quantity Production）成为可能。另一方面，金属业的技术发展，也为大量生产及互换零件机器的制造，增加了新的可能性。一直到 18 世纪末，大部分工业机械还是用木料制成的。但是 18 世纪的最后二十五年中，炼铁的方法开始有迅速的发展，这种发展使钢铁具有新的用途，而且立刻就导致建立铁制机械工业体系。19 世纪下半世纪，冶金及化学有长足的进步，例如 1856 年发明的酸性转炉炼钢法（Bessemer process for steel-making），1864 年发明的炼钢平炉（The Open-hearth steel furnace）以及 1878 年汤姆士（Thomas）所提出的碱性炼钢法（The Basic process of steel-making）。这些发明使钢铁工业发展到前所未有的最高阶段。1900 年怀特（White）及泰勒（Taylor）应用合金钢于高速机床，又标志着机床工业（The machine-tool industry）进展的另一阶段。机床工业的发展有赖于钢铁工业的发展，其理由是很容易了解的。互换零件必须以一种恒久而稳定的关系装配起来。显然，互换零件的生产要求在制造时达到更高的精确性。因而严格说来，相对划一或标准化的部件的大量生产，实开始于传送带式铸造的发展之后，而这种发展直到上世纪终了时

① J. G. Glover and W. B. Cornell（editors），*ibid.*，p. 564。

才达到较高的阶段。① 最后我们还必须注意：在1870年以后，钢铁就开始普遍应用于造船，从而又使海洋和深水运输发生了空前的革命。

从一个社会的整个生产结构来看，工业化的主要特征是资本品（Capital-goods，指以生产工具为主的生产资料）的相对增加以及消费品（Consumption-goods）的相对减少。在这种意义下，工业化可以定义为生产的"资本化"（在一定的生产过程中，扩大利用资本并加深利用资本）；换言之，就是生产采用更加迂回的方法。关于美国及英国消费品工业和资本品工业相对地位的变动，我们引用统计数字于表3—1和表3—2，以作说明。②

表3—1　美国的消费品工业和资本品工业占总生产的百分比（1850—1927年）

年　份	消费品工业	资本品工业
1850	43.5%	18.2%
1870	38.6%	23.3%
1880	43.6%	24.7%
1890	35.6%	23.6%
1900	33.9%	28.0%
1914	31.1%	34.3%
1925	31.1%	41.4%
1927	32.4%	39.9%

表3—2　英国消费品工业对资本品工业的比例（1812—1924年）

年　份	比　例
1812	6.5/1
1851	4.7/1
1871	3.9/1
1901	1.7/1
1924	1.5/1

① 我们介绍读者参考 A. P. Usher，*A History of Mechanical Inventions*，Chapter 7，Machine Tools and Quantity Production，pp. 319－344。

② 引自 Walther Hoffmann，*Stadien und Typen der Industrialsierung*：*Ein Beitrag zur quantitativen Analyse historischer*，*Wirtschaftsprozesse*，Jena，1931。美国的统计引自 p. 124 之表，英国的统计引自 pp. 100－120 中的数字。

在工业化过程中，资本品生产相对于消费品生产的增加，可以从上面两表中清楚地看出来。就英国的情形言，在稍许超过一世纪的时期中，消费品生产对资本品生产的比率就从1812年的6.5/1降到1924年的1.5/1。美国的情形甚至表现了更加明显的趋势。从1914年以后，消费品工业的支配地位就让给了资本品工业。在1925年，这两者的比例是4/5或0.8/1，与英国在1924年的比例1.5/1相较，表现出美国整个生产结构的资本化程度实远较英国为高。

我们还可进一步将资本品工业与消费品工业分为个别的工业，以观察每种特殊工业的变化。试以战前的日本为例。在消费品工业中我们选出纺织工业和食品工业。在资本品工业中，我们选出金属工业、机床工业及化学工业。时期包括1923年至1936年，代表日本工业化历史上最重要而最显著的一个阶段，见表3—3。[①]

表3—3　　日本工业生产的按年百分比（%）（1923—1936年）

年份	纺织	食品	金属	机床	化学	其他	总计
1923	45.5	16.8	6.5	6.9	11.8	12.5	100
1929	39.8	14.9	10.7	9.1	14.3	11.2	100
1931	35.7	16.5	10.0	8.8	16.3	12.7	100
1934	32.4	11.5	16.2	12.0	16.8	11.0	100
1936	28.6	10.6	18.0	13.6	18.7	10.6	100

我们可以清楚地看到，只在十余年期间，日本总生产中纺织的百分比从百分之四十五点五降到百分之二十八点六，而食品生产则从百分之十六点八降到百分之十点六。这两种生产，在整个期间减少的数量，都超过三分之一。与此对照的是金属、机床及化学等生产的百分比，从1923年到1936年都上升甚剧。金属生产增加三倍，机床增加两倍，化学生产则增加三分之一。1929年到1931年的轻微停顿以及有些生产甚至减少的情形，主要是由于世界大萧条（World Depression），从而使日本工业化过程的发展，受到一时的阻碍。

① 根据日本通产省所刊发的工厂统计。

根据资本品生产对消费品生产的关系，我们可以将工业化过程划分为三个阶段。[①] 这三个阶段是：

1. 消费品工业占优势；

2. 资本品工业的相对增加；

3. 消费品工业与资本品工业平衡，而有资本品工业渐占优越地位的趋势。

霍夫曼（Hoffmann）从各个工业化国家的统计调查中得出结论，认为以生产的价值所表示的消费品工业与资本品工业的比例，可以依照这三个阶段加以表述：[②]

1. 在第一阶段，比例是 5±1/1；

2. 在第二阶段，比例是 2+1/l；

3. 在第三阶段，比例是 1+1/1。

自然，这种工业发展的方式只限于演进性的类型。至于比较激进的或革命性的类型，其发展的次序并不一定与此相同，而且可以依政府的计划完全倒过来。苏联在第二次世界大战以前三次五年计划所表现的工业化过程，就可以作为良好的例证。[③]

在纯粹演进性的工业化过程中，我们所最感兴趣的是：工业化过程开始于何种工业，以及引起从消费品工业占优势转向以资本品工业占优势的原因为何。许多学者都曾经指出，大多数国家的工业化开始于纺织工业，

---

① Walther Hoffmann, *Stadien und Typen der lndustrialisierung*, Jena, 1931, p. 95。

② Walther Hoffmann, *ibid.*, p. 124，表的标题为：“Crösssenverhältnisse der Industrieabteil ungen in den drei stadien der Industrialisierung”。

③ 苏联第一次五年计划期间是自 1929 年至 1932 年，第二次五年计划自 1933 年至 1937 年，第三次五年计划自 1938 年至 1942 年。全部工业生产从 1928 年至 1940 年约增加 7.5 倍，其中生产品工业生产增加 14 倍，消费品工业生产增加 4.3 倍。第一次五年计划期内是完全致力于建立并扩张资本品工业，同时消费品生产不仅被禁止增加，在有些场合，甚至还减少生产，以便给予资本品工业以获得生产要素的优先。例如 1932 年棉织及毛织工业的生产即少于 1928 年。在第二次五年计划期中，消费品生产才获得了增加生产的鼓励，但是其增加率仍不如生产品工业那样大。

刊在下页的附表可作为目前问题的说明。表中数字系根据 A. Yugow, *Russia's Economic Front for War and Peace: An Appraisal of the Three Five-Year Plans*, New York and London, 1942, table Ⅰ, p. 14。其中有些数字是我们重新计算过的。

只有少数国家开始于食品工业。[①]

关于工业化大都开始于纺织业的事实，可以用下列理由来说明。[②]

第一，衣服的需要弹性大于食品，虽然在现代的概念上衣服和食品都是缺乏弹性的（弹性小于1）。在工业化的初期，除了衣服和食物以外的其他产品，或由于技术上的不可能，或由于对它们的需要尚未产生出来，所以不大为人们所熟悉。因此，纺织业，不论是棉织、毛织或丝织，因其早已成为家庭工业或“商人雇主制度”（The Merchant-Employer System）[③]下的工业的主干，就享有特殊地位和较为有利的机会而首先经历工业转变

① 事实的叙述见 Walther Hoffmann，*Stadien und Typen der Industrialisierung*，Jena，1931，pp. 82-94。从食品工业开始工业化的国家是荷兰、丹麦、新西兰及南美若干国家。

② **附表** **苏联工业总生产**

（依1926—1927年的价格水准以十亿卢布为单位）

	1913	1928	1932	1937	1940	1941	1942
一切工业	16.2	18.3	43.3	95.5	137.5	162.0	180.0
生产品的出产量	5.4	6.0	23.1	55.2	83.9	103.6	112.0
消费品的出产量	10.8	12.3	20.2	40.3	53.6	58.4	68.0
总生产中生产品的百分比	33.3%	32.8%	53.3%	57.8%	61.0%	63.9%	62.0%
总生产中消费品的百分比	66.7%	67.2%	46.7%	42.2%	39.0%	36.1%	37.8%
消费品对生产品的比例	2.0/1	2.3/1	0.88/1	0.72/1	0.64/1	0.56/1	0.61/1

这里作者应该感谢我的朋友吴保安（于廑），在我和他互相讨论后才得到现在的看法。

③ 这是方显廷教授提出的并且第一次使用的名词。关于这种制度的详细分析以及纺织业在制造业中的相对重要性，读者可参考 H. D. Fong，*Triumph of Factory System in England*，*Tientsin*，China，1930，开头四章。关于家庭工业制度的另一种重要分析，见 George Unwin，*Industrial Organization in the Sixteenth and Seventeenth Centuries*，Oxford，1904。读者必须留意，Unwin受Bücher经济发展阶段学说的影响甚深。典型的例子由下句可见：“正如手工业的兴起是和乡村从属于以城市为代表的较大经济单位连带发生的，家庭工业制度的出现是和那种使城市从属于更大的经济单位，即整个国家的晚近发展连带发生的。”*ibid.*，p. 4。手工业制度和家庭工业制度是否可以作为工业历史发展上的两个彼此不同的和互相连续的阶段，是很成问题的。更成问题的就是那种主张经济发展是沿着乡村经济、城市经济、国家经济、世界经济的顺序的论调。

的过程。第二，从区位的观点来看，粮食作物大都是普遍性的，而棉、丝及羊毛则大都是区位性的。具有区位性的产品之间的贸易每每较为频繁，而且数量也较大。这种贸易会刺激生产是毋庸赘述的。还有，纺织品的流动性远较食用产品为高，因其运输较方便、易腐性较低。在现代的储存和冷藏体系发明以前，食用产品的流动性是大受限制的。第三，从技术的观点着眼，纺织工业在生产上需要更多的技巧，因之，所需的熟练劳动较其他许多工业为多。就内部生产结构而论，纺织工业所需的劳动者，不仅技巧要较为熟练，而且数量也要大一些。这种技术上的要求，使纺织工业在工业化初期，在吸收乡村各个区域的剩余劳动力上，既有利可得，又有其必要性。更有进者，纺织工业至少比起食品工业来，更能专门化，因而更能集中，这就意味着在每一个生产过程中能进行大量生产。这更可以表现纺织工业是更适于现代组织的。纺织业方面机械的发明，其本身虽也受当时的社会需要和经济情况的制约，但却使纺织工业得以扩张和发展。

从消费品工业占优势转变为资本品工业占优势，并不是突然的。我们尤须认清，并非每个国家都能有这样的转变，或者能达到这种资本品工业占优势的阶段。在20世纪20年代，有些国家已经达到这种阶段，而其余的国家则仍然主要是消费品的生产者。表3—4指出第一次世界大战战后期间消费品工业对资本品工业在生产上的比例，这段时期可以看做工业化的第三阶段或较高阶段。①

表3—4　　消费品工业对资本品工业在生产上的比例（A）

国　家	年　份	比例（A）
法　国	1921	1.5/1
英　国	1924	1.5/1
瑞　士	1923	1.3/1
	1929	1.0/1

① 引自 Walther Hoffmann，*Stadien und Typen der Industrialisierung*，Jena，1931，pp. 118–119。

续前表

国　家	年　份	比例（A）
德　国	1925	1.1/1
比利时	1926	1.1/1
瑞　典	1926	1.1/1
美　国	1925 1927	0.8/1 0.8/1

在我们所考虑的这一期间，只有美国一国达到了资本品占优势的阶段。瑞士、德国、比利时及瑞典只达到了资本品与消费品生产大致平衡的情况。法国和英国虽然曾经是产业革命的先导者，但在我们所考虑的时期内，却仍未达到资本品占优势的阶段。资源之外，国外市场也可以看做一种决定因素。在1926年，这些国家消费品输出对资本品输出的比例见表3—5。①

表3—5　　1926年消费品输出对资本品输出的比例（B）

国　家	占总输出的百分比	比例（B）	比例（A）*
法　国	61%	2.6/1	1.5/1
英　国	70%	1.9/1	1.5/1
瑞　士	66%	2.7/1	1.2/1
德　国	61%	0.7/1	1.1/1
比利时	62%	1.1/1	1.1/1
瑞　典	33%	0.4/1	1.1/1
美　国	34%	0.8/1	0.8/1

*本栏比例（A）引自表3—4。

显而易见，在消费品生产对资本品生产的比例（A）与消费品输出对资本品输出的比例（B）之间，有密切的关系存在。前一比例较高，后一比例也较高。但是我们不能确定，输出的比例就是原因而生产的比例就是结果；因为真实情形也可能是与此相反的。由于缺乏精确的统计上的证据，我们

① 引自Walther Hoffmann，*ibid.*，p. 172。农产品的输出未包括在内。

只能假定两种比例是互相影响的。同样显而易见的，工业制造品占总输出的百分比与消费品输出对资本品输出的比例之间，也有一定关系存在。前一百分比较高，后一比例也较高。但是这种关系也不能正面肯定，因为从历史上看来，消费品输出对资本品输出的比例虽然每个国家都已降低而毫无例外，但是工业制造品占总输出的百分比则各国情形不同，英国从1871年的百分之八十三降到1926年的百分之七十；比利时从1850年的百分之四十四升到1926年的百分之六十二，美国从1881年的百分之十七升到1926年的百分之三十四，德国从1895年的百分之四十三升到1926年的百分之六十一；而法国从1865年到1926年，以及瑞士从1895年到1926年，都几乎是保持原状不变。[①]

三、工业化的速度

工业化的速度是一个极难研究的问题，因为关于速度的概念并不明确，同时对于速度的衡量尚无共同的而且令人满意的标准。生产指数虽然常常被用作这种测度，但是基年及加权的选择表现出在应用上几乎有不可克服的困难。更因为生产指数的构成是基于两个基本的假定[②]，因之，使用生产指数的有效性完全有赖于这两个假定符合现实情况的程度而定。首先是假定每一工业对全社会所生产的商品总效用的贡献，是和这个工业以货币单位测度的“纯价值产品”（Net value product）成正比例的，这种价值就是这个工业对于它所运用的原料及其他供应用品所增加的价值。其次是假定在每单位“实物”产品（“Physical” product）的效用意义上的纯产品，如

---

① Walther，Hoffmann，*ibid.*，p. 172。

② 更详细的讨论，见 Arthur F. Burns，“The Measurement of the Physical Vo1ume of Production”，*Quarterly Journal of Economics*，February，1930；and Edwin Frickey，“Some Aspects of the Problem of Measuring Historical Changes in the Physical Volume of Production”，in *Exploration in Economics*，New York and London，1936，pp. 477－479。

每吨、每石、每码，对于每种商品都是历时不变的。第一个假定将使我们进而探求以货币单位测度效用是否适当，以及对不同产品的效用是否有可能进行比较这样一些带根本性的问题，限于我们目前研究工作的性质，我们只能在此止步，并假定其情形一如上述。至于第二个假定，一般都认为，在理论上实物数量的统计应该依产品性质的变化而作调整。但是在实际上，直到现在，尚未发展到有令人满意的为进行这种调整而需要的技术。在进化过程中生产技术变化的质的方面不能表现出来，这对于数量研究方法(Method of Quantitative Approach)，实在是一种先天的缺陷，从而也是一个严重的限制。

不论生产指数原来具有多少缺点，但在实际上尚无其他更好的方法，以测度生产的变化，因此我们实无选择之余地。在利用生产指数时，即使承认上面的假定，我们还要提出一种限制。正如伯恩斯（Arthur F. Burns）所说的，即使是一个对基本商品的历史只具有粗浅知识的人，也不能怀疑这些商品的质量，一般说来，有着长期不断的进步。因此，许多生产指数，对于表示生产增长这一点，便有“偏低”（Downward bias）之嫌。[①]

表 3—6 是表示各国在工业化过程中工业生产按年平均的增加率。这种比率是根据一些统计学家和历史学家所用的工业生产指数而求得的。[②]

表 3—6　　工业生产按年平均增加率

国　家	时　期	年　数	生产指数	增加率（%）
英　国	1812—1907	95	100—1 010	2.5
	1907—1924	27	100—160	1.0
	1812—1924	112	100—1 610	2.5
法　国	1812—1911	99	100—580	1.8

① 见 Arthur F. Burns，*Production Trends in the United States Since 1870*，New York，1934，p. 26。

② 关于苏联的生产指数，系根据 A. Yugow 在 *Russia's Economic Front for War and Peace*，New York and London，1942，p. 14 中所用的资料；至于其他国家的生产指数，系根据 Walther Hoffmann 在 *Stadien und Typen der Industrialisierung*，Jena，1991，p. 173 中所用的资料。

续前表

国 家	时 期	年 数	生产指数	增加率（%）
美 国	1849—1909	20	100—242	4.5
	1869—1909	40	100—688	4.9
	1909—1929	20	100—264	5.0
	1849—1929	80	100—4 360	4.8
加拿大	1871—1911	40	100—940	5.8
	1911—1927	16	100—179	3.7
	1871—1927	56	100—1 683	5.2
新西兰	1906—1927	21	100—220	3.8
澳大利亚	1907—1924	17	100—184	3.7
苏联	1913—1940	27	100—850	8.3
	1928—1940	12	100—750	18.3

由于时期的长短及所取的基年不同，各国间的比较似乎不甚确实。但是我们可以从表上得到若干启示。很明显，就工业生产按年平均增加率来看，工业化的速度以苏联为最大，加拿大及美国次之，新西兰及澳大利亚又次之，英国及法国最小。这种情形使我们得到一个结论，那就是除开社会制度的原因外，工业化开始最迟的国家，一般说来，也是工业化速度最大的国家。其所以如此是因为进入工业化过程较迟的国家，每每具有应用最新式技术的较大利益。

工业化的特点，只能以制造工业的扩张表现一部分。其他生产部门的扩张，尤其是被视为具有战略重要性的生产部门，如采矿及运输，虽不说应该予以更多的注意，至少也应该予以等量齐观。在表 3—7 中，我们列出美国各种具有战略重要性的生产部门的按年平均增加率①以表示在工业化过程中这些部门扩张的速度。至于美国的人口及总生产的每年增加率，我们

① Frickey 指数是引自 Edwin Frickey，*Economic Fluctuations in the United States*，Harvard University Press，Cambridge，Mass.，1942，p. 198，Table 9。至于作为 Day-Persons 指数而引用的几种指数是 E. E. Day，W. M. Persons 及他人所作成的；见 W. M. Persons，*Forcasting Business Cycles*，New York，1931，Chapter 11，及该处所引的参考资料。其他所有的指数系引自 Arthur F. Burns，*Production Trends in the United States Since 1870*，New York，1934，p. 236，Table 41；又关于参考资料，见该书 footnote on pp. 262－264。很有兴趣而值得我们注意的是，关于制造业的这三种数字相互都是吻合的。

也在表上头几行列示了出来，以资参考。

表 3—7　　美国各种重要生产部门按年平均增长率

指　数	包括的期间	按年增加率（%）
人口	1970—1930	1.9
总生产		
Frickey	1866—1914	5.3
Day-Persons	1870—1930	3.7
Wearsen-Person	1870—1930	3.8
制造业		
我们的指数	1849—1929	4.8
Frickey	1866—1914	4.8
Day-Persons	1870—1930	4.3
采矿业*	1870—1930	5.7
建筑业（包括房屋）	1874—1929	4.2
运输及交通		
Frickey	1866—1914	5.8
商业（除去票据交换）	1870—1929	5.2

* 关于采矿的每年增加率是分别依据 Day-Persons、Snyder 及 Warren-Persons 在 1870 年至 1930 年的采矿业生产指数而得的，这三个指数正好是完全一样的。

由表 3—7 我们可以清楚地看到，在美国工业化声势最大的时期，采矿、运输及贸易诸部门的每年增加率大于制造部门的增加率。这种事实与我们在本书中所用的工业化概念相符合。这种概念及这种事实都可以表示基要（即具有战略地位的）生产部门变化的重要意义，而制造工业中，只有一部分是属于这些基要生产部门的。

工业化速度的另一种测度是工业生产力的增加率。由于统计情报的限制，我们的研究不得不限于美国的情况及其与英国情况的比较。我们把伊齐基尔（Mordecai Ezekiel）、道格拉斯（Paul H. Douglas）、温特劳布（Sidney Weintraub）以及《当前产业调查》（Survey of Current Business）所作的指数综合起来[1]，美国制造工业每单位工时的真实出产变化情况如表 3—8 所示。

表 3—8　　美国制造工业每工时的真实出产（1920＝100）

年份	指数	年份	指数	年份	指数	年份	指数
1870	49.0	1906	90.0	1917	94.0	1928	144.0
1880	57.0	1907	88.0	1918	92.0	1929	146.0
1890	71.0	1908	83.5	1919	94.0	1930	143.8
		1909	89.5	1920	100.0	1931	152.0
1899	75.0	1910	89.0	1921	102.5	1932	153.7
1900	72.0	1911	85.0	1922	118.1	1933	169.3
1901	77.5	1912	94.0	1923	120.8	1934	164.1
1902	79.5	1913	97.0	1924	125.8	1935	172.8
1903	78.0	1914	91.5	1925	133.2	1936	178.8
1904	82.0	1915	99.5	1926	135.1	1937*	176.3
1905	89.5	1916	100.0	1927	136.8		

* 1937 年是以该年十一月为代表。

由表 3—8 我们知道从 1870 年到 1880 年的增加率是百分之十七；从 1880 年到 1890 年的增加率是百分之二十四。自此以后，我们就可看出每十年间的平均增加率逐渐降低。从 1900 年到 1920 年的二十年间，所增加的只稍微超过百分之三十。但是从 1920 年到 1930 年，每单位工时的平均生产增加到接近百分之五十；而在 1930 年到 1937 年的七年间，则增加百分之十六。增加的不规律性是很明显的。从这里我们可以看出生产技术进步的缓

[1] 此处所引的指数是：Ezekiel 所作 1870—1890 年的指数，Douglas 所作 1899—1920 年的指数，Weintraub 所作 1920—1927 年的指数，*Surney of Current Business*（Linked to Douglas on 1925 Base）所作 1927—1937 年的指数。关于 Survey of Current Business 所发表的指数的来源及其计算方法，见 Colin Clark，*The Conditions of Economic Progress*，London，1940，pp. 282-284。

急以及由于调整生产所引起的周期波动。

因为要以美国与英国相较，我们选取棉纺织工业及铣铁生产作为例证。表 3—9 和表 3—10 表示两国生产规模及每单位真实成本的变化的差异。①

表 3—9　棉纺织工业的产量及每单位真实成本的指数

年　份	英国 Lancashire		美国 Massachusetts*	
	产　量	真实成本	产量	真实成本
1855	37.3	111.6	14.4	181
1865	—	—	18.1	206
1875	58.5	100.0	36.5	148
1885	71.9	96.9	48.6	120
1895	81.2	96.8	64.4	110
1905	82.9	95.6	79.6	102
1914	—	—	100.0	100
1910—1913	100.0	100.0	—	—

* 在 Massachusetts 栏内，除了 1895 年的数字是 1889 年及 1899 年的平均数之外，1855 年的数字是采用 1854 年的数字，以后如此类推。为方便计，我们假定一年的差异是可以忽略不计的。

表 3—10　铣铁生产及其真实成本的指数

年　份	英　国			美　国		
	铣铁生产	第一高炉产量*	真实成本	铣铁生产	第一高炉产量*	真实成本
1886—1893	72.1	28.1	101.2	26.7	25.4	125.1
1894—1903	86.5	34.6	98.4	41.1	51.0	125.0
1904—1910	98.6	42.8	102.0	81.2	86.0	117.4
1911—1913	100.0	45.4	100.0	100.0	112.4	100.0

* 每天一千吨。

关于棉纺织工业的情形，我们可以看出，早在 1885 年，英国就似乎已经差不多竭尽减低成本的可能性，而且的确自从那时以后，虽然生产逐渐增加，真实成本却总是微微提高。另一方面，在美国麻省的棉纺织工业，似乎直到 1892 年才耗尽减低真实成本的可能性。这是由于在纺织业的进展

① 引自 Colin Clark，*ibid.*，tables on pp. 307－308。

上，英国的工业化开始较早。但是麻省棉纺织工业在 1874 年到 1898 年的相对扩张，却大致与英国兰开夏郡在 1855 年到 1885 年的相对扩张相等。至于说到真实成本的减低，则美国实远胜于英国。关于铣铁工业，也产生了同样的情形。在 1880 年到 1913 年之间，英国的铣铁工业对于劳动力的报酬几乎是固定不变的。而另一方面，虽然美国在铣铁工业早期，真实成本的减低率极为迟缓，但在后期则极为剧烈。所有这些都表示，在产量上及生产力上，美国工业化的速度较英国为高。

一般说来，一国工业化的速度，依下列各种因素而定。第一，要看这个国家进入显著的工业化过程时，正值生产技术的发展属于何时期或何阶段。在较后阶段进入工业化过程的国家，工业化的速度一定高于较早阶段进入工业化过程的国家，这是因为就社会结构及经济结构而论，前一种国家比后一种国家更易于采用最近的生产技术发明以及最新的组织形式，而不像后一种国家有更多的制度上的障碍。第二，政府的政策对于工业化的速度也有直接的影响。我们曾经说过，工业发展有两种类型：一种是演进型的，一种是革命型的。在革命型的情形下，政府居于发动地位；而在演进型的情形中，政府只略尽助力，个人居于发动地位。显而易见，在政府居于发动地位的情形中，工业化的速度一定较高。第三，工业化的速度又要看工业化的过程是开始于消费品生产抑或开始于资本品生产，或者要看在工业化的过程中是着重消费品生产抑或着重资本品生产。由于技术上的理由，开始于资本品生产或着重于资本品生产的国家，在工业化初期经济转变的速度往往较高。第四，筹措资本的方法也影响工业化的速度甚大。资本的筹措，可能基于本国的自给自足，也可能向国外借贷。如果外资能得到有效的投放和运用，而无损于本国的政治独立和国内经济的前途，则其利用实属得策，将能大大地增高工业化的速度。

第四章 工业化对于农业生产的影响

根据我们对工业化的概念，研究工业化对于农业的影响，就是研究在工业中所发生的基要性的即具有战略重要性的生产技术变迁，对于农业生产部门的影响如何。前章曾指出，大多数的基要生产函数是和资本品生产工业相联系的，比如动力、运输、机器制造及机床制造等。当然，我们这样说，决不是忽视产业革命初期在纺织业方面所发生的技术改良和技术革新的重要性。不过，毫无疑问，纺织工业的技术改良和革新对于农业及其他工业的影响，无论如何都不如基要工业部门的生产技术变迁对农业等的影响，来得深远。

我们在第二章中，曾在生产技术不变的假定下，考察过农业与工业的彼此依存和互相影响的关系；这是本章及以下各章讨论的出发点。前章我们把生产技术变迁这一因素，连同其他因素，引入了经济转变的过程。但是那主要是对经济过程的整个分析，并不特别注意某一特殊的生产部门。本章则再专门把农业当作一组企业，来讨论工业化对于农业的影响。

第一节拟从技术和组织两方面，阐明工业发展是农业改良的必要条件。第二节分析在工业化过程中，当作生产单位的农场在内部结构上所发生的变动。第三节探讨农场的外部变动，这种变动可以看做是“农作方式”(Types of farming）的重新定向。① 最后一节，讨论农业在国民经济中相对重要性的变动，以及这种变动所牵连的一些问题；国际方面的关系也将在必要时予以探讨。

第一节 工业发展与农业改良

工业发展是否为农业改良的原因，是一个争论已久的老问题。我们试以英国的情形为例来加以说明。很久以前，阿瑟·杨（Arthur Young）及其同事认为农业改良是工业变动的结果；他们目睹工厂制度的成长，并了解这和他们所力图促进的农业发展密切相联。此后，很多经济史学家论及英国的经济发展时，大都赞成他们的观点。这一派人的论点可以概括如下：一方面，消费者的需要给予农业生产以决定性的刺激，制造业中心的产生和城市人口的增长，为生产者开辟了需要与日俱增的新的市场，那种一个地区的收获物不能运到邻村邻邑的时日，已成过去。在闹市里，在矿山、工厂和船坞的周围，大批工人都要向乡村取给食物。另一方面，农场也不

① “农作方式”（Types of farming)、“生产行业”（Lines of production）及“农作制度”(Farming system）等名词，几乎可以彼此交替使用；不过英语国家常用“Types of farming”一词，而“Farming system”乃德语 Betriebsystem 一词的直译，“Lines of production”一语则不甚普遍。关于 Betriebsystem 或“Types of farming”的讨论，可参看 Theodore Brinkmann，*Die Oekonomik des landwistschaftlishen Betriebes*，*in Grundries der Sozialökonomik*，Abteilung Ⅷ，pp. 30－32，Tübingen，1922。此书曾由 E. T. Benedict 等译成英文，书名为 *Economics of Farm Business*，California，1935。

得不变成了工厂，用改进了的方法来大量制造食物。农业的这种进步，或农业对工业化社会的需要的适应和调整，实在是从一种有机的必然性，从相互依存功能之间的必然相关，所产生出来的。①

反对派方面，可以用孟都（Paul Mantoux）的观点和论证作为代表。他认为阿瑟·杨的上述论证，乍看来似乎很对，但实际上并不能正确地解释英国农业变迁的历史根源。孟都说："这种变迁，和自由农（Yeomanry）的消灭一样，早在现代工厂制度所引起的人口增加以前就已经很明显。18世纪前半叶，大约在引起三十年后发明纺织机的初度试验时，英国农业就已经进入一个变迁的时期。"② 在另一处，他认为工业城市的迅速发展，对于英国农业所起的毁灭作用，比它起过的助长作用，还要迅猛一些。他还宣称畜牧的改良，虽然明显地由于受制造业中心的需要所刺激，但最初却是由于工业发展以外的原因。③

本书作者认为工业发展乃是农业改革的必要条件，特别是我们将"改革"（Reform）一词当作机械化和大规模组织来解释，更为如此。阿瑟·杨（Arthur Young）、厄恩利爵士即普罗瑟罗（Lord Ernle or Rowland Edmund Prothero）等所倡导的论证，在现代仍和在当时一样，是正确的；但是我们必须认清，孟都也并非完全错误。他们之所以发生争论，大部分是由于各人对某些基本名词的概念认识不同，以及对估计工业发展的影响的观点亦各有出入。这些差异可以从以下三方面加以分析并予以澄清。

第一，我们必须承认，工业的发展和农业的改革是相互影响的，而这两部门的活动总是相互依存的。但是我们也要承认，两者相互影响的程度

---

① Rowland Edmund Prothero（Lord Ernle），*Pioneers and Progress of English Farming*，London，1888，p. 65；W. Lecky，*History of England in the Eighteenth Century*，London，1870－1890，Volume Ⅵ，pp. 189－190。

② Paul Mantoux，*The Industrial Revolution in the Eighteenth Century*，New York，1927，p. 161。

③ "难于喂养牲畜过冬实为阻碍畜牧改良的主要原因，一旦这个原因去掉了以后，照料牛羊所需要的劳动力就会少于种植大多数农作物所需要的劳动力。"Paul Mantoux，*ibid.*，p. 168。

绝不相同。在产业革命以前的一段时期里，农业改革曾经促进了工商业的发展。孟都说过，“圈地运动和农场兼并的最终结果是将劳动力和动力资源置于工业的支配之下，这就使工厂制度的发展成为可能。”[①] 但产业革命以后，工业发展对农业的影响显然大于农业对工业的影响。假若没有制造农用机器的工业来供给必要的工具，农业的机械化是无从发生的。假若没有铁路化、摩托化和使用钢制船舶所形成的现代运输系统，以及消毒和冷藏方法所形成的现代储藏设备，大规模的农场是不可能实现的。孟都的缺点在于没有认清，至少没有注重这一点。

第二，争论还由于有的着重工业发展的长期影响，有的则着重其短期影响。普罗瑟罗（Prothero）和阿瑟·杨的论证主要是从长期观点出发的。就长期言，农业的进步必然是工业发展的结果。另一方面，孟都对工业城市的发达抱悲观态度，例如他说工业城市的发达，对英国农业的毁灭作用，快于它曾经起过的助长作用，这大都是基于短期的观点。而进一步来说，工业发展对农业的某些不利影响，也必须看做是对整个经济进步所支付的必要代价。此点在前节中已详为说明。

第三，对农业技术的性质和内容认识不清，也是引起争论的一个原因。根据希克斯（J. R. Hicks）的标准[②]，我们可以将技术分为三类：节省劳动的，节省资本的及中间性的。在这里我们是假定只有劳动和资本两种生产要素。在农业这种生产部门里，不用说，这种假定是与事实远不相合的。农业方面，土地这种生产要素，必须与劳动及资本同样重视。考虑到土地在构成农业的特征，以及使农业异于工业等方面所发挥的作用，我们就应该更加重视土地这种生产要素。利用希克斯的标准，我们可将所有的农业技术分为节省土地的，节省劳动的，节省资本的，以及三者的任何组合。但是这种分类法并不足以完全显露出农业技术的各种特征。我们必须将土

① Paul Mantoux，*ibid.*，p. 188。

② 标准是某要素的边际生产力所受影响的方式和程度，与另外一个要素所受影响的方式和程度相比较。参看前章第二节中的讨论。

地提出来当作一个基本的生产要素，因为在现时的经济社会里它是固定的。今天农业技术的任何进步，必然表示为更大的土地生产力，不论这种农业技术进步的取得，是由于投入更多的资本，还是由于雇用更多的劳动力，或是由于引进一种新的作物、一种新的种畜，或一种新的轮耕制度（Rotation system）。所有这些，可以通称为“集约耕作”（Intensive cultivation）；以与“疏放耕作”（Extensive cultivation）相区别，后者主要是指土地面积的扩张。在所有的集约耕作方式中，机械化的过程应该予以特别着重。这种进步在本质上是节省劳动的，除使每亩的生产力提高外，还提高每“人工小时”（Man-hour）的生产力；而提高每“人工小时”的生产力正是构成工业化的重要特征之一。因此，我们可将全部农业技术分为三类：1. 仅增加每亩的生产力者，例如采用轮耕制度，或采用一种新畜种或新作物；2. 仅增加每“人工小时”的生产力者，例如利用动力机械或其他农场设备；3. 既增加每亩生产力又增加每人工小时的生产力者，例如施用化学肥料，控制植物病虫害及牲畜病疫，采用新方法防止水土流失并保持土地肥力等。①

孟都从历史证明，有些农业改革是发生在产业革命很久以前，有些甚至是引起商业和工业发展或者使这种发展成为可能的原因。他所引用的例子是16、17、18世纪的圈地运动及农场合并运动，18世纪自耕农的消灭，以及紧接产业革命以后的时期从乡村到城市的劳动力移动。② 但是我们必须认清，这种农业改革根本上只是“组织上的”（Organizational），这同从狭义理解的农业技术，要加以区别。本书作者认为，“组织上的”改革，一般说来都是生产技术变动的结果。虽然圈地运动和农场合并是实行大规模农场的前提条件，但仅仅具有这个条件并不就足以保证大规模农场的实现。除

① 关于另一种农业技术分类法及较详尽的陈述，可参看 John A. Hopkins，*Changing Technology and Employment in Agriculture*，U. S. Department of Agriculture，Washington，1941，pp. 6－7。

② 关于较详细的讨论和说明，可参看 Paul Mantoux，*The Induatrial Revolution in the Eighteenth Century*，Chapter 3，The Re-distribution of the Land，pp. 140－190。

此而外，还必须依靠一种更加重要而富于引发性的（Generating）东西，才能完成大规模的农场，这就是生产技术。我们曾说过，在所有的农业生产技术中，动力机和化学肥料的运用最为重要。这种技术上的改进主要都是属于投入资本和节省劳动力这一类型的。它们增加了每亩的生产力，并且增加了每个人工小时的生产力，从而在一个生产部门显示出了现代工业化的诸种特征。这种范畴的农业改革，显然必须以工业有相当程度的发展为前提条件。因为要使现代的农业得以继续运行，归根到底就必须依赖工业的各个部门提供机器、肥料、动力、储藏设备及运输工具。

第二节　当作生产单位的农场

第二章我们在静态假定下讨论了当作生产者的农民，以及他与工业及其他生产部门的生产者的关系。这里将引入技术因素，以考察生产技术对于“农场”（Farm）的影响。“农场”在这里是当作一个生产单位或经营单位，用理论上的名词来说就是当作一个独立的“厂商”（Firm）。

论到农场，我们首先假设对农场生产品的需要既定不变，以土地面积所计算的农场面积也既定不变。由利用动力机、化学肥料，或新的耕种方法所形成的技术改进，对农场将发生下列两种结果中的一种：增加总收益，或减少总成本。这也就等于每单位产品平均成本的下降；并表示 U 形曲线的向下一等级移动。无论在完整竞争或在垄断竞争下，都是这样。[①] 下列图 4—1 和图 4—2，分别表明完整竞争和垄断竞争两种情形。

① 关于完整竞争与垄断竞争下均衡情形的讨论和说明，可参看 Edward Chamberlin，*The Theory of Monopolistic Competition*，pp. 20-25，pp. 74-81 和 Joan Robinson，*Economics of Imperfect Competition*，pp. 54-56，pp. 94-97。

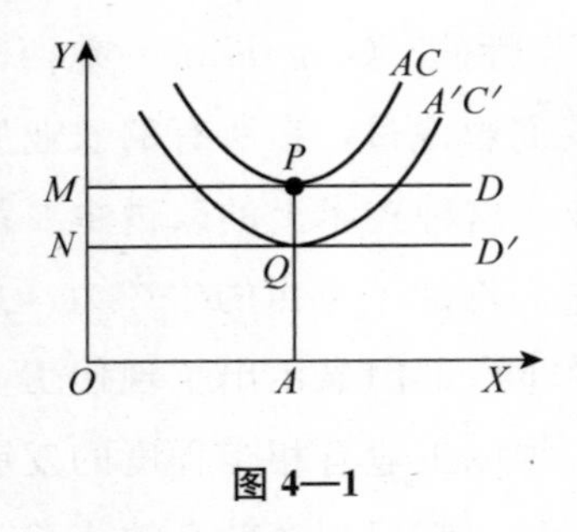

图 4—1

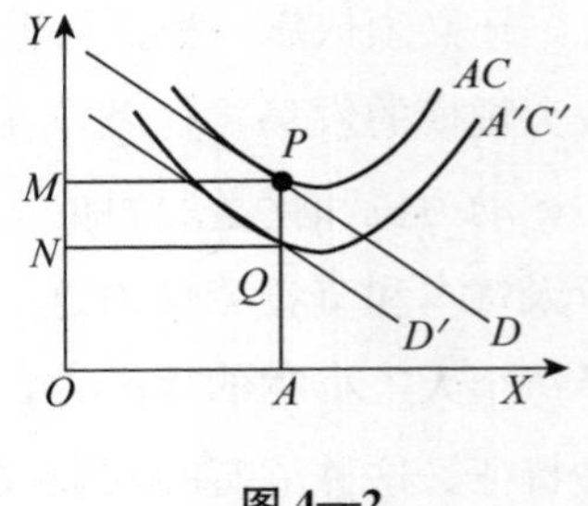

图 4—2

以 D 代表技术改进以前的需要曲线，AC 代表技术改进以前的平均成本曲线；D' 和 $A'C'$，则分别代表技术改进以后的需要曲线和平均成本曲线。因为我们假定了需要不变，所以我们暂时可以不管需要曲线 D'。在技术改进以前，均衡点为 P，平均成本与包括了正常利润的价格相等，MP 为价格线（Price line）。在技术改进以后，成本曲线自 AC 降至 $A'C'$。这时，只要需要不变，价格和以前一样，农场就将获得等于 $MPQN$ 长方形的额外利润。

但是我们要注意，这种由于引入技术改进而得到的额外利润，只能短期存在；而在长期里，这种额外利润将逐渐消失。因为在完整竞争下，其他农场亦将应用技术改进，并由此而引起竞争；这将使价格自 AP 降至 AQ，额外利润因而消失。在垄断竞争下，即使农场为数不多，但已经采用新技术的农场也无法阻止其他农场采用同样的技术改进；所以，额外利润迟早也是会消失的。

其次，我们仍假定需要不变，但农场面积则可以随意变动。农场引用技术改良的利益，只有扩大农场面积才可以充分获得；这里我们姑且用产量的扩大来代表农场面积的扩大。① 在完整竞争下，如图 4—3 所示，新成本曲线 $A'C'$，代表技术改进后的成本，它不仅较原来的成本曲线 AC 要低一等级，而且其最低点 R 还远在原均衡点 P 之右。在垄断竞争下，如图 4—4 所示，虽然均衡点 P 和 R 不在成本曲线的最低处，但显然 R 仍在 P 之

① 我们假定产量只能用扩大农场面积的方法来增加；实际上，当然也很有可能不用扩大农场面积而增加产量。

右。在这两种情形里，农场的面积都扩大了，其程度相当于产量由 OA 到 OB 的增加。假若市场价格保持 MP 不变（在生产技术变动的初期，大都如此），而由于需要不变，我们仍可假定农场能卖掉 OA 量的产品。于是，则该农场的收入为 $OAPM$，成本为 $OBRN$。长方形 $MPQN$ 代表额外利润，$ABRQ$ 代表由于应用技术改进所增加的成本。据此，农场的净收入等于 $MPQN$ 减去 $ABRQ$。

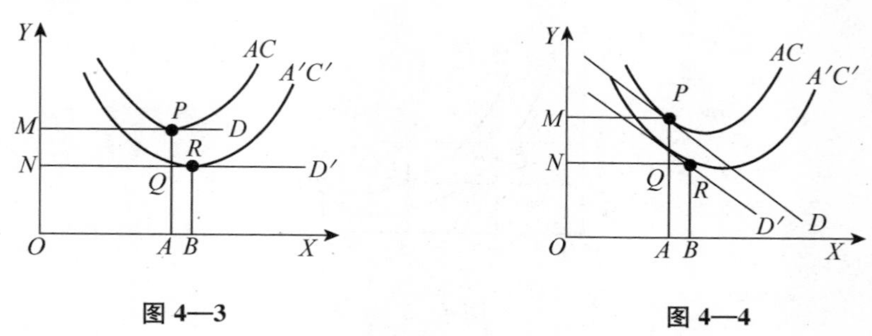

图 4—3　　　　图 4—4

但是这也不过是一种短期现象。长期来看，价格将从 M 降到 N，额外利润将随之消失。在完整竞争下比在垄断竞争下更会是这样，因为在垄断竞争下生产者对产品的供给还具有较大的控制力。但不论怎样，只要需要并不是绝对没有弹性，则在两种情形下，都有达到新均衡点 R 的趋势。在新均衡点上，产量增加，价格下降。生产者获得正常的利润，消费者得到降低价格的惠益。

以上我们把农场当作生产经营单位、把农民当作生产者来考察，同时也考察了它们相应的内部调整。如果我们考虑到农场或农民在不完整竞争的市场上以卖者的身份出现时，则买方垄断（Monoposony）和买方垄断竞争理论的分析，将更为适当。但对此我们不拟在这里详论，而俟他日专文加以研究。

最后我们还要讨论一种情形，即价格保持不变但“产品”调整（“Product” adjustment）发生。农业和工业一样，有时由于生产技术的进步而产生一种新的产品。产品改变的第一个特点是，它和价格的变动不同，可能而且常常是包含着生产成本曲线的变动。产品性质的改变，使生产它的成本也改变；当然也使对这种产品的需要改变。问题就在于当价格一定时，如何选择一种产品，它的成本和销路可以使生产者获得最大的总利润。另外一个特点是，产品的改变主要是"质的"（Qualitative），而不是"量的"（Quantitative），因而不能延着轴线来测量，也不能用图来表示。但是我们可以试用一个粗陋的办法，即假想一组图，用一个图代表一种产品。

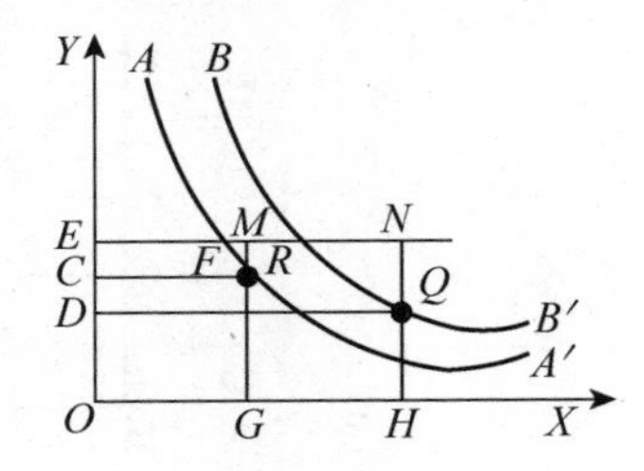

图 4—5

如图 4—5，*OE* 代表已知的价格。[①] 为简便计，在这个图上，只假定 *A* 和 *B* 两种产品来做例解。产品 *A* 的成本曲线为 *AA′*，其在固定价格 *OE* 的需要量为 *OG*；总利润为 *CRME*，总成本为 *OGRC*。产品 *B* 的成本曲线为 *BB′*，需要量为 *OH*；总利润为 *DQNE*，总成本为 *OHQD*。我们要指明，*EN* 线并不是需要线，而是表示价格为 *OE* 时无限大的需要量。而且它不能沿成本曲线（例如沿 *AA′*）来回移动，以找到提供于市场的最适当的供给量；它的移动只是当产品改变时，从一条曲线移到另一条曲线，至于每种产品的销售量则是严格固定而不变的。若将上述两种可能的情形加以比较，显然产品 *B* 就是优于产品 *A*。如果生产者用同样的比较方法将所有不同种类的产品就成本和需要加以比较，就可以选择对他最有利的一种产品。但是我们要注意，由于垄断情形的存在，因而所选的产品，并不一定就是生产成本最低的产品（例如图中 *AA′* 的成本就低于 *BB′*，但 *BB′* 却提供较大的

① 图表和解释，见 Edward Chamberlin，*Theory of Monopolistic Competition*，1938，Figure 11，pp. 78-80。

利润）；也并不一定就是需要量最大的产品，因为还必须考虑生产成本。而且，基于同样的理由，出产量也不一定就是按最有效的生产规模，即表现在生产成本曲线上的最低点，来进行的。

我们已依次讨论了农场在导入某种技术变动后，在价格方面、农场面积方面以及产品方面所作的调整。事实上，生产者常常同时兼用这三种调整方式中的两种或三种。这种情形太复杂，不能单用一个图解来表明。但上述的理论分析，虽极简单，却可权作稍后将要进行的实际情况分析的一般背景。

现在我们拟从历史的及统计的记载中，来了解在工业化过程中，农场内部组织方面曾经发生过怎样的变化。这里我们所遇到的困难，是不易找到一个保存着记录同时可以供作分析对象的典型农场。这一方面是因为农业包括多种类型的业务，在现实社会里不能找到一个可以代表各种类型的农场；即使就一种类型说，也难于找到一个典型的例子。另一方面，因为工业化是一个演进的过程，一度被认为典型的农场，到后来的发展阶段可能不再具有代表性。为了克服这种困难，试行借用马歇尔的“代表性经营单位”（Representative Firm）的观念似乎是必要的而且相当适宜的。

据马歇尔说：“代表性经营单位必须有相当长的寿命，相当的成就，用正常的能力进行经营管理，可以正常地得到属于该生产总量的内部及外部经济；还要考虑到它所产物品的等级，销售货物的条件和一般的经济环境。”[①]“因此，代表性经营单位，从一种意义来说，是一个平均的经营单位（an average firm）。但是联系到工商业方面，‘平均’一词可能有多种解释。代表性经营单位是一种特殊的平均经营单位，我们必须认清这点，以便了解大规模生产的内部经济和外部经济，在所讨论的工业及国家里，一般扩展到了什么程度。”[②]

① Alfred Marshall，*Principles of Economics*，London，8th edition，1920，p. 317。

② Alfred Marshall，*ibid.*，p. 318。

采用了“代表性经营单位”的概念后，我们再回头讨论农场的内部组织。首先，我们必须强调一件对现代农场极关根本的事情，即“企业创建精神”（Enterprising spirit）的崛起和实现。在这种精神渗入农业社会以前，多数的农业经营主要是为了谋取家庭生计。抱这种目的所经营的农场，曾被称为“家庭农场”（Family farm）或“自给经营”（Self-sufficing）。这种农场很少注意市场，其产品卖到市场去的也极少。这样说绝不是表示，在现代商业扩张和产业革命发生以前，就未曾有过以营利为主的农场。中世纪晚期以后，商业性的农场（Commercial farm）与商业的扩张曾经同时存在。但是，企业创建精神的普遍化，以及那种以利用机器、训练劳工、计划管理为特色的农场的形成，则是工业化过程开始之后才有的事情。在我们刚才的理论讨论里，我们曾假定谋求利润是唯一而基本的动机。实际上，即使在像美国这样高度工业化的经济社会里，“家庭农场”仍然具有重要地位。[①] 但我们关心的主要问题是，不论在资本主义制度下或在社会主义制度下，家庭农场如何转变为现代农场。我们进一步研究的对象是，这对于一个理论上的“代表性农场”的内部组织方面，影响为何，以及所引起的调整为何。

当工业化过程进行时，对农业最主要的而表现得最明显的影响，是对农产品的需要发生变动。这种影响，通过价格体制而作用于农场。第二章已说明农产品有食粮与原料两类，每类都受工业化总过程的影响。就对粮食产品的需要而言，工业人口的“收入影响”（Income effect）可以分为两种方式，或就历史的发展来说，也就是分为两个阶段。第一，当收入增加时，对于食物的需要一般将增加。第二，当收入进一步增加时，对于较好食物

---

① 美国各种农业生产者自用的农产品占总农产品的平均百分率为12.7%。除自给农场的百分率达66.1%外，普通百分率从畜牧场的3.4%到一般农业的20.3%。谷物农场和畜养专业农场的百分率为8%；专门作物农场、奶牛农场和养猪农场为11%；棉花农场为15%。见*15th Census of the United States*，1930，*Agriculture*，Volume Ⅳ，pp. 891，913，930。1935年的普查表明，六百八十万个被调查的农场中，有略少于一百万的农场雇用劳工，而雇用两人以上的农场仅为107 000个。见*United States Census of Agriculture*，1935，Volume Ⅲ，Chapter 4，Table 9，p. 164。

的需要将增加。就各个收入分组而论，这两种影响会同时发生；但就经济社会全体来说，即就经济社会的平均情况来说，这两种影响乃是相继发生作用的。当工业化过程发展到相当可观的程度，对原料的需要，将随着工业的扩张，在数量上逐渐增加，在种类上也逐渐变换。这种对于原料方面的影响，究竟属于何种类别并达到何种程度，要看利用这些原料所生产的那些货物的需要弹性如何以及生产成本的构成如何而定。

现在，再回到我们的“代表性农场”(Representative Farm)。假定“粗耕限界”(Extensive margin of cultivation) 已经达到最大限度，农场要适应需要变动（不论是需要量增加或种类改变），就只有尽可能地扩张“深耕限界”(Intensive margin of cultivation)。这就必须采用一种新的生产技术。生产技术的变动，在理论上是生产函数的变动，是不同生产要素的一种新的组合。因此任何生产技术的变动，都要引起厂商（Firm）或农场在成本构成（Cost structure）方面的变动。但是单单成本构成发生变动，并不一定就表示发生了生产技术的变动。生产技术的变动因为是“技术上的”(Technical) 和“质量上的”（Qualitative)，不能用经济名词（Economic terms）来表示，例如不能用生产要素的价格来表示。但是，任何时候一旦引入了新技术，生产单位的成本构成就会发生变动和调整。

农场所使用的生产要素，一般有三种：土地、劳动和资本。农场与工业经营单位的区别，不仅在于农场必须将生产结构扎根于土地之上，而且还要将生产组织围绕着家庭劳动的供应情况来进行。中国和中欧的自耕农农场（Peasant farm）以及在美国盛行的商业农场都是这种情形。[①] 第三章曾说过，工业化就一种意思来说，乃是一种“资本化的”过程（Process of capitalization）——是一种扩大资本运用和加强资本运用，或资本“宽化”和“深化”的过程（A Process of extensively and intensively using capital or

---

① 关于美国的情形，可参阅 John A. Hopkins, *Changing Technology and Employment of Agriculture*, Chapter 3, Some Characteristics of Agriculture that Affect Trends in Employment, pp. 22-34。

widening and deepening the capital)。这种说法也可应用于农业上，只不过程度稍欠明显。农业方面“资本化”的主要特征，举例来说，就表现在农场操作的机械化和化学肥料的利用上；换言之，农业资本化就是变更生产三要素的组合，提高资本相对于土地和劳动的比例。

现在考查一下统计数字，看看前述原则是否正确。统计数字表明，美国1929年平均农场单位使用的劳动力，较1909年减少百分之八。劳动力的供给随家庭的人口而略有下降，1909年每个农场的家庭劳动力平均为1.52人，1929年降为1.35人，到1935年则仅为1.33人。每个农场的雇工从1909年到1929年保持在0.47到0.48人而未发生什么变动，但在大萧条期间则下降，到1935年就降到每个农场0.38人。[①] 霍普金斯曾经指出，农业机械化的影响，一方面是减少收割和准备下种诸种活路所需要的雇工数目；另一方面是为其他劳动力，通常就是为农民自己，减少忙季的全工作日的数目。[②] 即令是苏维埃社会主义制度下的集体农庄（Kolkhoz），也是这样。操作的机械化和新耕种方法的采用，几乎在农业耕作的各个阶段都使人力的需要大为减少。据估计，苏联在集体农庄采用拖拉机、收割机及其他农具的结果，使整个生产过程缩短到每公顷（Hectare）仅需10.5劳动日，而个体农场则由于没有采用这些农具，同样的操作却需20.8劳动日。[③]

第三节　农业机械化

机械化是构成工业化特征的一种过程，对于工业曾有过强烈的影响，

---

① 见WPA N. R. P. Report No. A-8，*Trends in Employment in Agriculture*，*1909-1936*，prepared by Eldon E. Shaw and John A. Hopkins，Table 1 and Appendix B。

② John A. Hopkins，*Changing Technology and Employment in Agriculture*，p. 23。

③ A. Yugow，*Russia's Economic Front for War and Peace*，New York and London，1942，p. 64。

对于农业也是一样。机械化对于农业生产和农场劳动两个方面都有深远的影响。本节拟讨论机械化对于生产方面的影响，下章再分析其对于劳动方面的影响。在讨论主题以前，必须先讨论机械化的方式和采用机械化的诸种条件。

一、机械化的方式

对于农业普遍采用现代机械的准确时间，各家意见不一。关于这点，要取得意见一致是不可能的，因为各家对“机械”（Machinery）的概念的理解互有差异，而历史上对于采用机械的时间也少有记载。尽管有这些困难，但就美国言，1850年可以当作开始大量使用农业机器的时期。[①] 自后农业机器的使用就迅速扩展，这由下列数字可以表明。这些数字来自美国普查局（Census Office of the United States）搜集而发表的报告[②]，表示农具及农业机器的出产价值增加的情形，见表4—1。

表4—1　　农具及农业机器的出产价值增加

年份	价值（美元）
1850	6 842 611
1860	20 831 904
1870	42 653 500
1880	68 640 486
1890	81 271 651
1900	101 207 428

我们要注意，这些数字还低估了真正的发展。因为：一方面，农业机器的价格已大大下降；另一方面，愈是后来的机器，就愈有效率，愈耐久，

① “1850年实际上结束了一个时期，在这个时期里，除了四轮货车、两轮货车和轧棉机外，仅有的农用工具和机器都无以名之，不妨称为手工生产工具（Implements of hand production）。”见U. S. *Twelfth Census*，*Agriculture*，Volume Ⅰ，p. xxix。

② 见U. S. *Twelfth Census*，*Manufactures*，Volume Ⅳ，p. 344。

愈容易运用，愈轻便而坚固，这种事实是不能以任何数量尺度来表现的。

农业机械化的方式可分为：1. 动力机的采用，例如用于田间动力的拖拉机；2，现代交通工具被应用于乡村区域，例如将汽车及货车用于购买和销售目的；3. 改良的和较大的农具的采用和推广，例如在各种不同的耕作上采用各种不同的耙，以及在收获方面采用收割机。这三种机械化的方式，不用说乃是密切相互关联的。

关于动力机的采用，我们可以美国为例。在 1915 年到 1921 年之间，农场拖拉机增加的数目，据估计是 25 000 到 350 000。[①] 这种扩张主要是由于战时劳动力的缺乏和农产品的涨价。当 1921 年经济萧条时，农场拖拉机数目曾猛烈下降，但是随后情况好转，这是由于 20 世纪 20 年代后期数年的情况有利于采用拖拉机的缘故，因为这一时期农业收入一般都上升，马料和劳动力价格增高，而拖拉机本身也在继续不断地改进。本时期内，最重要的变化是“全能拖拉机”（All-purpose tractor）的发展，这种拖拉机既可以用来耕种成行的作物，也可以用来打整种籽田。早先也曾在这方面作过努力，但直到 1924 年，这种试验成功的拖拉机才得到普遍使用。大约在同时，特别设计的由拖拉机牵引的一些工具，也开始被应用。在 20 世纪 30 年代头几年，拖拉机的销售量再度下降，而且马料的价格比拖拉机燃料的价格要低，以致很多拖拉机停用了好几年。后来农业又复兴了，接着便是从 1935 年开始的拖拉机销售量打破纪录。自后销售量继续增加，只在 1937 年有过短期的减缩。假若不是由于在第二次世界大战期间对农业机器生产的限制，拖拉机的采用必定会更加广泛。

农场利用现代交通工具以进行购买和销售，在铁路的发展和机动货车

① 见 John A. Hopkins，*Changing Technology and Employment in Agriculture*，p. 57。下列数字表明过去四十年拖拉机使用数量的急剧上升，见美国农业部所印行的 *Agriculture Statistics*：

附表

年份	1910	1920	1930	1940
拖拉机（台）	1 000	246 000	920 000	1 545 000

的广泛使用上表现得最为清楚。再以美国的情形为例来说明。美国自 19 世纪 30 年代开始建筑铁路，但直到 19 世纪中叶才充分发展。铁路里数在 1916 年达到最高峰，总数为 254 000 英里。自此以后，里数日渐下降，1930 年为 249 000 英里，1936 年更降到 240 000 英里。[①] 然而，美国铁路网仍为各工业国家中最稠密者之一。铁路对农产品运输的推进和影响，几乎非笔墨所能形容，尤其是考虑到谷物、水果和动物产品的笨重，确实只有铁路运输才能承担。但从第一次世界大战结束到经济大萧条这一段时期，农场增加利用机动货车尤为显著。1910 年美国全国注册的机动货车为 10 000 辆，1920 年增到 1 006 082 辆，1930 年更增到 3 647 474 辆。[②] 其中为农场所有的，在 1920 年为 140 000 辆，约为总数的百分之十四；1930 年增到 900 000 辆，超过总数的百分之二十五。[③] 在这繁荣的十年中，农场所用机动货车的数额特别为人所注目，是因为它以渐增率增加的缘故。经济萧条以后，绝对数虽继续增加，但增加率则在不断下降。1936 年，注册的机动货车总数为 4 023 606 辆；但甚至到 1939 年，农场所有的数额亦仅 1 000 000 辆。[④] 要注意的是，机动货车的采用并不是在各个区域内平衡发展的。1936 年，在所调查的蔬菜农场和苹果农场中，百分之八十到百分之九十的农户都有机动货车；而另一方面，棉花区农场则仅百分之十二，玉米区农场仅百分之十八。

农具的变化和发展，各种各样，难以作简单而概括的说明。其主要的趋势可以概括为四项：1. 为了较大尺寸或较高速度的机器能力的增加；2. 原有机器的更广泛的采用；3. 农具效能的改进；4. 新农具的发展。[⑤] 至于农作方式的差异和农场面积的差异，亦须予以注意。

---

① Philip Locklin，*Economics of Transportation*，Chicago，Revised Edition，1938，pp. 42-43。

② Philip Locklin，*ibid.*，pp. 750-751。

③ John A. Hopkins，*Changing Technology and Employment in Agriclture*，p. 64。

④ 见上引 Locklin 及 Hopkins 二书。

⑤ 详细的讨论，参看 John A. Hopkins 上引书，pp. 70-75。

二、机械化的条件

很明显，与劳动力比较起来，机器的改进大大加强了农具，主要是拖拉机和机动货车，所享有的竞争地位。但是仅仅用技术的改进并不能充分说明变化的程度，也不能充分说明机械化过程中连续起伏波动的确切时间。经济力量的作用也必须予以考虑。从经济的观点说，如何组合各种生产要素，实大有选择余地。农场经营者在一定物质条件下和一定技术进步的情形下所趋向于采用的正确的组合方法，依据所使用的各种要素的每一单位的价格而定。[①] 在各种生产要素中，每个等级的可用农地是相当固定的。任何时候所用农业劳动的数量可以分为两部分：一部分是家庭成员所提供的，即家庭劳动，这是相当固定的；另一部分是由外面提供的，即雇佣劳动，这是随着时间的推移而不同的。因而农业劳动的总量是变动而不固定的，它部分地决定于农产品价格，部分地则决定于其他产业对同样劳动的竞争程度以及可以代替劳动的机器的成本。所以，机器采用的数量，既要看机器的物质效能，同时也要看它与农产品以及与劳动力在价格上高低的比较。农产品、劳动力和机器的价格若发生变化，机器应用的程度也要起相应的变化。一般说来，机器应用程度的变化，与农产品价格及劳动力价格的变化，是同一方向的；而与机器本身价格的变化，则是相反方向的。

我们已经知道机器的采用，部分地是由机器与劳动力的竞争价格来决定。但是我们要指明的是，机器并不只是劳动力的代替者，而有时候它也代替役畜，比如马、牛及骡等。役畜的价格及畜养成本也是与机器的价格相竞争的，因此在估计采用机器的程度时也必须把这些因素计算在内。

就这点说，我们必须提到一种分析工具，用它可以说明两个或两组生

---

① 详细的分析，参看 John D. Black，*Production Economics*，Chapter 13，Individual Differences and Their Combination，pp. 347－380，and Chapter 14，Capital Goods in Production，pp. 383－414。

产要素，当其中之一或两者的价格发生变动时，它们之间的替代关系如何。这种工具就是“替代弹性”（Elasticity of substitution）。罗宾逊夫人（Joan Robinson）对“替代弹性”的定义是：“所用生产要素数量比的比例变动，除以所用生产要素价格比的比例变动。”[①] 替代弹性是由生产的技术条件决定的。当各种生产要素的比例是刚性般地固定了的时候，工资纵然大为下降，劳动与资本（例如机器）之间的比例也不会发生变动。这时替代弹性就等于零。假定工资稍微下降一点（资本的成本保持不变），就使得整个产量都由劳动这一种要素来生产，则替代弹性为无穷大。实际的情形总是在这两种极端情形之间。虽然上面对于替代弹性的解释只能适用于完整竞争[②]和静态的情形，但如果加以适当的修正，也可以应用于我们演进性的经济（Evolutionary economy）里，至少有一定的参考价值。以生产技术变迁为特性的工业化过程有三种明显的影响：第一，改变生产要素的组合比例；第二，趋向于降低资本的价格；第三，提供越来越有利的条件使资本可以替代劳动。总之，这些影响将提高资本的替代弹性。我们知道资本的替代弹性愈大，则对资本的需要弹性也愈大。[③] 在我们演进性的经济里，只要资本的需要弹性和替代弹性都有增大的趋势，那么以机器代替劳动力和役畜为特性的农业机械化，就将会继续进行。

在美国，以农产品的价格、农业劳动者的工资及农业机器的价格等为一方，与以拖拉机的国内销售数量为另一方，两者之间的密切关系，可以

---

① Joan Robinson，*Economics of Imperfect Competition*，p. 256。

② 只有在完整竞争下，各个生产要素的组合比例，才总是使它们的边际物质生产力的比例等于它们的价格的比例。这就是说，“假若资本的价格保持不变而劳动的价格下降时，则每人使用的资本量的下降将提高资本对劳动的边际物质生产力，其提高的比例与劳动价格下降的比例相同。”（Joan Robinson，*ibid.*，p. 256）。也只有在完整竞争下，我们才可以采用罗宾逊夫人关于替代弹性的相同但更加重要的定义，即：各生产要素数量之比的比例变动，除以各生产要素边际物质生产力之比的比例变动。（Joan Robinson，*ibid.*，Appendix，p. 330，note 2。）

③ 根据 Robinson 所得到的结论，谓：“劳动的替代弹性愈大，其需要弹性亦愈大。”参看 Joan Robinson，*ibid.*，p. 257。

从 1910 年到 1940 年的周期变动上清楚地表现出来。[1] 在这一期间，农产品的价格与农业雇佣劳动者的工资是以同一方向在变动着的。两者在第一次世界大战期间都迅速上升，1920 年达到最高峰；从 1920 年到 1922 年两者都剧烈下降；自后到 1929 年两者再度上升；从 1929 年到 1932 年两者又再度剧烈下降；此后除 1937 年及 1938 年曾一度间歇外，都一直上升。这里，唯一要特别注意的区别是，工资的起伏波动比农产品价格的起伏波动要小，而后者在变动中还总是居于领先地位。这一期间农业机器的价格变动更小，尤其在 1930 年以后，年复一年地几乎没有什么变动。农业机器的价格变动和农产品的价格变动之间的差异，可以从“加速原理”的要义中得到一定解释；该项原理已在第二章中给以讨论。在这一时期，拖拉机的国内销售量，与农产品的价格及农业劳动者的工资，表现出高度的正相关，而与农业机器的价格，则表现出负相关。由于加速原理的作用，农业机器的价格比农产品及农业劳动力的价格变动为小，所以拖拉机的国内销售量就显示出更大的起伏波动。这表示在繁荣时期，采用农业机器的数量比单单用农产品价格的变动所反映者更大；而在萧条时期则更小。我们已经知道 1930 年以后，农产品的价格剧烈下降，而农业机器的价格则各年都没有什么变动。此外，在农场上尚有大量可供利用的劳动后备军。在这种情况下，农民无意采用任何新式机器乃是当然的事。这就说明了何以在萧条时期美国国内拖拉机的销售数量猛烈下降。

由此我们可以归结说，要具备两个最重要的必要条件，才可以将机器引入农业，那就是：农产品的价格要保持较高，劳动力要稀少而昂贵。像中国这样古老的国家，只有待到工业部门的工业化达到充分程度以后，这些条件才能产生。只有那时，由于“收入影响”(Income effect)，对农产品的需要才能增加，其价格也才能升高；而由于劳动力转入工业并为工业所吸收，农业方面的劳动力才能相对地变得昂贵一些。美国在开始殖民时劳

① 统计资料采自美国农业部的出版物，尤其是 *Agriculture Statistics*。

动力就缺乏，这种情形是与其他国家不同的。但是即使在美国，近年来情况也有了变动，农场上已经存在着相当数量的过剩人口。布莱克把农场上的人口过剩，连同农产品的需要不足和价格低廉，当成解释农业技术革新的进度何以缓慢的重要因素。[①] 除经济的因素以外，还必须具备某些技术的和社会的条件。其中最重要的一个条件是农场面积的大小。农场面积必须大到足以使机器的采用有经济上的利益。因此，无论就理论或就历史而言，农场的合并调整实为农业机械化的一个前提条件。

三、机械化对于生产的影响

我们现在讨论机械化对于农业生产的影响。很显然，劳动力是农业生产的一种重要的要素，也是农村人口中深受机械化影响的一个阶层。但为考察的便利，这方面留待下章再作详细讨论。现在，我们将集中注意力在下述几方面：第一，我们将讨论机械化对于役畜的影响，特别是应用动力机械和机动货车对于役畜的影响。第二，我们要看机械化如何提高了每亩的生产力和每个"人工小时"的生产力。但是我们要注意，这并不是表示土地和劳动的边际生产品，比起资本的边际生产品来，增加更多了。事实则正相反，因为机械化的特点常常是应用节省劳动的机器和设计，而这些就使资本的边际生产品的增加大于劳动的边际生产品的增加。第三，我们要分析机械化对于农场面积大小的影响。我们已经知道，有些生产技术只能在大农场才能得到有利地采用。我们更要注意，这种新技术一经采用，就有促使原来的农场更加扩大的力量。假若没有多余的土地可以利用，则农场平均面积的增大，就只有用减少个别农场的数目，换言之，就是用合并调整的方法。最后，机械化对于运销机构也有重大的影响，运销机构包

---

① John D. Black, "Factors Conditioning Innovation in Agriculture", *Mechanical Engineering*, March, 1945。

括运输和储藏等项的综合机能。

关于农业机器及现代交通工具代替役畜的问题，我们仍以美国的情形为例，因为这里材料比较容易得到。在美国，马是农场上最重要的役畜，其次要算骡类。用拖拉机、货车和汽车来代替马匹，在 1915 年以后才开始，直到 1919 年才成为明显的趋势。1916 年美国在农场上的马共约 2 700 万匹，其中约 2 100 万匹是三岁或以上，这正是役用的年龄。1925 年，马匹总数降至 2 230 万，可以役用的马匹则为 1 990 万。其后，由于“全能拖拉机”或“行列耕作拖拉机”(Row-crop tractor) 的出现，拖拉机的采用数量更急剧上升。1938 年马和骡子总数降到 1 540 万，役用的马匹则降到 1 310 万。[①] 普通惯于用农场役畜的绝对数额的下降，当作役畜被机器所代替的程度。但是比较合理的办法，应该是用役畜与作物亩数之比的变动，来测量代替的程度。1938 年在美国农场上役用马匹的实际数额，与按一匹马耕种 16.5 亩作物所计算出来的马匹需要额，两者之间的差额约为 760 万匹。[②] 这个数目可以代表本时期内机器替代了马匹的净数额。

就美国所能得到的各种资料，可以看出，1935 年以前马匹被代替的半数左右，约 280 万，是由机动货车及汽车所代替；其他半数则由拖拉机所代替。[③] 按这个比例计算，1938 年由拖拉机替代的役用马匹达 480 万，换言之，每台拖拉机代替了三匹马以上；至于由现代运输所代替的情形，约为每辆货车或每辆汽车代替了不到 0.6 码。这两种数字都估计得很保守，从而

① 资料来自美国农业部 *Agricultural Statistics*。过去四十年间所有各种役畜的数额也可由这个来源得到。这些数字表明农场所用役畜猛烈下降，尤其是 1920 年以后：

附表

年　份	1910	1920	1930	1940
役畜头数	24 211 000	25 742 000	19 142 000	14 481 000

② 关于 1935 年以前的估计数额可参看 WPA，N. R. P. Report No. A-9，*Changes in Farm Power and Equipment*，*Tractors*，*Trucks and Automobiles*，Washington，1936，pp. 62－63。1938 年的估计数额，可参看 John A. Hopkins，*Changing Technology and Employment in Agriculture*，p. 67。

③ WPA，N. R. P. Report No. A-9，*ibid.*，pp. 62－65。

具有高度的可靠性。

在工业化过程中，每人的生产力和每单位土地的生产力，都曾经逐渐地和不断地增加，将来也一定会继续增加。关于农业方面每人的生产力，我们可以采取伊乔基尔（Mordecai Ezekiel）和托利（Tolley）对美国的估计数字为例，来表明其增加情形，并以之与制造业及矿业的增加情形相比较，见表 4—2。[①]

表 4—2　　美国从业工人每人的生产量（1900 年＝100）

年　份	农　业	制造业	矿　业
1870	55	64	36
1880	77	75	56
1890	82	93	84
1900	100	100	100
1910	100	117	104
1920	119	131	139
1930	141	163	147

上列数字表明了在农业中每个劳动者的生产量（它反映每人的生产力），在过去半世纪内所增长的速度，几乎与制造业及矿业一样的快。在美国工业化过程中，这一时期的增长情形是最声势赫赫的。但我们要注意，自从 20 世纪开始以来，制造业中每人生产力的增高，比农业及矿业都快。这表示农业的改进，比起工业的革新来，要迟缓一些。

各主要工业化国家每单位土地的生产力，在工业化期间也有所增加，不过增加率很不明显。表 4—3 表明了英国每英亩土地平均产小麦量和日本每公顷平均产稻谷量。[②]

---

① Mordecai Ezekiel，"Population and Unemployment"，*The Annals of the American Academy of Political and Social Science*，Volume 188，November 1936，p. 256。

Quaintance，根据美国普查的数字，很早以前就说："最近二十年（1880—1900），由于机器的帮助和马力的代替人力，人类劳动在农场上的效果大约增加了百分之三十三。"这与伊乔基尔对于同期的估计数字完全一致。参看 H. W. Quaintance，*The Influence of Farm Machinery on Production and Labour*，New York，1904，p. 16。

② 引自 Colin Clark，*The Conditions of Economic Progress*，London，1940，pp. 256-258。

表 4—3　　小麦和稻谷的平均产量

年　份	英国每英亩产小麦量（蒲式耳）	年　份	日本每公顷产稻谷量（公担）
1771	24.0	1878—1887	13.4
1812	22.0	1888—1897	15.1
1885—1894	29.4	1898—1907	16.8
1899—1908	31.4	1908—1914	18.8
1916—1922	30.7	1925—1929	21.6
1924—1932	31.4	1930—1934	21.9
1933—1936	34.3	1936—1938	24.0

平均产量并不能充分表明每单位土地的生产力，因为本时期内的亩数曾有过变动，而这种变动可能歪曲了生产量的一般趋势。例如，英国每英亩平均小麦产量1812年为22蒲式耳（bushels），反而低于1771年的24蒲式耳，但是实际上，1812年的亩数（3 160 000英亩）却大于1771年（2 795 000英亩）。[①] 从这里很容易看出，1812年平均生产量之所以较低，主要是由于耕种了一些较差的土地。不过，上列数字仍然明白无误地表明了土地生产力逐期增进的总趋势。

丹麦值得特别注意。这个国家最典型的农场面积类型是37英亩到75英亩的农场以及家庭型的农场，它的农业生产是举世最有效者之一。丹麦有些作物的单位面积产量远高于英国，有些甚至是全世界最高的。六十年以前，丹麦的单位面积产量并不优于英国；但是自后，前者的改进就快于后者。现在，丹麦每英亩小麦、大麦、燕麦的产量都较英国高百分之二十五到百分之五十不等；制糖甜菜高百分之五十，芜菁高百分之六十。丹麦农民每英亩收干草籽4 928磅，牧草3 584磅；而英国前者只收3 136磅，后者只收2 240磅。[②] 当我们记起英国的气候远远利于种草时，则这种草产量的对比就显得更为引人注目。丹麦人何以能够得到这样高的平均产量，是一

① Colin Clark，*ibid.*，p. 256。

② P. Lamartine Yates，*Food Production in Western Europe*，London and New York，1940，Part Ⅱ，Denmark，p. 33。

个颇饶兴趣的问题，这可以由丹麦人采用了较好的种子和较多的肥料当中找到答案。但是更重要的一个原因是耕种成本的相对低廉。比起欧洲大陆别处的农民来，丹麦的农民把田地集中在农舍的周围，他不用每天把一两小时的时间花费在分散的田地的来回路途上，这样就节省了大量的劳动。比起英国的农民来，丹麦的农民可能在机器的使用上也比较先进。①

关于畜牧业，丹麦人比较出色的地方是他们很迅速地并且比较彻底地就适应了生产上的新变化。丹麦畜养事业的扩张是一个很大的成就，而这主要是由于英、德工业化的结果。一旦当销路有了把握，丹麦人在养牛业和牛乳生产业方面就飞速进步。他们是第一个了解要有成绩就得注重饲养和育种的国家。他们是记录牛奶产量的首创者，世界上第一个牛奶产量登记社就是 1894 年在丹麦的 Vejan 成立的。由于十分注意科学的育种繁殖方法，丹麦人使得他们的奶牛产品由平庸变得尽可能地完全适合于黄油生产。丹麦奶牛改良的进步是惊人的。每头牛的产奶量从 1871 年的 213 加仑增加到 1930 年的 700 加仑；同期内每头牛的奶油产量从 65 磅增加到 270 磅。②我们要知道，丹麦牛奶生产工业完全是掌握在小规模的家庭农场手中；其中拥有 20 头乳牛以上的农场只占百分之六点六。奶场合作制度对于生产的改进大有裨益。丹麦是世界上在黄油制造方面采用灭菌消毒法的第一个国家，这大部分就得益于此种合作制度。

农场面积或农场大小常用亩数来表示，但是亩数并不是唯一的尺度。劳动、资本和管理也都是一个农场的主要要素。因此，农场的大小可以用这三种要素之一，或任何几个要素的组合，作为单位来衡量，甚至还可以用农产品的价值或物质产量来测量。不过，在当前的讨论中，我们只用亩数作为单位。在农业中，节省劳动的设备和方法究竟能应用到什么程度，

① 在典型大小的农场中，53.5%有一座电力马达，78%有一架播种机，90%有一架割草机，70%有一架自动捆禾机。大农场上番薯和制糖甜菜拔割机日渐普遍；小农场上用一种新而极有效的工具可以瞬息完成芜菁的砍尖工作和拔割工作。参看 P. Lamartine Yates，*ibid.*，p. 36。

② Danish Statistical Department：*Denmark*，1931。

农场面积的大小显然是很重要的决定因素。对于像收割机和脱粒机一类的机器设备以及像挤奶器一类的畜牧机器，农场面积尤其重要。但是有很多节省劳动的方法，其应用并不受农场面积大小的影响。采用产量较高的作物或牲畜，改用较有效力的喷洒灭虫剂或较浓缩的肥料，在小农场采用这些方法，都和在大农场一样，可以达到节省劳动的目的。不过，19 世纪末和 20 世纪初节省劳力最多的还是由于机械化，而机械化只有在工业化的总过程中才能完成。所以，我们必须强调，机械化与农场面积是密切相关的。

根据最近的普查，美国农场面积的平均数约为 170 英亩。[1] 农场的一般面积，因农作活动类型的差异以及区域的不同，当然大有出入。不过我们暂时只涉及总的平均面积。由下列数字，可以看出从 1850 年到 1940 年，美国农场的平均面积曾经沿着两个相反的方向变动，见表 4—4：[2]

表 4—4　　农场平均面积的变化

年　份	1850	1860	1870	1880	1890	1900	1910	1920	1930	1940
农场平均面积（英亩）	203	199	153	134	137	146	138	148	156	174

考察上表，可知从 1850 年到 1880 年美国农场面积有一直下降的趋势，1880 年达到最小额。自后则有明显的向大农场发展的趋势。

一个历史学家曾说，就农业机器的应用言，美国的农业革命是发生在 1860 年以后的半个世纪内。[3] 但是在 1870 年以前，工业化的进度并不是最大，程度也不是最高，因为直到 1870 年以后，钢铁工业才开始发展。1890 年美国产生铁 900 万吨，第一次超过了英国的产量。[4] 钢铁工业的发展甚为重要，因为农用机器工业的诞生和成长须以钢铁工业的发展为先决条件。因此只有 1880 年（19 世纪 80 年代），才可作为全面地有效地开始采用农业

① 依据 *U. S. Census of Agriculture*：*1940*，published by U. S. Department of Commerce，Bureau of Census，1944，Volume Ⅲ，Chapter Ⅰ，Table 4。

② 摘录自美国各个年代的普查资料。

③ H. U. Faulkner，*American Economic History*，New York and London，5th Edition，1943，p. 379。

④ L. C. A. Knowles，*Economic Development in the Nineteenth Century*，London，1932，p. 201。

机器的时期。农业的机械化，对于扩大农场面积以获得内部经济方面，显然发生过很大的影响。1910年以后，农场平均面积变动很小，这可能是由于农场面积已经大得足够从事机械化，若再行扩张，势将引起管理上的困难。再者，一个农场单位一经建立和装配了起来，就难于改变其面积了。有些单位的经营者，虽然觉得自己能够耕种更多的土地，但也许不可能在他原有农场的附近买到或租到土地。

在英国，1760年到1880年的情形表示了经济因素有利于大规模农场。[①]统计数字也证实了从1885年到1931年，最小的两组（1—5英亩，5—20英亩）和最大的一些组（300英亩以上），面积继续降低；次大的一组（100—300英亩）几乎保持不变，而中等农场（20—50英亩和50—100英亩）则在整个时期内面积都有增加。[②]

在苏联，集体化运动显然使农场面积大为扩张。1929年已耕土地中仅百分之四点九是集体化了的。1931年，集体化的土地面积增到百分之六十七点八，1935年增到百分之九十四点一。到1940年，集体农庄（Kolkhozes）拥有已耕土地的百分之九十九点九，几乎是全部了。当着手推行全面集体化政策时，苏维埃政府决定推进农业劳动组合（Artel），作为最适合于本国经济和文化水平及苏维埃政策的集体方式。公社（Communes）和共耕社（Tozes）向农业劳动组合转变的过程，颇为迅速。1929年，共耕社包括集体农场的百分之六十点二，公社包括百分之六点二，农业劳动组合包括百分之三十三点六；到1934年，在所有现耕的集体农场中，公社仅占百分之一点八，共耕社仅占百分之一点九，农业劳动组合则占百分之九十六点三。[③]集体化运动（Collectivization）有些像农场兼并运动（Consolidation），尽

① Hermann Levy, *Large and Small Holdings*, Cambridge, 1911, Passim。

② J. A. Venn, *The Foundations of Agricultural Economics: Together with an Economic History of English Agriculture during and after the Great War*, Cambridge University Press, 1933, table on p. 110。

③ C. Bienstock, S. N. Schwarz and A. Yugow, *Management in Russian Industry and Agriculture*, Oxford University Press, 1944, pp. 134-135。

管集体化运动背后的根本精神是不同的。

采用现代交通工具，对于农产品市场结构及农业生产方式，影响之深远，并不下于引用动力机器和大型农具。现代储藏法，尤其是冷藏法的普遍化，也有同样的重要性。运输和储藏的改良，使各种商品，特别是农产品的市场，获得惊人的扩充，这是不难理解的事；特别是考虑到农产品的笨重和易腐性时，这种情形就更为明显了。要是没有一个扩大了的而且有把握的市场，农业上机器的采用和农场组织的扩张，都将成为不可能的事。现代历史表明了运输和储藏的改良是现代农场产生和农业机械化实现的前提条件。

我们要注意，不同的运输工具，对于农业市场制度有不同的影响。铁路化使得市场集中。在英国，伦敦的Smithfield肉类批发市场上升到一种居于支配中枢的重要地位，在其鼎盛时期，它是市场进化中令人最注目的“中央市场”（Central market）的例子，在美国，由于幅员广大，“中央市场”变成一种中央和终点相混合的市场制度，例如Chicago、Kansas City、Minneapolis等城市，以一个市场控制着其余的市场。牲畜市场机构由芝加哥终点市场控制，谷类市场由芝加哥贸易局控制，棉花市场由New Orleans控制。[①] 第一次世界大战后，无线电、机动货车和混凝土公路，使市场制度有非集中化（Decentralization）的趋势。此等运输便利使买卖双方不必经过中央市场，而可以直接进行买卖。其中原由，也很显然。市场组织改进后，货色等级已经建立，市场信息在准确和及时方面也达到较高的水平。把货物集中到中央市场以便看货检查的必要性减少，市场的非集中化乃开始发生。对于牲畜、谷类、蔬菜和水果来说，这样的情形极为明显。不过我们要注意，这种类型的市场非集中化，与流行于原始乡村公社之间互不相联系而且几乎各自孤立的市场，自然大不相同。

---

① G. S. Shepherd，*Agricultural Price Analysis*，*Iowa*，1941，Chapter 2，the Evolution of Market and Market Price Making，p. 14。

第四节　农作方式的重新定向[①]

当工业化进入相当成熟的阶段，由于对收入增加的影响，就会产生对较好食物的需求。用农产品做原料的某些工业将要扩展，因而将会提高对这些初级产品的需要。这一切都将引起农作方式的转换或重新定向。上节，我们讨论了市场变动对农场的影响，以及由此而引起的农场内部组织的调整。现在，我们将讨论当新产品代替旧产品时，农作方式的转换或重新定向，作为农场的集体现象，如何发生。当一个农场从一种农作方式转换到另一种农作方式，例如从产稻谷转到产小麦，或者从产小麦转到产玉蜀黍或转到产棉花，这种改变可能不会引起生产函数或生产要素组合的变动。这在第二章静态假定条件下已经作了扼要的讨论。当前我们将要考察的，主要是那种只有在采用了新的生产函数或导入了生产技术变动之后才可能完成的农作方式的转换。不过，我们要明了，这两类转换都是要通过价格制度的作用而达到的。

因收入的影响而需要较好的食物，并不是引起农作方式转换的惟一因素。在工业化过程中，还有很多其他因素也同时对这种转换发生作用，其中较重要的是饲料作物的改变，以及由粮食作物转换到工业原料。我们在下面的讨论，将限于这三种情形的重新定向。

首先，我们看看对较好食物的需要如何影响了农作方式的转换。这可

① “农作方式”（Types of farming）、“生产行业”（Lines of production）和“农作制度’，（Farming system）诸词，差不多都是互相通用的。可以说，“农作方式”一词在说英语的国家用得较多，而“农作制度”一词则仅仅是德语“Betriebssystem”的字面翻译。至于“生产行业”一词，则用者甚少。关于“农作制度”或“农作方式”的讨论，可参阅 Theodore Brinkmann，*Die Oekonomik des landwirtschaftlichen Betriebs*，in *Grundriss der Sozialökonomik*，Abteilung Ⅶ，pp. 30－32，Tübingen，1922。此书曾由 E. T. Benedict 等人译成英文，标题为 *Economics of the Farm Business*，1935。

以用过去两个世纪期间英国的情形为例来加以说明。这一时期是英国经济结构遭受了巨大的变动，并且给予英国以首次机会变成一个工业国家的时期。本时期又可分为五个小时期，即 1700—1760 年，1760—1815 年，1815—1846 年，1846—1880 年，1880—1910 年。[①] 在第一时期，即从 1700 年到 1760 年，几乎所有社会的和经济的环境都有利于保持小所有者和小农场，它们的产品主要包括蔬菜、黄油、牛奶、生猪、鸡蛋、家禽、水果等类。在这种有利因素中最明显的是：收成好，谷物（小麦）价格低，地租低，工资高，对肉类和奶品需要的增加，运输方法的改进，例如道路的改良和运河网的扩张。其中有些显然是前两世纪商业扩张的晚期效果。但是最重要的是开始种植块根植物（如芜菁）、苜蓿植物（Clover）和人工牧草，这些归总说来，构成了农业进步的枢纽。这使农民能够饲养较多的较大而重的牲畜，较多的牲畜产生了较多的粪料，较多的粪料产生了较大量的作物，较大量的作物供养了更加大量的牲畜羊群和牛群。若没有芜菁的帮助，仅仅维持牲畜过冬、春两季就是一个困难的问题；而在许多区域，如果想即刻催肥牛、羊出售于市场，也是不能办到的事情。[②] 本时期内有些名家的作品，将永志不忘。汤新（Townshend）提倡把芜菁作为农业改良的枢纽，以致赢得一个“芜菁汤新”的绰号。但是这种耕作的改良要收到最充分的利益，还要等到本国的牲畜也改良了之后。牲畜的繁殖和饲养上的必然革命，主要是贝克韦尔（Robert Bakewell）的工作。这种技术的进步，加上有利的经济条件，使得“保护性的”（Protective）食物的生产渐居优势。

接着的两个时期，从 1760 年到 1815 年以及从 1815 年到 1846 年，正当产业革命开始并充分发生力量之时。在这两个时期内发生了剧烈的变化。原来一度有利于小农的环境，现在变得对他们不利，而利于生产小麦的大

① 这种分期是作者利用 Dr. Hermann Levy 的 *Large and Small Holdings*（Cambridge，1911）一书中的资料和分析而作的。

② 详细的讨论见 Lord Ernle，*English Farming*：*Past and Present*，London，3rd edition，1922，Chapter，7 and 8，pp. 148-189。

农场的增长。1765年以前的五十年，是一个收成异常好的时期；到1765年，这个丰收时期告一段落。这时，虽然国内的小麦生产下降，但由于工业化的初期影响，人口却迅速地增加。结果，英国在1750年以后立即从谷物输出国家变成谷物输入国家。但是由于需要的增加和国内供给的减少，即使增加输入也仍然不能使粮价降到第一个时期的低廉水平。相反地，谷物（小麦）的价格却日益高涨。粮价的上涨对于广大民众的影响是可怕的，使他们大多数陷入了悲惨、困苦和灾难的境地。粮价的飞速上涨使实际工资猛烈下降。1814—1836年的农业大萧条摧毁了小所有者，且使农业劳动者的悲惨境遇更加严重。农业生产又不得不从保护性食物转换到“发热能的”（Energy-producing）作物了。

第四个时期，从1846年到1880年，总的说来，是工业及农业的复兴时期。1846年《谷物条例》（Corn-Laws）的废止，标明了自由贸易的胜利，这是本时期之所以繁荣的几个原因之一。此外，由于几项技术的进步，使农业生产费用降低，粮食价格因而下降。但最重要的是排水的改良，化学肥料的引用，机器使用的推广，运输的日益便宜，尤其是铁路网的巨大扩张。对土地需要的增加使地租上涨，这又使大农场得以继续扩展。另一方面，随着工业的复兴，较高的工资和较高的购买力[①]使对肉类的需要大大增加，从而引起了畜牧业的复兴。由此我们知道，当时农业中发热能食物的生产（主要是小麦生产）和保护性食物的生产（主要是畜养和园艺），都是

① 本时期内英国产业工人货币工资的增加和实际工资更大的增加，可由鲍利（Bowley）的统计数字见之：

附表　　联合王国的货币工资和实际工资

年份	工资	物价指数	实际工资	年份	工资	物价指数	实际工资
1860	58	113	51	1874	80	115	70
1866	66	114	58	1879	77	110	70
1870	66	110	60	1880	72	105	69

见 A. L. Bowley，*Wages and Income in the United Kingdom Since 1860*，Cambridge，1937，Table 8，p. 34。

处于繁荣的情况。有些作者曾称本时期的农业制度为“混合农业”（Mixed husbandry）[①]，我们则称为“平衡农业”（Balanced husbandry）。但是无论称为什么，我们却要注意，这不过是一个过渡性的制度，是从以作物种植为主的农业转变到以畜牧为主的农业的转折点。

我们所举的说明例子的最后一个时期（从1880年到1910年）出现了竞争，尤其是小麦从国外（大部分是从美国、加拿大和俄国）输入的竞争，使小麦价格猛烈下降。小麦价格的下降使英国小麦生产无利可获，结果很多农场都被废弃了。从1760年以来有利于扩张小麦种植的条件，到这时乃告终止。潮流转到了相反的方向。事实表明本时期内种植小麦亩数急剧减少。从1869年的390万英亩减到1895年的140万英亩。[②] 很多土地都完全不种植五谷而转用于种植牧草。不过，主要由于自由贸易而输入了廉价粮食，城市工资劳动者的购买力反而从1880年起有所增加。[③] 因此对于肉类、家禽产品及水果的需要，大大增加。这时，整个情形变得对于生产保护性

① Dr. Levy 曾如此称之。见 *Large and Small Holdings*，Chapter 3，especially pp. 61-70。

② W. Bowden. M. Karpovich and A. P. Usher，*An Economic History of Europe Since 1750*，New York，1937，p. 589。

③ 本期内每个工人的实际工资指数如次：1880年，70；1881—1885年，77；1886—1890年，89；1891—1895年，98；1896—1900年，104；1904—1905年，103；1906—1910年，103；及1911年，100。见 A. L. Bowley，*Wages and Income in the United Kingdom Since 1860*，Cambridge，1937，Table XIV，p. 94。从1866年起，农业工资的购买力，用以夸特（Quarter）计算的小麦，和以磅计算的牛肉来表示，都是继续在稳定地增加：

附表 **英国工资的购买力**

年　份	以夸特小麦所表示者	以磅数牛肉所表示者
1867—1871	0.22	20.8
1892	0.44	33.6
1907	0.49	34.4
1919	0.52	33.6
1925	0.60	37.6
1930	0.88	41.6

这种解释是 C. S. Orwin 和 B. I. Felton 最先开始使用的，见 *Journal of the Royal Agricultural Society of England*，1931，p. 255。

食物有利。同时，很多改良技术都被采用并推广了，结果使专门化的农场得以发展，例如牛奶、种畜、家禽、园艺等专门农场。1910 年以后，这种趋势一直持续着，仅在两次世界大战时期有过中断。

其次，农作方式转换的另一种类型是在饲料作物方面。我们可用美国的情形对这点加以说明。用燕麦作马的饲料已有一个很长的时期。但近几十年来，由于拖拉机、机动货车和汽车的采用，马匹被代替了一部分，因而对燕麦的需要下降。在轮耕中找一种获利更大的作物，是农民不得不面临的问题。有些农民企图用大麦代替燕麦，以解决这一问题。大麦在催肥畜牲的目的上要强于其他饲料。在 1925 年与 1928 年之间，依阿华（Iowa）州种植大麦的亩数增加了百分之四百五十三。[①] 但大麦在该州仍是一种次要的作物，种植大麦的亩数不过是燕麦亩数的百分之十四。1928 年的数字表明：大麦 794 000 英亩，燕麦 5 761 000 英亩。不过大麦亩数的增加，意义很大，而且还表示在大多数地区燕麦亩数下降。解决燕麦问题的一个较满意的办法，是用收获丰富的豆科作物（Legume Crops）代替绝大部分的燕麦现耕亩数，其中尤其是苜蓿属植物（Sweet clover），既可用来轮替牧草，复可深耕埋掉以利于土壤。苜蓿属植物的增加，其意义可能更大于大麦的增加。这种代替使作物轮耕扩张，而不再用依阿华州特有的从燕麦到玉米以及又从玉米到燕麦的两年一轮制了。现在该州逐渐采标准的依阿华四年轮耕法，其法是两年种玉米，接着种燕麦并和甜车轴草属同时下种子，再下一年继续把苜蓿属植物留在田中作为牧草和肥料作物。[②]

最后，农作方式的重新定向，也可以采取从粮食作物转换到工业原料作物的形式。这种转换以单位土地生产力的提高为先决条件。因为只有这样，才能省下种粮食的亩数的一部分，用来生产作为工业原料的作物。不用说，要决定这种变动在自然条件方面是否可能，在经济上能否获利，温

① 此处及以下所引数字，见 C. L. Holmes，*Types of Farming in Iowa*，Bulletin No. 256，January 1929，Ames，Iowa，p. 162。

② C. L. Holmes，*ibid.*，p. 163。

度、雨量和土壤对于这种转换形式比对于前两种形式具有更加重要的作用。这是因为在粮食作物与工业原料作物之间所需自然条件的差异，更大于各种粮食作物之间所需自然条件的差异。假定我们已知此种自然条件的不同要求，那么从粮食作物到工业原料作物的转换就可充分表明工业化的影响。我们试以美国棉花生产来作例子。1870年以后，欧洲，尤其是大陆，以及美国本身，特别是棉花加工工厂已开始迅速增加的南方，对棉花的需要均日渐增加。为了应付这种需要，美国棉花的生产乃大为扩张，尤其惊人的是棉花生产的西渐运动。从1879年到1931年，美国棉花总产量由5 755 000包增加到17 095 000包，五十年内增加了将近三倍。在得克萨斯（Texas）州，同期内棉花生产从805 000包增至5 322 000包，增加六倍有余。在俄克拉何马（Oklahoma）州，1879年棉花生产为零，1899年增到227 000包，1931年增到1 261 000包。[①] 这种亩数的增加，当然有一部分是由于新土地的开垦，但必定有一部分是由于减植别种作物而得到的。种棉亩数的增加，究竟有多少是由于重新定向而引起的，尚待确定。不过工业化对棉花生产扩张的作用则是很显然的。在中国这样古老的国家，大部分可耕地在一定生产技术条件下都已经耕种殆尽，由种植粮食作物转换到种植棉花是更加说明问题的。从1926年到1936年，中国种棉亩数增加百分之七十强；这些增加了的亩数的大部分，无疑是从粮食作物转换而来的。

对于工业化后期农作方式的重新定向，我们已作了扼要的讨论。上述各种转换的形式，由于种种阻碍的存在，并不一定都发生。首先是自然条件，包括温度、雨量和土壤，对于决定转换是否发生，并以何种方式发生，具有最重要的作用。例如，就中国来说，近年来在华北，由于华南人口的迁入或由于城镇人民收入的增加而需要消费较多的稻米，但不论对于稻米的需要如何增加，这并未能使本地原来种植小麦、玉蜀黍和粟米等粮食作物的土地改种稻谷。这种转换之所以未能发生，主要是由于华北的自然条

① Emory Q. Hawk，*Economic History of the South*，New York，1934，pp. 453-454。

件不利于种植稻谷。另外可以用棉花的生产为例。棉花需要温暖的气候和适度的雨量，因此棉花的生产就限于北温带的南部和南温带的北部。虽然棉花加工厂的扩张需要更多的棉花，但在目前的生产技术条件下，要在这两个区域之外种植棉花，还不大可能。第二个限制农作方式改变的因素是运输。运输的发展已使某一地区能利用其他地区的农产品和原料，这使某一地区用不着再改变它的农作方式。再者，国际分工的趋势的加强，多少也减轻了个别国家要改变农作方式的必要性。英国在纺织工业扩张过程中所需要的原料，如生丝、棉花和羊毛，几乎全部是从中国、日本、印度和澳大利亚取得的。英国并不感觉得有变更农作方式的必要性。

第五节　农业在整个经济中的地位

我们已经明了工业化的特征是战略重要性技术的变动，以及因之而起的经济组织和社会制度方面的调整。在工业化过程中，农业作为与其他经济活动部门密切相联的一个生产部门，也必定引起变化。农业本身所发生的变化，我们在上面各节中已经加以分析。现在我们要确定，在经济转变的过程中，农业在整个经济里所占的地位如何。这里所谓农业的地位，是指与其他经济活动诸部门的相对重要性。农业的地位和其他诸部门一样，显然是随时变动的。因此我们必须将整个过程的某一段落提出来，使开始阶段和较后阶段的情形可以相与比较。可是要选择一个恰当的段落，却是一个困难的问题。再者，要选择一个尺度，用来适当地表示农业的相对重要性，这也是一个问题，甚至比上一问题更难解决。普通是用人口的职业分配比例作为尺度。另外一个尺度是国民收入（National Income）或国民产品（National Product）在各个不同生产部门所占的比例。后者是比较合理的办法，但是由于统计资料的缺乏，却不常见采用。当前的讨论将兼用两种尺度。虽然在第二章中，我们根据不同的假定，已经论及人口的职业分配变动[①]；并且，人口的职业分配比例作为一种尺度也不及国民收入比例准确（因为劳动生产率的差异更大得多），但因为事实上有关人口职业比例的统计资料比较容易得到，为此，我们就更加注重这种方法。

在理论上，我们可以说，由于对粮食及衣着原料的需要的收入弹性较低，工业化一经达到使人民获得一"合理的"生活水准时，农业就免不了地位要相对地下降。在达到"合理的"生活水准以前，对粮食的需要将随收入的增加而增加；但是在达到这点以后，收入如再增加，对粮食的需要就要下降，最先是相对地下降，随后是绝对地下降。如何达到这种情形，如同第二章所分析的[②]，是"恩格尔法则"（Engel's Law）和曾为凯恩斯（J. M. Keynes）所广泛使用的所谓"基本心理法则"（The Fundamental Psychological Law）的双重作用。重复一下，"恩格尔法则"是说：当家庭支出增加时，其中用于粮食的比例将减低。"基本心理法则"是说："通常和平均而言，人们当收入增加时，有增加其消费的趋向，不过消费增加不如收入增加之甚。"所以，当收入增加时，支出将增加，不过以较低的比率增加，而其中用以购买粮食的比例就更小。这项原则大致也适用于衣服和做衣服的原料。但是这并不意味着农业的活动将趋于衰微，而是说明以国民产品或国民收入所计算的农业的相对份额有下降的趋势，至于农业活动的绝对数额可以而且极可能地还将继续扩张，而不致有任何严重的减缩。许多工业化了的国家的经验，已经证实了这样的说法。

在研究以职业人口和国民收入所表示的农业的相对地位以前，我们觉得对于农业增长率作一番扼要的说明，并将它与工业增长率及其他生产部门的增长率作一比较，将是很有益处的。在第三章，我们曾用生产的按年增长率（Annual rate of growth）作为计量工业化速度的尺度。同时我们对

---

① 见第二章，第三节，联系因素之三：劳动力。
② 见第二章，第一节，联系因素之一：食粮。

于所考察的工业化过程中具有战略重要性的几个生产部门，也曾经找出了按年增长率。这里我们先把农业的按年增长率，与人口的自然增加率加以比较，然后与其他生产部门的按年增长率加以比较，以了解我们的进化过程中诸种变化的特征。表4—5乃根据美国的经验所作成者。①

表4—5　　美国农业平均按年增长率与其他生产部门的比较

指　数	包括的时期	按年增长率（%）
人　口	1870—1930	1.9
农　业	1870—1930	2.5
制造业	1849—1929	4.8
矿　业	1870—1930	5.7
运输和交通	1866—1914	5.8
贸　易	1870—1929	5.2

由表4—5可以看出，在美国工业化鼎盛阶段，农业的按年增长率为百分之二点五，这表示农业生产按年有显著的增加。以之与人口的按年增加率（1.9%）相比，显然可以看出在一定的收入分配方式下，每人所分得的农产品是增加了。但以农业按年增长率与其他生产活动相比，则前者就处于相对不利的地位。农业按年增长率比制造工业按年增长率（4.8%）几乎小一半，而比矿业、运输及贸易则小达一半以上。上述各部门增长率之所以有差异，主要是由于各部门的产品和劳务的“需求的收入弹性”各有不同，也由于各部门的由生产技术所制约的生产结构的扩张程度互有差别。

一种生产事业的增长是由扩张过程中获得的报酬率所限定的。克鲁姆（W. L. Crum）曾对公司的规模和获利的能力作过基于实际材料的研究，认为“大小不同的各种企业的报酬率（实际报酬率或预期报酬率）的差异，

① 农业的按年增长率系根据Warran-Pearson的指数。另外，根据Day-Pearson，Snyder和Timoshenko做成的农业按年增长率，分别为2.3、2.2和2.4，与我们所引用的无大出入。关于他们的统计材料，见Arthur F. Burns，*Production Trends in the United States Since 1870*，New York，1934，pp. 262-264脚注。关于农业以外诸部门增长率的资料，见本书第三章第三节表3—7，题为“美国各种重要生产部门按年平均增长率”。

无疑地给予工业组织以很有力的影响”。[①] 他又归结说，他的研究结果表示着：“平均而言，大企业（在工业中的各个部门或几乎各个部门，以及在经济周期的各个阶段）比小企业获利较多，尤其比很小的企业获利更多。”[②] 虽然他的研究限于1931— 1936年的时期，而这又是一个萧条或经济趋势下向的时期，不大合乎我们的目的要求；但是他得到的关于各生产部门报酬率方面的数据，仍可用来说明和解释各部门增长率的差异。因此，我们将这六年（1931—1936年）美国农业以及其他生产部门各自的报酬率平均数，列举如次，见表4—6：[③]

表4—6　　美国农业及其他生产部门报酬率（%）平均数

农　业	−2.30
矿　业	−0.75
制造业	2.15
公用事业	1.52
贸　易	0.54
总　计	0.97

在这一时期内农业及矿业的报酬率是负数；报酬率最大的是制造业和公用事业。各业之间报酬的正负之差以及报酬率的差别，主要是由于在商业周期的下向阶段“加速原理”所起的作用。但是无论怎样，这都表明农业生产的条件相对不利，而在萧条时期则情形更坏。

搜求关于人口分配的统计资料，比搜求关于国民收入比例的统计资料，要容易些。城市人口的百分率，是“都市化”（Urbanization）的一种指数，也可以用来作为工业化程度的一个粗略指标。第一次世界大战后各国城市人口的百分率，有如表4—7。[④]

① W. L. Crum，*Corporate Size and Earning Power*，Harvard University Press，1939，p. 6。

② Crum，*ibid.*，p. 7。

③ Crum，*ibid.*，p. 251。

④ 见 John D. Black，*Agricultural Reform in the United States*，New York and London，1929，pp. 40-43。

表 4—7　　城市人口的百分率

国　名	百分率/%	国　名	百分率/%
英　国	78	日　本	40
德　国	65	意大利	40
奥地利	63	瑞　典	26
美　国	51	瑞　士	25
法　国	46	中　国	25
比利时	44	南　非	25
丹　麦	41	印　度	11

各国城市人口的百分率差别很大。英国与印度的对比最为触目惊心，这一事实可以充分说明宗主国与其殖民地的关系。我们还要注意，上面的百分率并不就表示每个国家的其余人口完全是从事农业。例如，英国，从事农业而得到收入的人口百分率实际上只有百分之七而不是百分之二十二；美国方面这个百分率是百分之二十六，而不是百分之四十九。[①] 这是因为很多人虽然住在乡村，但是却在附近的城市或矿山工作。因此乡村人口常常是估计偏高了，很多住在乡村的人实际上应划归为工业人口。不过，上列百分率，纵然是粗枝大叶，仍可当作工业化程度的适当指标。

现在我们拟在上述诸国中选择几个高度工业化了的国家，来看看农业人口的比率如何变动。选取的国家是美、英、法、德、日。讨论的时期包括 1830 年到 1930 年的一百年，这是经济结构转变最为壮观的一个时期。这里所谓的农业人口仅限于工作人口，其数字系从多种来源的资料编制而成的，见表 4—8。[②]

表 4—8　　农业工作人口的百分率（%）*

年　份**	美	英	法	德	日
1830	70.8	—	63.0	—	—
1840	68.8	22.7	—	—	—

① John D. Black, *ibid.*, Table 6, p. 43。

② 多数资料见于 Colin Clark, *Conditions of Economic Progress*, London, 1940。

续前表

年　份**	美	英	法	德	日
1850	64.8	21.9	—	—	—
1860	60.8	18.7	—	—	—
1870	53.8	14.8	42.2	—	84.8
1880	49.4	12.0	—	39.1	—
1890	42.6	10.2	—	—	77.8
1900	37.4	8.4	34.1	33.3	71.8
1910	31.9	8.0	—	27.0	61.5
1920	26.7	7.1	28.6	—	55.1
1930	22.5	—	24.5	22.2	50.3

*包括林业；除德、法两国外，还包括渔业。

** 此等年份仅准确地适用于美国。对于其他国家，每一年则代表十年时间的间隔，例如 1840 年乃代表 1836—1845 年间的十年。

从表 4—8 我们清楚地看出，过去一百年来，农业工作人口的百分率迅速下降。在这一时期内，美国从一个以农业人口为主的国家变成一个以工商业人口为主的国家。法、德两国也是这样。英国的这种转变还远远居先于别的国家，它的农业工作人口的百分率在所有各国中是最低的。日本 1868 年才开始工业化，但直到 20 世纪开始以前，工业化还未大踏步进行。即使晚近到 1930 年，日本的农业工作人口仍为全国人口之半数。整个说来，19 世纪及 20 世纪，举世各国农业工作人口百分率的下降已成了一般的共同的趋势。只不过下降的比率以及开始下降的时间，各国互有不同，这要看资源、生产技术和制度背景如何而定。

有些国家，直到现在生产还是以农为主，其百分率的变化值得特别注意。兹以丹麦和澳大利亚为例，加以说明。① 两国农业工作人口的百分率，均逐渐下降，而澳大利亚在这种转变中显然先于丹麦。从两国看，最大的特点是工业工作人口相当稳定。五十多年来，澳大利亚工业人口的百分率

① 澳大利亚的统计资料，见各年的 *Commonwealth Year Book*。丹麦的统计资料，见 Colin Clark，*Conditions of Economic Progress*，p. 196。

仅从百分之二十七增到百分之三十二；二十五年来，丹麦的工业人口百分率仅从百分之二十五增到百分之二十七点五，不过增加全人口的百分之二点五而已。由表4—9还可看出，大多数离开农业的工人，并没有转到工业，而是转到运输业和商业了。运输业和商业的功用，对农业经营的重要性，并不下于对工业经营。不过我们要注意澳大利亚和丹麦的特殊情形，那就是：工业人口百分率的相当稳定以及劳动力直接从农业转向运输业和商业，只有在与工业高度发达诸国保持密切的经济关系时，才能实现并继续存在下去。

表4—9　　1871—1931年澳、丹工作人口的百分率（%）*

年份	澳大利亚				丹麦			
	农业	工业	运输	商业	农业	工业	运输	商业
1871	44.2	26.7	3.8	8.2	—	—	—	—
1881	38.5	29.7	4.5	9.3	—	—	—	—
1891	31.1	31.1	6.9	12.3	—	—	—	—
1901	32.8	26.9	7.2	13.1	48.0	24.9	—	—
1911	30.1	28.8	8.2	14.5	43.1	25.0	4.4	10.8
1921	25.7	31.3	9.1	14.4	35.1	27.4	6.0	10.9
1931**	24.4	32.1	8.3	16.7	36.4	27.5	5.9	12.5

* 澳大利亚农业包括矿业；两国运输均包括交通。

** 澳大利亚的确切年份是1933，丹麦则为1930。

农业工作人口百分率的下降，只有在采用改良了的农业技术时，才有可能。其所以如此，因为：第一，在工业化开始的阶段，人口的增大不仅表现在绝对数量上，而且也表现在增加比率上。就整个世界言，或就一个与外界无贸易关系的闭关经济言，我们都知道这时对粮食的需要将要增加，从而对于粮食供给方面所加的压力也将要开始发生作用。即使假定尚有可耕土地，同时也假定农业人口比例保持不变，但仍要提供加倍的努力才能增加粮食生产以满足新的需要，因为新土地通常较已耕土地为瘦瘠。第二，若我们保持第一个假定，而取消第二个假定，则所需要的努力将更大。若我们放弃第一个假定，而保留第二个假定，则结果也将是一样，因为报酬渐减法则将要发生作用。第三，若我们把两个假定全取消，就是说，既无新土地可以利用，而农业人口百分率又下降，则所需要的努力，将更加急剧增加。在这种情形下，只有采用新的农业技术，才能增加粮食生产，使之足以应付新增的需要。假若将衣着及其他必需品的原料，也包括在内和粮食一并计算，则情形更将如此，尤为显然。

不过我们要指明，按照上面的分析，我们从一开头就假定了一个充分就业的经济。这样，农业工作人口的比例，只有在采用了新的农业技术之后，才能减低。但是实际上并不总是这样。在古老的国家里，当工业化开头进行时，农业劳动力总有大量剩余。这种农业劳动力剩余，可以用来生产粮食和原料以应付新增的需要；而且，也可以直接或间接转入到工商业的用途上去。因此，在工业化的开始阶段，即使不采用新的农业技术，农业工作人口的总数，甚至农业工作人口的比例，仍然可以降低。但是到了工业化的较后阶段，剩余的人口将渐被吸收。这时，就必须采用新的农业技术，而且只有在这个时候，由于劳动力开始变得稀缺而昂贵，才能有力地采用新的农业技术。这里，承认不充分就业存在着的这种修正是非常重要的，我们必须牢记在心。这里表明有一种“滞后”或“时延”（Time-lag），它对于一个尚待工业化的国家制定一种经济政策，有着决定性的作用。

现在我们来讨论以国民收入比例为尺度来衡量农业地位的问题。我们仍以美国的情形为例。表 4—10 表示美国自 1799—1937 年农业和制造业在实际收入中所占的百分率。[①] 显然，在过去将近一百四十年中，别的活动的百分率保持着相当稳定的状态，但农业的相对重要性，由它在实际收入中

① 见 R. F. Martin，*National Income in the United States，1799－1938*，National Industrial Conference Board，Washington，D. C.，1939，Table 17。Harold Barger，and H. H. Landsberg，*American Agriculture，1899－1939：A Study of Output，Employment and Productivity*，Chapter 8，Agriculture in the Nation's Economy，特别是 C. R. Noyes 在 pp. 316－321 所加的附注，有精辟的讨论。我们还应该提到，Martin 用以计算百分率的总收入是不包括公司储蓄和政府生产的收入的，因此表 4—10 农业及制造业的百分率较 Simon Kuznets 所得出者略高，见 Kuznets，*National Income and Its Composition，1919－1938*，National Bureau of Economic Research，New York，1941，Table 2。

所占的比例看来，已从百分之四十降到百分之十二，降低了三分之二有余；而制造业的比例却由百分之五增到百分之三十，增加了六倍。其中 1819—1829 年的十年和 1879—1889 年的十年尤其值得注意。在这两个十年中，制造业的扩张率比任何时期都大。这也不难理解，因为第一个十年是“铁路化”（Railroadization）过程开始的时期，第二个十年则是钢铁工业开始扩张的时期。1869 年是美国内战停止之年，也是美国历史上最引人注目的经济转变过程开始之年，在这一年以后，农业在实际收入中所占的百分率，才迅速下降。第一次世界大战曾使这种下降暂时中断，但自后下降的趋势又继续绵延。

表 4—10　　美国 1799—1937 年农业及制造业在实际收入中所占的百分率（%）

年　份	农　业	制造业	其他生产行业
1799	39.5	4.8	55.7
1809	34.0	6.1	59.9
1819	34.4	7.5	58.1
1829	34.7	10.3	55.0
1839	34.6	10.3	55.1
1849	31.7	12.5	55.8
1859	30.8	12.1	57.1
1869	24.1	15.9	60.0
1879	20.7	14.5	64.8
1889	15.8	21.1	63.1
1899	21.2	19.6	59.2
1909	22.1	20.1	57.8
1919	22.9	25.8	51.3
1929	12.7	26.2	61.1
1937	12.3	30.3	57.4

从比较 1830—1930 年农业收入在国民收入中所占比例的变动和农业工作人口在全国人口中所占百分率的变动的结果，我们可以清楚地看出，这两种情形的下降率几乎相同。就美国言，农业收入所占比例从 1829 年的百分之三十五降到 1929 年的百分之十三；农业工作人口所占比例从 1830 年的

百分之七十一降到1930年的百分之二十三；两者都表示在一百年中降低了约三分之二。我们还须注意，在整个这一百年中，农业收入所占百分率与乡村人口所占百分率之间的比例，几乎总是保持着同样。例如，1830年两者之比是百分之三十五比百分之七十一，1930年两者之比为百分之十三比百分之二十三。这种一致，不能纯粹看做是偶合。因为任何一个部门的收入百分率与其工作人数百分率的公正比例应该是一比一，上述情形毫不含糊地显示出农业劳动者是在一种很不利的情况下生活着的。

由上面的分析，我们可以得到如下的结论：工业化开始以后，农业原来在世界整个经济中所占的优越地位，就开始让给了制造业、运输业和商业。农业不仅失掉了优越地位，而且以工作人口和国民收入所表示的相对重要性也日渐下降。布莱克在比较1910—1940年美国净农业收入、劳动收入和资本收入的指数后，得到如下的结论："从这种比较所获得的一般印象是，就收入而言，农业是在相对地下降。用实物产量来说，农业也是在下降的。这不仅在美国是这样，而举世各国当其人民的生活水准上升时也都是如此。当任何国家的人民平均每人生产力增大，从而实际收入也增大时，则该国人民就将把较多的收入用于城市的产品和劳务，而把较少的收入用于食粮和衣着原料。"① 不过，这也并不是说农业的绝对生产量在工业化过程中是减少了。相反，由于现代运输及有效的销售机构，由于工业发展所带来的效益，农业的生产却还在以史无前例的规模不断扩张。农业在整个经济中的所谓低落，只不过是由于它的扩张率，比别的生产部门，尤其是工业部门，较小而已。

---

① John D. Black，*Parity*，*Parity*，*Parity*，Cambridge，Mass.，1942，p. 101. Black在另一处说："在像美国这样正在增长的经济里，农业很少有希望与工业及贸易同速度地扩张。"(p. 108)。

第五章

工业化对于农场劳动的影响

本章拟讨论工业化对于农场劳动有利还是有害的问题。农场劳动包括直接参加农场工作的劳动者，即所谓狭义的农场劳动，和间接帮助农场业务的劳动者，例如家庭农场中的“外界决定的劳动”(Externally conditioned labour)。首先，我们将对有关补偿作用的诸学说作一个扼要的考察，以求了解采用机器对于劳动是有利还是有害；如果有利，又是怎样有利，同时有利到什么程度。其次，我们将决定劳动在全部农业收入中所占的绝对份额(Absolute Share)和相对份额(Relative Share)各如何。论及相对份额时，我们将把全部农业收入中的劳动收入，与土地、资本及管理各部分的收入，作一比较。再者，我们对于劳动力从农场转移到工厂，亦将加以分析。此处所谓劳动力转移是以发生了技术变动为前提条件，这与第二章在静态假定下的讨论不同。我们还要指出的是，家庭农场或自耕农场的农民，不仅是劳动者，同时也担负管理的职责，而且在某种程度内他还担当企业家的功能。在讨论时，我们对于这些不同的功能，将试图在理论上予以区分。

第一节 关于“补偿作用”（Compensatory Effects）的诸种学说

技术变动的最重要的形式之一是机器的采用。机器在总的方面对于一般社会的影响和在特殊方面对于劳动者状况的影响如何，久为一个争论的问题。主张影响是有利的，称为“补偿学说”（Theory of Compensation），其中多数作家属于古典学派。本文中“补偿作用”一语作广义的解释，机器的有利影响或不利影响都包括在内。我们对于“补偿作用”，还将从土地、劳动和资本等不同生产要素的角度，加以研究。我们对于劳动这个因素将特别注重，因为劳动力从乡村移入城市，或从农业移到工业，乃是工业化过程中最引人注目的一种变动。

早在 18 世纪下半叶，时值产业革命初期，关于新机器对劳动者的影响已有所思考。19 世纪初，讨论本问题的两种趋向已见端倪：一方面是萨伊（J. B. Say），他第一次提出有系统的乐观说法；另一方面是劳德代尔爵士（Lord Lauderdale），他第一次着重提出机器的无限使用是否常有利于劳动人口的问题。[①] 萨伊认为机器有利于整个社会和劳动者个人，其立论系根据

① J. B. Say，*Traite d'économic politique*，2nd edition（first edition 1803），Paris，1814；Lord Lauderdale，*An Inquiry into the Nature and Origin of Public Wealth*，2nd edition（first edition，1804），Edinburgh，1819。关于这方面的讨论，还可参考 Work Projects Administration，National Research Projects，*Survey of Economic Theory on Technological Change and Employment*，Washington，1940；and TNEC，*Technology in Our Economy*，Washington，1941。

他的“市场法则”（Law of Markets），即生产创造对它自身的需要。机器的采用意味着节省成本和减低价格，价格下降促使对同种工业或新工业的货物的需要扩大，最终就引起就业的增加。他承认机器排斥了劳动力，但他以为这种排斥只是一种暂时的过渡性的害处，即将为价格下降和生产力提高所带来的财富增殖和就业增多所纠正和补偿。劳德代尔爵士的主要论点是：资本是生产性的，只有在它可以辅助劳动或做劳动所不能做的工作时，它才能增添国民财富。因此，一个国家，只有在资本能代替劳动去生产那些已经有人需要的东西，才能从更大的资本积累得到好处；超过这个限度，资本积累就无利益可言。他反对通过“节省”（Parsimony）而形成资本，因为节省表示对消费性商品的需要的减少，从而相应地减少了对劳动力的需求。这种论点，部分地构成了现代凯恩斯学说的先导。

这两种关于机器作用的论点，后来各自更进一步地被加强和发挥。西斯蒙第（Simonde de Sismondi）和李嘉图（David Ricardo）持批评的观点，麦卡洛克（J. R. McCulloch）则站在乐观派一边。西斯蒙第对下列观点加以攻击：机器有毫不含糊的利益，被机器代替了的工人可以自动地重新被雇佣。他认为机器的发明和引用，只有在先对货物和劳动力的需要有所增加的前提条件下，才明确无误地是有益的；因为只有对货物和劳动力的需要增加了，才可以使被机器所代替了的劳动力在别的地方获得雇佣。[①] 李嘉图在其《原理》[②] 第三版新加“论机器”一章，其论证与后来他的门人所持无条件的乐观看法大不相同。他相信“机器对人类劳动的代替常常极有损于劳动阶级的利益”；[③] 而“劳动阶级认为采用机器常常有损于他们的利益，并非出于偏见和错误，而是合乎经济学的正确原理的”。[④] 然而，李嘉图的

① J. C. L. Simonde de Sismondi, *Nouveaux principles d'économie Politique*, 2nd edition (first edition, 1819), Paris, 1827。

② David Ricardo, *Principles of Political Economy and Taxation*, 3rd edition (first edition, 1817), London, 1821。

③ David Ricardo, *ibid.*, pp. 468-469。

④ David Ricardo, *ibid.*, p. 474。

后继者们并不相信他们的导师对这个问题的说理，而一般都采取乐观的看法。他们发挥“补偿原理”（Compensatory Principle），认为一行一业被代替出来的工人会立刻被同一行业或新兴行业所吸收。当时对这一学说最有系统的陈述者是麦卡洛克。他放弃了李嘉图的主要论点，说那完全是假设的。他说：“世界的实际情形是，机器的采用绝不是减少而总是增加总生产物。”① 由于机器的采用，商品价格下降，对于商品的需要增加，于是不得不增加雇用人员以供给这种增加了的需要。如果人们对于这一特定商品的需要是缺乏弹性的，那么它的价格的下降将减少用在这一商品上面的收入，从而这部分节余收入，就可用于购买别的商品，或可用于储蓄以增加资本。总而言之，机器的采用并不减少对劳动力的需要，也不降低工资率。

约翰·穆勒（John Stuart Mill）继李嘉图之后，更加充分地重申了古典派的立场，尽管加上了“一些修正”。穆勒强调，工人的生活情况是由一国的“总生产物”（Gross product）决定的，而流通资本和固定资本对于“总生产物”则有不同的影响。机器和诸种改良是否有损于劳工的利益，须看固定资本的增加是否引起流通资本的减少而定。按照穆勒的看法，这是因为，最终是消费者，通过对某些产品的需要，决定劳动的投入方向。但是劳动者的就业量又决定于流通资本额，而流通资本是直接用来维持劳动和支付劳动报酬的。②

马克思在《资本论》中用一大章来讨论“机器与现代工业”，尤其着重机器对于工人阶级的影响。③ 他对于机器的影响的分析，是与他的一般经济学说密切交织的，即一方面与他的价值理论和剩余价值形成理论密切相联，另一方面又与他的一般资本积累法则密切相联。总之，在他看来，在资本

① J. R. McCulloch, *Principle of Political Economy*, Edinbury, 1830, p. 199。

② John Stuart Mill, *Principles of Political Economy*, 1st edition, 1848; new edition as edited by W. J. Ashley, London and New York, 1909。

③ Karl Marx, *Das Kapital*, 1st edition of Volume Ⅰ, 1867, English Translation, Chicago, 1909, Chapter 15, Machinery and Modern Industry, pp. 405－556。

主义制度下，机器对工人的影响并非渊源于机器本身的性质，而是渊源于机器被“资本”利用的方式，即渊源于机器被雇主用来赚取交换价值和剩余价值。马克思猛烈地批评补偿学说，认为这是发生于他所谓的“一整群资产阶级经济学家”之手，包括詹姆斯·穆勒（James Mill）、麦卡洛克（J. R. McCulloch）、托伦斯（Robert Torrens）、西尼耳（Nassau W. Senior）和约翰·穆勒（John Stuart Mill）。[①] 像前面已经提到的，补偿学说是指所有代替了工人的机器，必然同时空出一批资本足以使这些工人再度就业。马克思认为这将永远不会发生，因为任何时候采用了一种机器，不但不能空出一部分资本，反而凝固了一部分资本使其不能再与劳动力相交换：可变资本（劳动）变成了不变资本（机器）。[②] 因此，机器的这种影响不是一种补偿，而是“一种最可怕的鞭笞”（a most frightful scourge）。马克思承认“工业的任何部门所解雇的工人，无疑能在别的部门找到职业”。但是他强调说：“假若要使他们（工人）找到职业，从而重新建立他们与生活资料之间的约束关系，就必须有新追加的资本从中作为媒介，而不能由以前雇佣过他们而以后又变成了机器的资本作为媒介。”[③] [中译本加注]

从19世纪转到20世纪的时候，经济学说的新假设、新方法和新概念，结合着杰文斯（W. S. Jevons）、马歇尔、克拉克（J. B. Clark）、奥地利学派，以及洛桑学派诸家的著述，加上了许多后继者的发挥，便组成了一个“新古典经济学”的体系。就技术对于就业的关系而论，新古典学派的代表们在本时期内并没有发现什么重大的问题。整个说来，他们复归于萨伊（J. B. Say）和英国古典派的乐观看法，并且用“经济均衡”（Economic equilibrium）的概念来增强他们的这种观点。例如，在马歇尔的《经济学原

① Karl Marx，*ibid.*，Section 6 in the same Chapter，pp. 478—488。

② 关于例解，见 Karl Marx，*ibid.*，pp. 478—479。

③ Karl Marx，*ibid.*，p. 481。

[中译本加注]：这里所引用的马克思关于在资本主义制度下应用机器对无产阶级命运的影响的论述，只是针对“补偿学说”的一部分，而对于更加重要的产业后备军和无产阶级贫困化的理论则未涉及，希读者注意。

理》一书中，就没有失业这个词，而他对于“不连续的”（discontinuous）就业的论述也很少而且不重要。[①] 他们一般的认识是，一切生产要素固然彼此有一定程度的竞争性，但主要是相互补充的（Complementary），并且相互构成就业的场所。因此，新古典派的学说乃是建立在一种静态均衡的概念上，技术的变动在一个静态假设的经济体系里显然是没有地位的。

与均衡概念和静态分析的精心描绘相对照的，是动态分析在发展过程中，以及讨论经济周期变动和危机的诸种学说在发展过程中，所采取的决定性的前进步伐。欧洲的亚佛达理翁（Albert Aftalion）、杜冈・巴拉诺夫斯基（Mikhail I. Tugan-Baranovsky）、列居尔（Jean Lescure）、施比脱夫（Arthur Spiethoff）和美国的米切尔（Wesley C. Mitchell），都是开路先驱。与此同时，另外一派思想也在形成，它对新古典学派有严厉的批评，对经济学说和政策发生了很大的影响。英国的霍布森（John A. Hobson）和美国的凡勃仑（Thorstein Veblen）或许是其中最重要的代表人物。霍布森特别着重因机器而引起的劳动力配置的转换，以及机器因刺激过度储蓄或加剧消费不足而给予工业萧条的影响。凡勃仑曾以精练的表述提出下列见解：技术的进步必然加剧“机器生产过程”（Machine Process）与“工商企业”（Business Enterprises）之间的矛盾，并且使后者与资本的储备、经济资源的充分利用，以及社会和经济价值的发展等要求，发生更加激烈的冲突。[②] 这两个作者可说是重新解释了西斯蒙第（Simonde de Sismondi）等人在这方面的学说。

我们已经简要地阐述了各种有关补偿作用的学说的发展。我们不难看出，在采用机器的问题上，拥护与批评两派都是各自坚持己见。批评论者，从劳德代尔爵士（Lord Lauderdale）和李嘉图，直到霍布森和凡勃仑，都

---

① 马歇尔在一个地方谈到现代工业中“就业的中断”（Inconstancy of Employment），并且说：“有几个原因汇合起来使它所显示出来的程度，要比实际上大一些。”见 Alfred Marshall，*Principles of Economics*，8th edition，London，1936，p. 687。

② TNEC，*Technology in Our Economy*，Washington，1941，p. 36。

比较着重短期作用，并且更多地注意采用机器和以机器代替工人的个别生产单位或个别行业。另一方面，以萨伊为首的并包括大多数英国学者的拥护派，则比较着重长期作用，并且假定没有“摩擦”失业（“Frictional” unemployment）存在。

我们若采取比较客观而更加广泛的考察，就会相信，要对机器的影响作任何简单的说明乃是不可能的。机器的影响是有利还是有害，首先要看社会制度以及引用机器的目的如何。对于这一点，我们暂且不深予讨论。如果是在私人企业制度下，那就要看我们所考虑的是长期影响还是短期影响。从短期来观察，本质上是节省劳动的新机器或新生产过程的采用，无疑地要从该生产单位或该工业逐出一些工人。这些被逐出的工人要重新就业，须旷日持久地等待，并饱经辛酸。从长期来观察，因为技术的改良将提高生产效能，增加国民收入，不久也就会创造出新的就业机会，理论上被逐出的工人将会被再次雇用。就这点来说，短期观点系从个别生产单位或行业来研究这个问题，而长期观点则系从整个经济社会来考察这个问题。其次，机器的影响如何，要看不同行业的不同商品的需要弹性如何而定。被逐出的工人数额与需要弹性作相反方向的变动。换言之，一种商品的需要弹性是等于、大于或小于一，将决定该商品价格下降的程度，该行业的市场需要及生产扩张的范围，以及由此而发生的可以由该行业重新雇用或可以在他处找到职业的工人的数目。这里我们要指出的是，道格拉斯（Paul H. Douglas）是少数作家中最先对于这方面作过有系统的分析的一人，关于他的分析，后面还要谈到。第三，我们必须承认，任何时候采用了新机器或新方法，某种方式的调整就必定发生。在调整的过程中，除非是良好的计划经济，否则必然伴随着某种程度的“滞后”（Lag）和“失序”（Disorder）。这就是说，有些因素将要暂时闲置，或者永远抛弃于生产组织之外。如果这个生产要素碰上的是劳动力，正像我们现在的讨论所设想的情形，则所谓“摩擦失业”就必然发生。在一个所谓自由和竞争的社会里，这种“滞后”、“失调”或“摩擦失业”被认为是社会经济进步所必须付出的代价。按照这种哲学，这种有害的影响倒是很合理的。但是在今天，鉴于近来的研究所揭露的一系列事实，经济学家大都承认，技术变动所必然引起的劳动力和资本的转移，可能对工人带来严重的损害；如果让各个工人遭受绝非由于他们自己的过错而发生的困苦，实在是不公正的。所以，政府必须采取行动来防止、缓和或解救此种苦难。

第一次世界大战结束后，注意力先是集中于20年代后期的繁荣和“技术上的失业”（Technological unemployment），后来又集中于30年代初期的萧条和大量失业。在对于这一问题曾作过系统分析的一些作家中，道格拉斯特别值得一提。① 根据他的研究，工人从原来的行业转到其他行业的数目，与下列诸因素成相反方向的变动：需要弹性，劳动在最终生产中的重要性，竞争的程度，以及主要由技术变动所影响的操作的相对重要性，等等。换言之，由技术变动所引起的工人从原业转到他业的数目，因下列情形而增大：

①当一商品的单位价格下降，对该商品的需要量增加较少时（即需要弹性较小）；

②总支出中劳动成本所占的比例较小时；

③成本减低使价格下降的程度较小时；

④在整个行业中这种操作的重要性较小时。

就长期言，同时也根据此种分析，改良的机器以及较高效率的管理并不一定永远使工人失业，也不一定产生永远的“技术失业”。相反，它们将可能提高国民收入，并使一般所得水准和个人收入上升。但在短期内，这种技术的改良必然引起再调整（Readjustment），而这却要花费相当时间，

① Paul H. Douglas，“Technological Unemployment”，*American Federationalist*，Volume 37，No. 8，August 1930，pp. 923-950。其他有关本问题的著作有：W. I. King，“The Relative Volume of Technological Unemployment”，*Proceedings of American Statistical Association*，1933；Harry Jerome，*Mechanization in Industry*，National Bureau of Economic Research，New York，1934。另外一重要著作是 Sir William H. Beveridge，*Unemployment：A Problem of Industry*，New edition，London，1930。

甚且要引起临时的失业。

近年来，常常问到这个问题：经济进步使劳动在国民收入中所获得的比例一般是增高了还是降低了？希克斯建立了一种答复这个问题的学说。[①]根据他的研究，技术的变动影响某一个给定的生产要素和其他生产要素所获得的收入，有下列几种方式：

①任何一种生产要素，如果对它的需要弹性大于一，则该要素的供给增加时，将增加其所获得的绝对份额（即实际收入）。

②任何一种生产要素的供给增加，经常会增加所有其他要素合计起来的绝对份额。

③任何一种生产要素的“替代弹性”若大于一，则该要素的供给增加，将增加其相对份额（即在国民收入中所占的比例）。

最后的结果如何，须看这种要素的边际生产力受到怎样的影响而定。为简便计，希克斯假定只用劳动和资本两种要素来生产某种商品。为此，影响总生产物归于这两种要素的绝对份额及相对份额的技术改良，可以划分为节省劳动的，节省资本的，或中性的。节省劳动的发明对资本的边际生产物的增加，大于对劳动的边际生产物的增加。反之，节省资本的发明对资本的边际生产物的增加，则小于对劳动的边际生产物的增加。中性的发明则表示两种要素的边际生产力以同一比例增加。

不过，我们要注意，希克斯的分析系基于两个假定：一个是在任何情形下，经济制度皆处于均衡状态；另一个是他完全忽略了收益渐增的可能性。这两个假定大大限制了他的学说对工业化这一类进化过程的适用性。但是他的一般原理仍是有效的；而且，假若能为实际经验所证实，这些原理还可用来指示由于技术变动的结果，劳动或其他生产要素的相对重要性发生变化的方向。

---

① J. R. Hicks, *Theory of Wages*, London, 1935, Chapter 6, Distribution and Economic Progress, especially pp. 113－125。

上面的讨论，可以同样应用于工业生产部门和农业生产部门。只是在农业方面，作为生产要素的土地必须考虑进去，并且要予以特别重视。

第二节　劳动在农业收入中所得的份额

第四章曾说明，当工业化发生显著的作用后，农业在世界整个经济中的相对重要性就有日渐下降的趋势。在这种相对地位日趋下降的农业中，劳动的绝对份额和相对份额，受到技术变动的影响如何，将是本节拟加讨论的问题。根据希克斯等人的理论分析（这些我们曾在上节中扼要批评过），在闭关经济里，一种生产要素的量的增加，总会增加属于该要素所得的绝对份额，只要对于该要素的需要弹性大于一；并且也总会增加所有其他生产要素合计起来的绝对份额。至于该要素的相对份额是否增加，则须看它的替代弹性是否大于一，换言之，须看别的要素的供给的性质如何。在农业中，生产要素可以分为土地、劳动、资本和管理。在理论上，管理是一个独立的生产要素，应该与其他生产要素分开讨论。但实际上，管理往往与劳动或资本融会贯通，因而无法予以清楚划分。所以，我们的讨论将仅限于劳动、资本和土地三种要素。

要准确地测量农业的工资收入，不用说是很困难的。农业的全部劳动工资由两部分组成：一部分是付给雇佣劳动的工资；一部分是家庭成员和经营者的劳动的估计价值。要估计家庭成员劳动和经营者劳动的工资价值，哪怕只要求相当的准确性，也是几乎不可能的。即使对农场雇佣劳动工资的衡量，也不是一件像工业工资那样简单的工作。这是因为农业工资通常包括膳宿在内，而它们的价值是不容易估计准确的。估量资本的价值和土地的价值也要遭遇到一些困难。

农业劳动所得的绝对份额，可以用全部工资收入来代表。我们再以美国作例子来加以说明。这里我们采取一种权宜的办法：在一段时期内，若农场劳动者的绝对数目保持不变，则每月农业工资率的趋势可以作为农业劳动绝对份额的趋势的指标。自 1880 年到 1940 年，美国总人口增加百分之二百八十，以指数计，即自 100 增至 280。同期内农场劳动者在总人口中的百分率从百分之五十降至百分之二十。略加计算，就可推知农场劳动者的实际数目，从 1880 年到 1940 年几乎相同。把这些记在心里，我们就可以知道表 5—1[①] 所表示的过去几十年中农业工资率的变动如何。

表 5—1　　美国农场工资率指数（1910—1914 年＝100）

年　份	比　率	年　份	比　率
1910	97	1926	179
1911	98	1930	167
1915	103	1931	130
1916	113	1935	103
1920	242	1936	111
1921	155	1940	126
1925	176	1941	154

农场工资率的趋势，无疑是在逐渐地、轻微地增加。但是这种趋势不太明显，因为就过去三十年说来，周期变动过于猛烈，以致将这种趋势掩盖了。其所包括的时期也太短促，不能配合成一种长期趋势。不过我们至少可以说，在 20 世纪前半叶，农业劳动的绝对份额并没有显出下降的情形，很可能还略有增高。这与希克斯的第二命题大致相符合，该命题谓：一个生产要素（资本）量的增加常常会增加所有其他要素（劳动和土地）合计的绝对份额。但是这一命题只适用于静态情形。在技术变动的情形下，劳动及土地的绝对份额是否增加，仍然是一个有争论的问题。有一位作家认为，技术变动的全部结果表现在土地和劳动所得的份额低于资本。[②] 其理由

① 根据美国农业部，*Agricultural Outlook Charts*，1944，p. 7。

② Earl O. Heady，“Changes in Income Distribution in Agriculture with Special Reference to Technological Progress”，*Journal of Farm Economics*，August 1944，pp. 435－447。

有如下述：增加土地物质生产力的诸种改良所引起的效果，大部分要看需求弹性而定，而且随着商品之不同而各异其趣。过去测量需求弹性的一些尝试，指明了在农业中由缺乏弹性或弹性小的需要占据优势；这一事实暗示着每亩产量增大后的全部效果，是降低绝对货币地租，从而降低土地所得的相对份额。[①] 鉴于土地和劳动的需求弹性很低，它们的绝对份额很有可能未曾增加，或者增加极为微小。

在工业化过程中，劳动在农业收入中的相对份额是否增加了，这一问题更饶兴趣。这将说明，作为主要生产要素的劳动，是否得到了其他主要生产要素所得到的同样收入。根据农业统计和美国普查（Agricultural Statistics and the United States Census）的资料，赫迪（Earl O. Heady）对农业总收入中土地、劳动、资本和管理的相对份额，作了一个估计（见表5—2），这可说是第一次尝试。虽然存在很多统计上的缺点，但是他的估计数字仍然值得引用，因为它们提供了一些概括性的和明白无误的启示。[②]

表5—2　　美国农业总收入划归劳动、土地、资本及管理的相对份额估计

时　期	劳　动	土　地	资本及管理	总　额
1910—1914	53.4	30.3	16.4	100.0
1924—1928	47.4	30.2	22.4	100.0
1936—1940	41.8	26.9	31.3	100.0

在上面的估计里，第一次世界大战和大战后紧接的期间，以及经济大萧条期间，情形特殊，都未列入。所以，这些数字很能代表工业化过程中的正常情形。在过去三十年中，劳动的相对份额从百分之五十三下降到百分之四十二。鉴于土地份额的相对固定不变，显然这种下降差不多完全是由于资本及管理的相对份额的相应增高，从百分之十六增到百分之三十一，

① Earl O. Heady，*ibid.*，p. 445。

② Earl O. Heady，*ibid.*，p. 440，Table 2。关于计算的方法，可参看 pp. 440-441 的解释。

所造成的。资本和管理的增加率又远远大于劳动的下降率。

劳动与资本相对重要性的这种变动，完全与工业化的一般趋势相符合，因为就我们在第三章中所讨论的，工业化可以解释为一种“资本化”的过程。工业化是生产中资本使用的“宽化”和“深化”的过程。这如同用于工业一样，也可以适用于农业。在农业中，土地显然占据一个异常重要的地位，这是值得特别注意的。我们曾一再指出，农业的改良可以分为提高土地物质生产力的改良，提高劳动物质生产力的改良，以及提高两者的改良三类。第一类改良可以用化学肥料的使用及现代耕犁的应用作为代表，这些都会增加土地的肥性。在这种情形下，诸种投资改良是在土地中被融化了。就长期说，这类改良和土地融合为一体，无法分开来单独当作资本处理。正是在这个意义上，由于采用了改良，才使土地在农业总收入中保持着固定的份额；否则土地的份额是会大大地下降的。

理论上，增加每亩土地生产量的这种技术进步，究竟是增加抑或减少绝对地租，须看对该土地的产品的需要有无弹性或弹性的大小如何而定。若需要没有弹性或弹性很小，结果将是货币地租下降，从而土地所得的相对份额也将较小。若需要有弹性或弹性较大，这种改良的结果通常是绝对地租将增大，但归于土地的相对份额则可大可小。相对份额的最后结果，须看土地边际生产品的增加，是否大于和土地合并使用的其他要素。但实际上，各种生产要素的边际生产品是无法分开的。

劳动的相对份额的继续下降，是工业化过程中各种基本特征之一。虽然根据我们的概念，“工业化”一词包含着较广的含义和范围，但一般都认为，所谓工业化就正是用资本（机器）来代替劳动。这种代替的发生，主要是通过希克斯所提到的节省劳动的各种发明。有时因为新发明或利率降低，使资本的边际生产力、边际成本比例变得更加有利，亦可使资本代替劳动。[①] 由于劳动的供给有不连续的性质，上表的数字可能还低估了农业中

① Earl O. Heady，*ibid.*，p. 442。

劳动重要性下降的情形。有些家庭劳动就常常包括在这个范围内。家庭劳动不仅供给弹性较低，而且边际生产品的价值也很小。这就主要说明了劳动在农业收入中的绝对份额和相对份额何以都在下降。甚至在劳动力缺乏的情形下（例如 18、19 世纪的美国），或无剩余劳动力存在的农村社会中（例如在产业革命前后农业改革的几个时期中的英国），劳动的绝对份额虽然在上升，但其相对份额仍是趋于下降。在各类生产要素的组合中，资本相对重要性的不断增大，系形成现代经济特色的普遍现象；同样，劳动相对重要性的日益降低亦然。这在任何现代生产部门都是如此。

但无论是劳动绝对份额的下降或相对份额的下降，都并不是表示农业劳动者没有从工业化和农业的机械化中得到一些益处。虽然农业劳动者，尤其是自耕农民，在这种过程中必然遭受很多困难和痛苦，但总的说来，他们还是得到益处的。他们的获益，首先可以用货币收入作为单位来加以说明。统计数字告诉我们，英国农业工资从 1880 年到 1914 年增加了百分之二十二，虽然这种增加，比起同期内总平均工资增加百分之三十八，要小一些。① 在美国，每个农场工人的净收入从 1910—1914 年的 375 美元增加到 1935—1939 年的 500 美元②，尽管事实上，其受周期变动的影响，较之城市劳动收入所受的影响，还要严重。农场工人也因机器的采用而得到一些好处，因为机器减轻了农业工作的负担。这种好处是来自农场工作的性质发生了变化，但因为它不能用货币单位来计算，就往往被经济学家所忽略了。在这方面，我们还常常遇到这样一个问题：动力机的使用对于农场工作日的长短究竟影响如何？考察的结果告诉我们，动力机的使用，在忙季并未能缩短工作时间，有时甚至还要增加每天的工作时间。③

---

① A. L. Bowley, *Wages and Income in the United Kingdom Since 1860*, Cambridge University Press, 1937, Tables 1 and 2, p. 6 and p. 8。

② John D. Black, *Parity, Parity, Parity*, Cambridge, Massachusetts, 1942, p. 93。

③ 在美国大多数区域，农民和他们的雇工用拖拉机时比只用马匹时在农场上每个耕作日要多做 0.2 到 0.3 小时的工作。见 WPA-N. R. P. Report No. A-11, *Changes in Farm Power and Equipment: Field Implements*, by Eugene G. McKibben and Others, Washington 1939, Table A-12。

一般我们可以这样说，在资本主义社会，为了使农业机械化能够有效地完成，劳动所得的绝对份额和相对份额的降低，不仅在技术上是必要的，而且在经济上也是必要的。因为只有在资本的边际生产物比别的生产要素增加得较多时，才能够有利而又有效地引进资本。也只有在这种情况下，农业生产的结构才能得到重新组织。资本（尤其是机器形式的资本）一经投放或设置，就有一种推动力量使之不断作进一步的扩张。这种自动引发的力量，一部分是潜伏在现代生产的技术结构中，一部分是潜伏在资本主义经济制度内。即使在社会主义或集体主义的社会里，由于技术上的原因，这种趋势仍然存在。同时由于生产结构上的差别，工业上的这种趋势，要远远强于农业。资本的较大份额，并不一定有必要总是归属于资本家。诚如许多社会主义者所常常论证了的，因为最后分析起来，资本是过去应归属于劳动的份额的累积，所以从资本得到的报酬也应该归属于劳动者。这个问题将使我们进入到有关所有权和分配制度的争论，那就超出了本文的范围。现在我们只要强调一点：从生产的观点来说，劳动的份额必定下降。如何使这种下降对一个自由企业社会里的劳动者为害较少，或者如何使资本的报酬在一种集体主义制度下为全体劳动者所分享，乃是经济政策的大问题，我们无法在这里进行讨论。

第三节 劳动力从农场到工厂的转移

在上两节，我们从理论以及历史的发展两方面，讨论了工业化对一般劳动及农业劳动的影响。但是农业劳动力并不老是停留在农场上，有一部分是要转移到工厂从事工业生产的。这种移动是工业化的诸种特征之一。在上章“农业在整个经济中的地位”一节里，我们已经说明了自从引进工业化以后，农业工作人口占整个工作人口的比率，就一直在往下降。本节拟先对劳动力从农业这一行业转到工业这一行业以及从甲区转到乙区的移动，作一理论上的探讨；然后再从历史的发展和统计的资料方面，来看看这种转移在实际上是如何进行的。

一、关于行业间及区域间劳动力转移的学说

从生产某种商品的一个“行业”（an “industry”）看来，对于一种生产要素所须支付的最低费用，不是使该种要素能够存在的费用，而是使该种要素被用于该“行业”而不用于其他行业的费用。[①] 所以，就任何一个“行业”看来，一种要素的任何一单位的成本，是决定于该单位在别的行业所能获得的报酬。一个工人，一个企业家或者一亩土地，若在某种用途上获得的报酬较别处为高，那么它就会从别处转移到这一用途来，当然要计算并除掉因这种转移而发生的各种困难和阻碍。因此，我们研究某一生产要素对任何一个行业的供给时，我们并不要考虑该要素的全部供给，而是要考虑到为了吸引该要素从别的用途转移到这种行业所必需的报酬水准。[②]

在某种行业内保持一定单位的某种生产要素所必需的价格，可以称为它的“转移报酬”（Transfer earnings）或“转移价格”（Transfer price）；[③] 因为对它的支付额若低于这个价格，就会使它转移到别处去（除去一定数量的阻碍）。一种生产要素的任何一个单位，若在它被雇佣的行业里所得到的报酬或收益，恰够使它不致转移他处，则此一单位可以称为“处于转移边际”（At the margin of transference）或称为“边际单位”（Marginal unit）。[④] 留在这个行业但得到比它实际所得到的还要小的报酬额的单位，可

① 见 H. D. Henderson，*Supply and Demand*，New York，1922，pp. 94－97；and G. F. Shove，“Varying Costs and Marginal Net Products”，*Economic Journal*，June 1928，p. 259。

② Joan Robinson，*Economics of Imperfect Competition*，p. 104。

③ Joan Robinson，*Economics of Imperfect Competition*，p. 104。

④ H. D. Handerson，*Supply and Demand*，p. 96。

以称为“边际内的单位”（Intramarginal unit）。在农业中，生产要素的很多单位都是属于这一类的，最显著的例子便是流行于农村社会的由外界条件决定的劳动力。

现在我们把工业与农业当成两个“行业”——实际上是两组“行业”。从理论上说，一定会有两个“转移价格”分别存在于农业及工业之中。在工业化刚开始的社会里，劳动力的转移通常都是采取从农场到工厂的方向。但现在我们只讨论农业方面的“转移价格”。在工业化的初期，农业劳动力有大量剩余，使得农业劳动力的“转移价格”低到保留劳动力在农场上已无多大意义。所以，从农场吸引劳动力到工厂的有效力量，几乎完全是在工业对劳动力的需要方面。在自由竞争的社会里以及在一定的技术情况下，获得正常利润的工业的劳动需要曲线，是由平均净生产力曲线给定的。[①] 在我们实际生活中的流行不完整竞争的社会里，从各个雇主看起来，工资绝不等于边际物质生产品的价值。[②] 只要不能自由进入行业的情形仍然存在，对于各个雇主来说，劳动力的边际净生产力就绝不等于平均净生产力；但在自由竞争的情况下，则它对于个别雇主和对于整个行业都是一样的。无论在何种情况下，我们可以无疑地得到下面的结论：在以工业化为特征的扩张经济中，工业对劳动力的需求将要增加。由于技术变动而产生的新兴工业更将提高对劳动力的需求。

劳动力从农场被吸收到工厂去的多少，须看农业与工业相对的劳动力

---

① 见 Joan Robinson，*Economics of Imperfect Competition*，Chapter 22，The Demand Curve for Labour of an Industry，pp. 253－264。

② 按照罗宾逊夫人（Joan Robinson）的见解，“买方垄断组织所给予的就业量，将只限于当全体的劳动力边际成本等于各个组织的劳动力需要价格时的就业量。工资虽等于劳动力的供给价格，但在每种情形下，却都小于劳动力边际生产物的价值。因而剥削就此发生。”见 Joan Robinson，ibid.，pp. 294－295。

但是按照张伯伦（Edward Chamberlin）的见解，在垄断竞争下，不仅工资小于劳动力边际生产物的价值，其他生产要素的报酬也小于它们本身的边际生产物的价值。若根据罗宾逊夫人所采用的庇古的定义说劳动被剥削了，那么所有的生产要素都必然地也被剥削了。见 Edward Chamberlin，*Theory of Monopolistic Competition*，pp. 181－184。

需求弹性如何而定。在扩张经济中，假定已知对某一行业生产品的需要及其生产的技术系数，则对此一行业的劳动力需求弹性愈大，那么由其他行业吸收的劳动者数量也就愈大。根据马歇尔对“联合需求”（Joint demand）的分析，对于一种生产要素的需求有四条命题，并曾用对泥水匠劳动力的需求作例子加以说明。[①] 第一条命题是，对商品的需求弹性愈小，对劳动力的需求弹性也就愈小。工资以一定比例的下降将使总成本作较小比例的下降，所以工资的一定比例的下降引起就业量的增加，要比商品价格同比例的下降所引起的就业量的增加为小。同样，对砖的需求比对房子的需求更少弹性。第二条命题是，很清楚，对劳动力的需求，在它有代替可能时比无代替可能时，较有弹性。第三条命题是，总成本中劳动力所占的比例愈小，对劳动力的需求愈少弹性。在这里我们又可以说，在这种场合，比起各种生产要素的比例不能变动时，对劳动力的需求就趋向于大些。[②] 第四条命题是，资本等其他生产要素的供给弹性愈小，对劳动力的需求弹性也就愈小。也可以说，劳动的替代弹性愈大，对劳动力的需求弹性也就愈大。[③]

由上面四条命题，我们可以清楚地知道，在扩张经济中，工业中对劳动力的需求弹性，总的来说要大于农业，即使给定了将来的技术情况时也是这样。其所以如此，有下述原因：第一，对工业品的需求弹性，一般都远远大于对以粮食为主的农产品的需求弹性。第二，工业中取得代替品要比农业便当一些。第三，鉴于事实上在工业中劳动成本占总成本的比例通常小于农业，为此我们可以说，从这方面看，对工业的劳动力需求是较少弹性的。但是我们也知道，生产要素的组合比例在工业中比在农业中要容易变动一些，因为在农业中土地扮演着主要的，并且具有刚性的生产要素角色。这将在不同的程度上，抵消上面所提到的那种因素的影响。第四，其他生产要素的供

---

① 见 Alfred Marshall，*Principles of Economics*，8th edition，1920，pp. 382－387。关于这四条命题的较详细的讨论，可参看 Joan Robinson，*Economics of Imperfect Competition*，pp. 257－262。

② Joan Robinson，*ibid.*，p. 256，p. 257，pp. 262－263。

③ Joan Robinson，*ibid.*，p. 257。

给，在工业中一般比在农业中具有较大的弹性；尤其是如同我们刚才所指出的，因为土地是农业生产中的一种极为重要而具有刚性的生产要素。

以上的讨论，均假定没有“大规模经济”（Economies of large scale）存在。为着使分析工具合乎我们的进化体系，大规模的经济是必须和生产技术的变动一并引入的。我们在这里就面临着几乎无法克服的困难。有些作家主张，任何方式的经济，无论简繁，都可能用下降的资本供给曲线来代表。因此每种方式的经济都能简化成最简单的方式来处理，如同罗宾逊夫人所例举说明的[①]，在工业扩张时，有些机器的价格就变得较为低廉。因此，大规模的经济将使对劳动力的需求曲线较具弹性的命题是完全可以普遍应用的。我们在上面已经说过，当各个生产要素不能相互代替时，对劳动力的需求弹性必定小于对商品的需求弹性，除非除劳动力以外，没有雇用其他生产要素。于是我们可以明了，工业中若有大规模的经济存在，则对劳动力的需求弹性就可能和对商品的需求弹性同样大，甚至还要大些，即使没有代替可能性存在也是这样。如果引入了技术变动，新的产品就会产生出来，同时新的行业也会相应建立，因此对工业中的劳动力需求弹性更加可能地要趋向大于农业。在像工业化这样的扩张过程中，将会有使劳动力从农场转移到工厂的深远影响。但是我们必须认识到，对工业的劳动力需求弹性大于农业，并不就表示在工业内部，劳动对资本的替代弹性大于资本对劳动的替代弹性。后者是一个不同的问题。我们还要注意，实际上工业中的劳动组织，例如工会，使得工资率和就业都较具刚性。这自然抵消了对工业中劳动力的需求弹性永远大于农业的这种趋势。

从农场到工厂的劳动力转移，可以看作是两个区域间生产要素的移动。理论上，一种生产要素在国际的移动，可以认为与该要素在一国内部区域之间的移动，基本上并无不同。但是实际上，国与国之间在制度上的障碍，比同一国内部区域之间的障碍，远为巨大而复杂，因此需要清楚划分和分

---

① Joan Robinson，*ibid.*，pp. 262－263。

别讨论。不过这并不是说分析它们的方法是完全不同的。而且相反，正如布莱克所说的，通常国际贸易理论所表示出来的那套分析方法的大部分，对于一国区域间的贸易问题，往往可以同样应用。①

直到近几十年来，作家们才开始把生产要素的移动，当作那种只包括商品移动的贸易的另一方法。传统的贸易理论几乎完全忽略了劳动力和资本的国际移动，但又假定这些要素在国内有完全的移动性。这两种假定都是与事实不符合的。② 尽管生产要素移动和商品移动是可以互相代用的，但它们之间的区别依然存在，而且必须清楚地予以认识。使工人克服移动障碍的刺激，主要是获得较高工资的愿望。但是足以引起劳动力转移的价格差别，并不足以造成更加大量的转移。因此，假若障碍的高低是用克服它们所必需的刺激来衡量，显然不同的工人就会遇着高度不同的障碍。就这方面说，这种障碍与商品移动所遭遇到的障碍则不相同，因为商品移动的障碍主要是运输的困难和关税，从经济的观点来看，这些只是表现为转移成本。③ 区域之间或国家之间的商品交换，不论是否伴随生产要素的移动，均可存在。理论上，区域之间即使没有商品交换存在，仍可以有生产要素的移动发生。但在实际上，这多半是不大可能的。为着各种实际的目的，我们完全可以假定，仅仅是商品也好，或商品和生产要素两者一起也好，均可在各个区域之间移动。而且我们还要记住，商品与生产要素之间的区分实际上并不是一刀两断的。以言资本，更是如此。讨论劳动时，倒还不会遇到这种困难。

但从农场到工厂的劳动力转移，不能与生产要素在区域之间的移动等同视之，从而不能用静态的区域分析方法简单加以处理。从农场到工厂的劳

① John D. Black,"Interregional Analysis with Particular Reference to Agriculture", in *Explorations in Economics*, New York and London, 1936, p. 200。

② 见 John H. Williams,"The Theory of International Trade Reconsidered", *Economic Journal*, June, 1929。

③ Bertril Ohlin, *Interregional and International Trade*, Harvard University Press, Cambridge, 1935, p. 168。详细而有趣的评论，可参看 Chapter 9, Interregional Factor Movements and Their Relation to Commodity Movements , pp. 167-182。

动力转移包含着生产技术变动，这是正统的国际贸易理论和区间贸易理论所假定不存在的。正因为它包含着生产技术变化，所以劳动边际生产品的价值总在变动，从而在农场与工厂之间实在无法比较。但为了本题的研究，我们只能采取下述办法：要么假定已知生产技术的未来情形，然后应用区域分析方法进行研究；要么使用静态的区域分析方法，仅仅为了布置讨论场面。

二、机器代替农场劳动力

农业的机械化，如一些国家的经验所表现出来的，减轻了农场工作的负担；在有些情况下还缩短了每天的工作时间。但更重要的是它以不同的程度，利用各种农作方式（Types of farming），代替了农场劳动力。这种代替是与农场工人关系极大的。代替可能是“绝对的”，即任何工作部门的劳动力都减少了；也可能仅仅是“相对的”，即农业所雇工人数目的增加率降到低于工业及其他生产部门所雇工人数目的增加率。[①]

农场劳动力的绝对代替，最好用农业从业绝对人数的下降来表示。美国的新英格兰（New England）区提供了关于这方面的一个好例子。1880年，十岁以上从事农业的人口为304 679；1890年为304 448；1900年仅为287 829。[②] 这种下降并不是由于这些区域的农业衰落，因为1900年农产品的数量远远大于1880年。无疑的这主要是由于机器的采用，如同农具及农业机器价值估量的报告所指明的：1880年，每英亩改良土地的农具及农业机器的价值为1.68美元，1900年增到4.49美元。[③] 但在美国的其他区域，却没有显出绝对代替，相反，从1880年到1900年间，农场工人的绝对数反

① 关于农场劳动力为机器所代替的详细讨论，见H. W. Quaintance，*The Influence of Farm Machinery on Production and Labour*，Part Ⅲ，pp. 30-42，New York，1904。事实上，这本书是对本问题第一个有系统的分析。

② 见U. S. Breau of the Census，Eleventh and Twelfth，On *Agriculture*。

③ 见U. S. Breau of the Census，*Twelfth Agriculture* Ⅰ，p. 698。

而有所增加，这个时期代表着农场机械化的一个最高阶段。例如在美国生产谷物的主要七州，即所谓中西部（Middle West），农业工人数目1880年为352 565；1890年有轻微增加，为359 894；但1900年则大大增加到612 418。[①] 美国的农业劳动者总数，从1870年到1910年每年都有增加，自后则逐年下降。我们可以说，只有在1910年以后，美国就全国而言，农业劳动者的绝对代替才开始发生。这在表5—3中表现得很清楚。[②] 因此在一个经济社会中，绝对代替是否发生，要由很多因素来决定。其中如果已经知道技术状况，那么剩余的农业劳动力累积到了何种程度，就是最重要的一个因素了。绝对代替，不用多说，尤其是随技术的变动而不断变动。城市里的工业及其他行业的吸引力，在决定农场中绝对代替的产生及其程度上，通常比农场技术的引入这个因素，还要有更大的力量。因为，如果没有其他部门的吸引力，农场工人即使在采用了机器以后，仍必须以"半就业"（Under-employment）状态停留在农场上。对于家庭劳动来说，尤其是这样；至于雇佣劳动则可以部分地解雇，因而比较容易地被他业所吸收。

表5—3　美国农场劳动力的变动

年　份	人　数*	指　数	变动百分率（%）**
1870	6 849 772	100	—
1880	8 584 810	125	25
1890	9 938 373	145	16
1900	10 911 998	159	10
1910	11 591 767	169	6
1920	11 448 770	167	−1
1930	10 471 998	153	−9
1940	9 162 574	134	−13

* 包括十岁及十岁以上的人。

** 系与前十年的人数相比较而算出的。

① 见美国第十一次及第十二次普查，农业部分。

② 取自美国第十六次普查，见U. S. Bureau of the Census，*Population*，Series p. 9，No. 11，December 1944。

劳动力的绝对代替，也因农作方式的不同而有区别。虽然在长期里，农业各部门的剩余劳动量，会趋于相等，但是新技术的采用，则因农作方式的不同，不论在种类或程度上，都有很大的差别。因之被代替的劳动数量，亦有不同。这里我们再以美国的情形为例。根据估计，过去三十年来三种主要农作方式每年平均所需劳动量的变动，有如表5—4所示：①

表5—4　　美国各种农作方式每年平均所需劳动量　　单位：百万小时

年　份	主要作物*	蔬菜**	畜牧***	总　数
1909—1913	7 470	200	3 816	11 486
1917—1921	7 184	250	4 387	11 821
1927—1931	6 724	340	4 883	11 947
1932—1936	5 575	394	5 159	11 128

* 主要作物包括小麦、玉蜀黍、燕麦、蕃薯、棉花。
** 包括十五种蔬菜作物。
*** 包括饲养乳牛、小鸡、猪三种畜养业。

显然，在这一时期内，除了周期变动所引起的变化外，各种农作方式每年所需要的全体平均时数，保持得相当稳定。但这种情形，因农作方式之不同而各有差异。“主要作物”一组的劳动力需要表现着继续下降，这必定是由于劳动力的绝对代替所起的作用。另一方面，蔬菜组和畜牧组表现着劳动力需要的增加，即使在经济大萧条时亦未中断。

鉴于在所讨论的时期内，三种农作方式的生产都有了增加，我们可以用下列理由来解释它们所需劳动量的差异。第一，“主要作物”组的机械化程度远较其他两组为大。如表5—5所示，每单位生产品及每单位主要生产要素所需要的人工时数，在谷类和棉花生产方面都呈现出逐渐在下降的情形，而种菜及畜养业方面则无多大变化。②

① 见 Reports *on Changes in Technology and Labour Requirements in Crop Production* as follows：WPA-N. R. P. Reports Nos. A－4，*Potatoes*；A－5，Corn；A－10，*Wheat and Oats*；A－7，*Cotton*；A－12，*Vegetable Crops*；and *Report on Changes in Technology and Labour Requirements in Dairying*，1939。

② 见上引关于小麦、棉花、蔬菜及牛奶产品的各种报告。

表 5—5　　美国各种农作方式所需的人工时间

年份	每单位生产品				每单位主要生产要素			
	小麦（每蒲式耳）	棉花（每包）	蔬菜	牛奶（每千磅）	小麦（每亩）	棉花（每亩）	蔬菜（每亩）	牛奶（每头牛）
1909—1913	0.89	271	—	35.5	12.7	105	—	135
1917—1921	0.77	275	—	36.5	10.3	95	145	138
1927—1931	0.46	238	—	30.7	6.7	85	141	139
1932—1936	0.41	218	—	33.0	6.1	88	135	140

小麦和棉花每单位产品及所用生产要素所需要的人工时数的下降，首先，主要是由于机器的采用。第二个理由是蔬菜及畜养的生产增加率大于主要作物。这主要是因为对保护性食物（如蔬菜及动物产品）及羊毛衣着的需要，比对谷类及棉织衣着的需要，增加得更快些。在蔬菜种植及畜养企业大为扩张之时，这两组不仅保持住了它们可能为机器及其他新方法所代替的原有劳动力，而且还吸收了一部分其他农作企业被新技术所代替了的劳动力。这就说明了劳动力需要的整体面貌何以呈现出相当稳定的现象，从而也就说明了劳动力的绝对代替的相当稳定性。

劳动力的相对代替，却又情形不同。就几个主要的工业国家来说，过去一百年中发生了显著的相对代替。相对代替可以从比较农业工作人口百分率的变动与其他生产部门工作人口百分率的变动中表现出来。对于这一问题，我们已在第二章论及人口的职业性转移时和第四章讨论农业的相对重要性时分析过了，这里不拟复述。现在我们只须指出，英、德、美的农业工作人口在各自的产业革命时期曾有过最急剧的下降。就美国说，农业工作人口从 1830 年的百分之七十点八降到了 1930 年的百分之二十二点五。同期内的总人口，却增加了三倍有余。农场上剩余下来的大量工作人口的去处，是下面要考察的课题。

三、工业对于农场劳动力的吸引和吸收

在讨论这个问题的开头，我们就必须注意，在工业化过程中，被吸引到城市的农场劳动者并不是全部都因为他们在农场上被机器所代替了。诚如布莱克所举例说明的，农场的剩余劳动力供给被城市吸引去的过程有两种类型，他利用两个简单的字“拉”（Pull）和“推”（Push）来表示。[①] 在工业发展的正常时期，农场上大部分青年人每年由于预期有较高收入和较好生活而被“拉”入城市。当然，旺年比淡年被拉入城市者更多。通常到城市里找工作的人，比能够找到工作的人，要多得多。当“推”的力量发生作用时，农场劳动者之所以离开农场，是因为他们不能再在那里谋生。在用机器代替劳动力时就会发生这种情形。“拉”和“推”这两种力量，总是在一起发生作用的。要区分哪些劳动者是被“拉”到城市，哪些劳动者是被“推”到城市，那是很困难的。据估计，美国在 1920 年到 1930 年之间，有 500 万农场劳动者转移到城市；在萧条时，他们中间又有一部分回到农场来。

我们在本章第一节已经扼要分析过，劳动者从农场到工厂的移动，可以说是劳动力这种生产要素从甲区到乙区的一种移动。移动是否可能，须看这个要素在两个区域之间的价格差别是否大到足以克服移动时所遭遇到的阻碍。这个原则，对于同一国家之内，以及国与国之间，都是适用的。19 世纪下半叶，从欧洲诸国到美国以及从东欧到西欧的劳动者转移，可说是关于国与国之间的移动的最显著的例子，详见表 5—6。[②]

---

① John D. Black，“Factors Conditioning Innovations in Agriculture”，*Mechanical Engineering*，March 1945。

② 见 Isaac A. Hourwich，*Immigration and Labour—The Economic Aspects of European Immigration to the United States*，New York and London，1912，p. 88，Table 7 and p. 181，Table 44。

表 5—6　　国与国之间劳动力的移动

年　代	从欧洲移到美国	年　份	从俄属波兰移到德国
1850—1860	2 488 000	1890	17 000
1860—1870	2 124 000	1900	119 000
1870—1880	2 272 000	1901	140 000
1880—1890	4 737 000	1902	136 000
1890—1900	3 539 000	1903	142 000
1900—1910	8 213 000	1904	138 000

就美国而言，霍尔维希（Isaac A. Hourwich）在详细分析后得出结论说，在短期内劳动者移入运动迅速与美国工商业情况相适应，在长期内则与美国的人口保持一种差不多固定的关系。① 只要消除了人口向外移出和对内移入的人为限制，这个说法是可以接受的。

上述国与国之间劳动者的移动，当然不可与劳动者从农场到工厂的转移等同看待。因为在前者的情况下，显然并不是全部移入的人口都能得到工业上的职业。事实上，他们大多数都是粗工，只能到农场从事工作。这也可以从美国的移民统计中看出来，见表 5—7。②

表 5—7　　美国移入人口的职业分配百分率（%）

职　业	1861—1870	1871—1880	1881—1890	1891—1900	1901—1910
自由职业	0.8	1.4	1.1	0.9	1.5
专门技术	24.0	23.1	20.4	20.1	20.2
农　业	17.6	18.2	14.0	11.4	24.3
粗　工	42.4	41.9	50.2	47.0	34.8
雇　仆	7.2	7.7	9.4	15.1	14.1
其　他	8.0	7.7	9.4	5.5	6.1
合　计	100.0	100.0	100.0	100.0	100.0

在移入的人口中，大多数技工进入了工厂，但这类的总数只占五分之

① Isaac A. Hourwich, *ibid.*, p. 93 and p. 101。美国每二十年移入人口占总人口百分率为：1850 年，21.2%；1870 年，20.9%；1890 年，19.9%（p. 101）。

② 资料来源见 L. A. Hourwich, *ibid.*, Appendix, p. 503。

一到四分之一。农业工人及粗工占大多数，计达总移入人口的百分之六十左右，根据美、德的经验，移入的人口通常都代替了本地农场工人，而后者则已经转移到工业及其他职业中去了。在德国，从俄属波兰临时移入的人口，大约百分之九十五是找到农业工人这种职业的。其所以需要他们，是由于波兰农民从普鲁士所属波兰的乡间转移到了德国的大工业城市（尤其是采矿区）。① 因此我们可以说，尽管国与国之间劳动者的移动，就总体言，不是从农场到工厂的转移，但这至少在被移入的国家内，帮助加强并加速了劳动者从农场到工厂的移动趋势。

劳动者从农场到工厂的转移，基本上是由于城市的货币工资高于农村所使然。城乡之间实际工资的差异可能不如货币工资的差异大，这主要是由于城市的生活费用要比乡村高一些。但劳动者一般比较关心货币工资，因为它有直接的和眼前的利害关系。除了货币工资的差异外，还有其他一些因素，多半是非经济的，将劳动者从乡村“拉”到城镇和都市。这些因素自然不在我们研究范围之内。就货币工资而论，工厂每小时工资收入的增加速度要大于农场工资的增加率。下列指数（表5—8）表示美国过去三十年的情形，这一时期代表着工业化的晚近阶段。②

表5—8　　美国农场工资率与工厂每小时工资收入的指数
（1910—1914年＝100）

年　份	农场工资率	工厂每小时工资收入
1910	97	94
1915	103	108
1920	242	273
1925	176	257
1930	167	261
1935	103	264
1940	126	318

① Isaac A. Hourwich，*ibid.*，p. 182。

② 指数系根据美国农业部农业经济局及美国劳工部劳动统计局，所供给的资料。

由表5—8显然看得出，工厂每小时工资收入，如果与农场工资率比较起来，不仅增长率较大，而且特别呈现出一种高度稳定的情形。这种稳定就是普通所谓的工业工资率的“刚性”（Rigidity），而这又主要是由于工会谈判力量的日渐加强。不过农场货币工资的不利情形，却由于雇佣的较为稳定而部分地得到了补偿。农场工人一般只会是“半就业的”或“就业不充分的”（Underemployed），而不会是“失业的”（Unemployed）。因此要使就业多少保持稳定状况，农场工资率必须随周期变动而变动。至于工业工资率则远具刚性，因此当萧条来临时，较大量的真正（genuine）失业就必然发生。甚至在平时，某种的“摩擦失业”（Frictional Unemployment）也经常是存在的。除去这些周期变动外，长期趋势在工业化过程中必定有利于工厂的工资收入。而且必须这样，才能使从农场到工厂的劳动力移动成为可能。去阻挡这种趋势，如美国的“等价政策”（Parity policy）所表现的①，在理论上是不正确的。现实的问题是如何调整这种劳动力转移，使农场劳动者不可避免的痛苦得以减到最小限度。

劳动力从农场移向工厂，绝不是直接的、立即的、畅通无阻的。首先，我们要承认，乡村工业的劳动者常常有先行转移的机会。我们在第三章最后一节中已经指出，在工业化达到一个较高阶段以前，乡村工业在结构上是与农业分不开的，虽然在功用上它们可以分开。乡村工业的工人一般是由农场家庭补充，而且多数都是“外在条件决定就业的”（Externally conditioned）家庭成员，因此他们更容易转移。此外，就工业技术而言，他们也比仅在农场做工的劳动者要高明些。其次，乡村家庭的青年人通常是移入城市的劳动者的主要部分，而年老的人则多半留在农场上。这批青年人在城市里受教育和训练，结业以后，他们大都可能不回到农场去。这方面的

---

① 关于美国等价政策的详细讨论，可参看 John D. Black, *Parity, Parity, Parity*, 1942, 特别是 Chapters 5—9 和 Chapter 14。

情形已经被一些作家认识清楚了。① 最后，我们可以说，这种劳动力转移并不是一个“一劳永逸”（Once-for-all）的步骤。很多农场劳动者只是暂时移到城市里去，而且经常仅在一定的季节。其他的人想方设法，尽可能地长期留在城市里；但当萧条来到时，他们就必须回到他们原来的农场上工作。一个农场劳动者要在城市里定居下来，并且牢固地保持着他的新职业，需要经历一个长期而艰难的阶段。

我们在前面好几处已经表明，在过去一百年内，几个高度工业化的国家的农业工作人口的百分率，曾经迅速下降。而同期内，其总人口却增加了几倍。无疑的，这些增加的人口，以及从农场工作解脱出来的人口，是被工业、商业、运输业及其他行业所吸收了。但每个部门吸收了多少，特别是工业这个部门所得到的部分有多少，就是我们现在要讨论的课题。表5—9仍以美国为例来说明这方面的情形。②

表5—9　　美国各种工作人口的百分率（%）*

年　份	农、林、渔	矿	制造业和建筑业	贸易、运输、交通	家务的、个人的、专门的职业
1830	70.8	0.3	13.3	3.1	12.5
1840	68.8	0.3	13.3	3.8	12.3
1850	64.8	1.2	14.6	5.4	12.2
1860	60.2	1.6	16.4	7.4	12.4
1870	53.8	1.4	18.3	10.4	13.1
1880	49.4	1.5	21.2	12.2	12.8
1890	42.6	1.7	24.0	15.7	14.4
1900	37.4	2.0	25.6	18.7	15.8
1910	31.9	2.6	27.0	21.3	15.0

① 例如，一个作家说，“农场人口移到非农职业的全部趋势，不能在农场经营者的职业变动中反映出来。1940年农场经营者的平均年龄为48岁。在这个年纪，一个人的习惯往往已经固定，家庭责任也很重大，从而使他不能因任何吸引而转移到一种新的工作里去。对于年纪较轻的人就不是这样了。”见John M. Brewster，“Farm Technological Advance and Total Population Growth”，*Journal of Farm Economics*，August 1945，p. 523。

② 见Colin Clark，*Conditions* of *Economic Progress*，London，1940，table on p. 185。

续前表

年　份	农、林、渔	矿	制造业和建筑业	贸易、运输、交通	家务的、个人的、专门的职业
1920	26.7	2.6	28.4	25.0	21.2
1930	22.5	2.4	30.6	24.6	21.6
1935	25.4	1.8	27.0	22.1	23.7

* 除 1935 年的数字是包括实际在工作的人口外，其他的数字都没有减去失业的人口。

我们从表 5—9 可以清楚地看出，近百年来美国从事“矿业”及“家务的、个人的、专门的职业”的工作人口的百分率，只略微上升，而“制造业和建筑业”和“贸易、运输、交通”的百分率，则大大增高了，后面这些部门大多包含在本文所谓工业的范围之内。另外，如 1935 年的数字所指示出的，经济大萧条以后，这种一般趋势曾有一个微小的挫折。但是不久这种招致挫折的力量就为战时的繁荣所暂时驱散，从而这种趋势又重新获得了它的动力。在战后期间，这种趋势是否继续，很难臆断。目前我们只可以说，在将近成熟的经济社会里，如英、美等国，除非收入分配制度有大的变革，这种趋势多半是难以继续的，至少不会像工业化初期以那样大的速率发生作用。国际贸易无疑地会维持这种趋势，但是其作用多大，亦难以预测。

在劳动力从农场到工厂的转移上，女工所占的地位亦须提到。值得注意的事实是，自从工业化开始以后，女工所占的比例在农业和其他部门都有所增加。从 1880 年到 1900 年，美国从事农业的男工的绝对人数增加了百分之三十二，而女工则增加了百分之六十四。[①] 很大一部分女工离开了家务劳动及个人服务行业而参加了直接的生产工作。当男工离开农场时，许多女工代替了他们的工作；在家庭农场里，尤其是这样。

① 见 H. W. Quaintance，*The Influence of Farm Machinery on Production and Labour*，New York，1904，table on p. 36。

第六章

农业国的工业化

如果有了政治的独立和安定，有了必需的资源和开发资本，并且有了得到现代技术的机会，则一个农业国家，甚至一个政权内的农业区域，要使自己实现工业化，乃是一种普遍的趋势。第三章曾仔细说明，我们所谓的工业化，是基要的或战略性的生产函数发生变化，从而产生并实现工业进步的经济效益的过程。一个国家，照我们的定义实现了工业化以后，可以变成一个按工作人口及国民收入计算都以制造工业为主的国家，也可以仍然是以农业为主的国家，也可以成为一种制造工业与农业保持适当平衡的国家。第一种例子有英国、美国及德国；第二种例子有丹麦、日本及意大利；第三种例子有法国、加拿大及澳大利亚。就在这种意义上，也只有在这种意义上，每个农业国家才要去使自己工业化，以享受经济进步的利益。然而我们应该指出，在长期里，第二类的国家可能变到第三类，而第二类及第三类的国家又可能变到第一类。在给定了政治独立和社会制度之后，这种变动的决定因素是人才和生产技术，其限制因素是资源和人口。

我们已经一再指出，我们所谓的工业化的主要特征，是基要部门生产函数的变化。这些部门包括动力、交通运输、工具母机、钢铁及其他基本工业。它们代表所谓第二级生产（Secondary production）的一部分，和所谓第三级生产（Tertiary production）的一部分。它们影响制造工业，也一样影响农业，虽然对这两种生产行业的影响各有不同的范围和大小。一个在实行工业化的国家，可以经过，也可以不经过，以制造工业为主要的发展阶段。跟随着经济的进步，工作人口最初从农业移到制造业，然后再由制造业移到商业及服务行业；这只说明了一部分的真理。[①] 除了这种移动之外，还有别种移动也一样存在：工作人口可以从农业直接移到商业、运输业及其他服务行业；或者同时移到这些部门和制造业。就整个世界经济而论，说它已经从初级生产阶段（Primary producing stage）过渡到制造业的或工业的或第二级的生产阶段，并由此达到我们现在正停留在的第三级阶段，也未免过于简单。[②] 这三个部门的生产函数总是互相交织和彼此依存而从来不能截然分开的。主张世界经济必须依次经过这三种阶段，是同样无根据的论调。证诸历史，15 世纪到 17 世纪的商业扩张，是在工业扩张之前发生，并且在相当程度上还刺激了工业的扩张。

因此任何一个农业国家的工业化，并不一定就表示该国的制造工业将要变得独占优势。一个国家，即使它的农业生产仍居优势或与制造工业并驾齐驱，只要它的运输业和动力业已经现代化，农业已经根据科学路线

---

① 柯林·克拉克（Colin Clark）认为工作人口从农业到制造业以及从制造业到商业和服务行业（Services）的移动，是与经济进步连带发生的最重要的现象。我们认为，这只是劳动移动诸方式中的一种。见 Colin Clark，*Conditions of Economic Progress*，Chapter 5，pp. 176-219。

② 关于这点，费雪尔（A. G. B. Fisher）似乎追随了毕谢尔（Karl Bücher）阶段学说的传统，把世界经济的发展分成初级的、第二级的、第三级的三个阶段。见 A. G. B. Fisher，*The Clash of Progress and Security*，London，1935，pp. 25-29。

"企业化"(Enterprised) 了，我们仍可认为它是工业化了的国家。本章是讨论一个农业国家的工业化所包含的诸种问题。第一节将讨论一个典型的例子，即中国的情形，这里我们将专门讨论农业的地位和作用以及它在工业化过程中可能要经受的各种调整变动。在以后各节，我们将着重探讨本问题的国际方面。关于农业国和工业国之间的贸易及资本移动的各种学说，我们将予以扼要的评述，并把它们归纳成各自的体系。同时我们也是在考虑到中国将来工业化的前提下，来讨论有关的国际经济关系的。

第一节　农业与中国的工业化①

一、简释

中国的工业化已开始于三十年前②，但就人民的生活水准提高而言，其效果实甚微小。其中原因甚多，我们这里只论及经济的方面。中国最初对于西方列强，稍后对于日本，都不过是作为工业产品的一个销售市场和

① 本节讨论的一部分，作者曾以《农业在中国工业化中的作用》为题，发表于 *National Reconstruction Journal*，China Institute in America，New York，October 1945，pp. 50-59。

② 除了官办兵工厂外，1890 年以前中国几乎无大工业存在。1890 年设立了第一个棉织工厂。1880—1894 年建筑了一条铁路，但铁路的大量建造，直到 1894 年中日战争以后才开始。我们应该注意，1890 年以前已经存在一些现代工业经营单位。1862 年，一个中国公司造出了第一艘汽船。1872 年"中国招商局"(China Merchants Steam Navigation Company) 组织成立。第一家碾米工厂在 1863 年设立于上海，1873 年成立第一家缫丝工厂，1878 年成立第一个现代煤矿，1890 年成立第一家钢铁工厂。关于进一步的实际情况，读者可参阅方显廷 (H. D. Fong)，*China's Industrialization: A Statistical Survey*，Shanghai，1931。

不过本文作者认为，直到第一次世界大战开始时，中国才真正开始发生比较大规模的工业化。因为中国自从与列强接触以来，这是它第一次获得机会（虽然很短），趁着列强忙于战事，来建立和发展自己的工业。

原料的一个供给来源而已。这些特征曾以不同的程度流行于美洲的殖民地时期，晚近流行于南非、印度及南太平洋区域。中国与其不同的地方只在于，从首先与西方列强接触，后来与日本接触，直到目前中日战争爆发这整个时期内，中国尚保持着政治上的“独立”形式，使它多少能自由制订自己的经济政策。但是自由港埠的开放，大城市租界的设立，对列强在我国内河航行权的承认，使外国工业产品，在它们原来由于大规模生产和现代销售组织就已经有了较低成本利益的基础上，更有了超越中国产品的诸种利益。[①] 有些国家运用倾销政策，结果使中国的情况更形恶化。而且，大多数外国货物享有只纳一次低额关税就可以自由地运到有运输设备的内地的各种便利，而国内货物从甲地运到乙地反而须缴纳多种关卡租税。在这种情况下，任何幼稚工业要想健康地成长起来是极其困难的。即使为了实现自由竞争和自由贸易，我们也乐于见到国内幼稚工业与外国工业处于同等地位的情形出现。何况从理论和历史两方面看起来，假若我们要使国内幼稚工业有一个成功的开始，还应该对它们给以特别的优越条件，并实行必要的保护政策。

中国国内区域之间的关卡壁垒和运输工具的落后，是使商品和生产要素很难自由流动的另一种障碍。它们已经长期阻止了中国的现代工业化。这种障碍还抵消了本来可能进行农业改良的任何有利时机。例如，第一次世界大战结束到第二次世界大战爆发的一段时期，由香港输入的缅甸和安南的大米及其他谷类，大部分是供上海、广州、福州等大城市消费，其每年输入额很大，有几年甚至占中国进口额的第一位。但是就在这个时期，湖南、江西、安徽、四川等内地诸省却总有米粮剩余，由于缺少足

① 汤讷（Tawney）曾说：“中国铁路里数四分之一以上，铁矿四分之三以上，矿山采煤量半数以上，棉纺织厂投资额半数以上，以及投于榨油厂、面粉厂、烟厂、汽车厂和银行等业的数量虽较小但也同样重要的投资额，仍然是掌握在外国人手中。”孙逸仙博士说：“中国是一个殖民地，这从经济的观点看来，并不是不合适的。”见 R. H. Tawney, *Land and Labour in China*, New York, 1932, p. 129。

够的运输系统和存在区域间的壁垒障碍（多半是地方税），不能有利地运到沿海的消费中心。[①] 原来本可给予农民以现金收入，促使他们增加并改进农业生产，而更明显的是提高他们的生活水准的，但是这种激励力量却被这类阻碍所消除了。而且另一方面，输入米粮所花费的外汇本来也可以节省下来，用以输入对现代农业极关重要的机器及化学肥料。

论到战后的中国，我们有理由可以设想，所有那种制度上的障碍，将要消灭。我们也可以设想，在目前仍然渺茫的政治安定，将会到来。至于因运输落后所发生的障碍，则大致还要存在一个相当长的时期，或者是十年、二十年，或者更长。其他关于农场的合并，租佃制度的改革，以及工业化等方面将会遇到的在社会结构中根深蒂固的诸般障碍[②]，也须考虑及之，但本文不能一一详加讨论。

二、农业在工业化中的作用

要估计农业在工业化过程中单独所发生的作用是很困难的，因为按照我们的概念，农业本身就包含在工业化过程之内，并且是这个过程的内在的不可分割的一部分。在一个通行着一般相互依存关系的经济社会里，正如同估计任何制造工业的地位和作用一样，要遇到这种困难。不过，根据功能的区分而进行的分析讨论，并不是完全不可能的，尽管从数量上比较各种功能很难总有正确结果。在这种考虑并认清了这些限制的情

① 关于本问题的统计资料，可求之于前中央研究院社会科学研究所出版的有关中国粮食市场的调查和论文丛刊。本文作者亦曾参与其事，并撰写专刊。在作者的《中国粮食问题》里（1945 年英文本，油印于华盛顿美国国会图书馆（Library of Congress，Washington）），亦可找到关于本问题的讨论和文献。

② 读者可参考 John E. Orchard，"The Social Background of Oriental Industrialization—Its Significance in International Trade"，in *Exploration in Economics*，New York and London，1936，pp. 120－130。

况下，我们对于这个问题的有些方面，当可进行考察，并且为之作一扼要的讨论。

第一，我们可以说，因为对粮食需求的收入弹性较低，所以在工业化达到使人民获得一个合理的生活水准时，农业的地位将不免要略形下降。在达到这点以前，对粮食的需求将随收入的增加而增加；但达到这点以后，对粮食的需求则将随收入的进一步上升而相对减少。这对于中国，和对于很多已经工业化了的国家，同样正确。其所以成为这样的一种情形，如同第二章已经指出的，是由于著名的“恩格尔法则”（Engel's Law）以及被凯恩斯所惯常利用的“基本心理法则”的双重作用。当收入增加时，支出也增加，但增加率较慢，其中用于食物的部分更要小些。然而，这并不是说农业活动实际上在减弱，而只不过表示用国民产品或国民收入所计算的农业相对份额将趋于下降，至于农业活动的绝对数量则多半将继续扩张。[①] 在工业化初期，收入较低的人民对粮食的需要很高，使农民须尽极大努力来增加农业生产。当工业化再增进，而对粮食的需要又发生从谷类到动物产品的变动时，农作制度将因之被迫而要同时增加每亩土地和每人的生产力。那时，假若能采行良好而公平的收入分配制度，就不会害怕粮食生产过剩，即使把农场技术的迅速进步考虑在内，也是不用担忧的。

第二，我们要指出，在中国的工业化过程中，农业将只扮演一个重要而又有些被动的角色。在理论上和历史上，我们知道任何重要的并遵循科学耕作途径的农业改良，都必须以基本机要部门的工业发展为前提。其所以如此，一方面是因为只有工业的发展和运输的改良才能够创造并扩大农产品的市场；另一方面是因为只有现代工业才能供给科学种田所必需的设备和生产资料。丹麦的农业，假若没有高度工业化了的英国作为邻邦并与它保持密切的经济关系，是不会发展到目前的水平的。

① 见第四章第五节“农业在整个经济中的地位”的讨论。

美国的情形也是这样，只是美国的农业发展比较倚重于本国的工业，因为美国农业资源和工业资源比较平衡。一个更显著的例子是苏联，在那里，关于科学化的农业改良，直到基本工业的发展达到一个可观的程度时，才真正开始。[①] 所有这些例子都证明着我们的说法。当我们讨论目前的问题时，必须把这点牢记于心；在讨论到如何使农业和工业调整配合时，也要这样。关于后一问题，当中国工业化全部展开时，将更显得迫切。

最后，前面曾经说过，农业可以通过输出农产品，帮助发动工业化。几十年来，桐油和茶等农产品曾在中国对外贸易中占据输出项目的第一位。这项输出显然是用于偿付一部分进口机器及其他制成品的债务。但是全部输出额，比起要有效地发动工业化所需的巨额进口来，实嫌太小。农产品输出究竟能扩张到什么程度，须看对农产品需求的收入弹性和其他国家的竞争情况如何而定，例如茶；也要看别的国家正在发展人造代用品的情况如何而定，例如桐油。由于多数农产品需求的收入弹性较低，以及输入国家用移植或人造方法来增加代用农产品的事实[②]，中国农产品输出的扩张性很可能是不大的。所以发动工业化的资金，看来在很大程度上，有赖于其他渠道。

三、农业上的调整

工业化过程中农业上可能发生的调整，系由于很多因素决定的，其中有些因素是不在经济范围之内的。例如政府对于资源分配和收入分配的政策，是最重要的因素，对调整的方式有直接的影响。根据本节开头所提出

---

① 苏联利用役畜的动力已从1932年的77.8%降到1937年的34.4%，其余的百分率则代表以拖拉机、收割机及机动货车为主的动力。见 A. Yugow，*Russia's Economic Front for War and Peace*，New York and London，1942，p. 49。

② 移植最好的例子，是美国近年来种植桐树。

的一套假设，我们拟从农业与工业相互依存的各个方面来研究这个问题。关于农业与工业的相互依存关系，我们在第二章中已作较详尽的讨论，所不同的是这里将要引入生产技术这一因素。

第一，我们可以肯定地说，农业将继续是中国粮食供给的主要来源。但是中国的农业将要面临一些迫切的问题，从而在它的经济转变期中必须相应地实行调整。一部分的乡村人口将要移向工商业中心，因而就只有较少量的农业劳动者来生产和以前同样多或甚至更大量的食粮。而且各个工业化了的国家的经验告诉我们，在工业化初期的人口增殖，很可能比普通时期快一些。所以在这个阶段对粮食的需要必然要增大。再者，当工业化继续进行时，会出现人民的收入增高这样一个阶段，这对于粮食的需要将发生相当大的影响。这时对较好的食物将有更大的需求，例如肉类将成为谷物的补充食物或代替品。这种对食物需要的转变，将对于农作方式的换向（Re-orientation）产生很大的影响。我们所最注意的就是这种农作方式的换向问题。

我们在第二章已经提出讨论过，对食物需要的增加有两个方面，其原因与影响是不同的，但却常被混淆。对食物需要的增加，可能仅仅是由于人口的自然增殖，在土地生产力不能提高或提高得很慢的情形下，这将引起“高产”（Heavy-yielding）作物的种植。对食物需要的增加，也可能是由于人民收入的增加。这时人民将需要较好的食物，因而种植农作物的农场可能将要改种喂养牲畜的牧草和饲料。在工业化过程中，一般的趋势将是从第一类对食物的需要转变到第二类需要。欧洲很多高度工业化了的国家，都曾经有过这样的情形。然而对于中国，情况可能不同，把种植农作物的农场变成牧场或草地，或把种稻的农场改种作为饲料的玉蜀黍，并不是必要的，甚至在将来很长的时期内都不是必要的。中国东北、西北、西南和东南还有很多未开垦的土地，只要有交通工具伸展到这些区域，同时它们的产品又有了销路，则将来都可用来作为牧场或种草之地。同样重要的是必须有喂养和繁殖牲畜的资本。像扬子江流域、珠江三角洲、黄河周围以及北迄东北诸省，这些区域的人口密度高于前述各地区，假若农作物种植的生产力能够增加，则一部分土地用来喂养生猪和家禽将比现在可能获利更大。只有当农业生产力和人民的生活水准都达到一个很高的水平时，部分的从种植农作物到经营畜牧业的转变，以及从种稻到种玉蜀黍的转变，才可能是必要的。不过鉴于中国人口之众多，以及中国国民经济将来很可能产生的农业和工业的适当平衡，像在英国所曾经发生过的那种情形，也许从不会发生于中国。

第二，农业以及林业和矿业，将是给制造工业提供原料的主要来源。大多数轻工业必须从农业取给原料，比较普通的是棉织、丝织、毛织、制鞋、制袜及地毯等工业；同样，罐头工业、酿酒业及其他食物制造工业，如碾米及肉类装制等，显然也大半依赖农业的原料。这些轻工业，尤其是纺织类的轻工业，正如各个工业化了的国家的历史所表明的，在工业化初期都曾经占据主要地位。中国工业化刚一开始，棉纺织业也曾经占据主要地位，无疑将来也一定会继续是这样。很可能，丝织业、毛织业和食品制造诸业，短期内将赶上棉织业。当然，工业化的辉煌阶段，必须等到重工业，比如钢铁、机器及化学工业，充分发展后才能达到。而这些重工业的发展，显然主要的又将依靠中国自己煤矿和铁矿的开采。但是这绝不会阻碍农业资源的利用。相反，重工业的发展将刺激轻工业的扩张，后者转而会创造农业原料的更大市场。而且中国在工业化开始阶段，无疑要大量从美、英、苏联输入机器设备、化学产品，以及汽车、卡车等耐久货物；但中国为了支付这些输入，很可能就要输出“特产”(Specialty goods)，其中大部分又是轻工业的产品。

第三，农场通常给工业提供大量的劳动力，而从农场到工厂的劳动力转移则形成了工业化过程中最具有重要意义的一个方面。这个方面对于中国这样的国家特别重要，因为中国农村家庭以“隐蔽失业”(Disguised unemployment)的方式存在着大量的剩余劳动力。这种剩余劳动力究竟将被工、商、矿、运输等业吸收多少，实无法准确推断。但我们可以肯定的是，当工业化进行到充分发展的阶段时，劳动力从农业到其他行业的转移将极为引人注目。但是关于这一问题，有几个因素必须认识清楚，以防过分乐观。首先，这种移动在工业化初期不会太大。在这一时期内，目前停留在手工业的劳动者将最先获得转移到现代工厂的机会。这是因为他们比农场劳动者更有技术；同时就转移费用说，他们又享有区位上的便利。但这也并不是说，在早期阶段没有一些农业劳动者将被吸收。在这种开始的阶段，采矿以及铁路和公路的修筑，将迫切需要大量劳工，这无疑的多半将取自于农业来源方面。再者，当农业进行机械化时，农业劳动本身也会出现剩余劳动力。其情形如何，将看工业吸收这种剩余劳动力的速度与农业机械化进行的速率而定。鉴于中国农村人口为数之大和所占比例之高，估计约占中国全部人口的百分之七十五，因此，工业化初期存在的农业剩余劳动力是否能为工业所全部吸收，实属疑问，更不必提到因引用农业机器所产生的新的剩余劳动力了。然而我们又要注意，要使农业机器的引用成为现实，却又必须以没有大量剩余农业劳动力存在为前提。

第四，在工业化过程中，农业可能发生的诸种调整的一个方面，就是农业可以为工业产品提供购买者。这方面的讨论促使我们考虑两点：农民作为消费者，仅为消费目的而购买工业品；农民作为生产者，为生产目的而购买肥料及农业机器等工业品。作为消费者的农民能吸收多少工业品，将取决于农场收入的大小及其增长率。作为生产者的农民能吸收多少工业品，则将取决于农业生产改进和增加的方式及其速率。这自然引导我们讨论到第二点，即农业的现代化和机械化的问题。

中国在工业化过程中无疑地将把农业机器和化学肥料引用到农业中去。问题是：农业机械化发生的可能性究竟有多大？其速度又将是如何？由于中国农村人口之众多，使机器的引用在经济上无利可获；又由于农场面积过小，使机器的利用在技术上极为困难①，因之可以预料，目前中国农业机械化实现的可能性是不大的。② 但有一件事情我们也必须认识清楚，那就是在目前情况下，农民每逢农忙季节，大都夜以继日，工作过度。若能引用一些机器来做基本的农场劳动，则将会大大增加农民的工作效率和福利。一个具体而重要的步骤是引用抽水机到有良好灌溉系统的片片稻田。农场面积过小所发生的困难，可以通过采用进步方案比如合并农场来克服一部分。这或者由政府从地主手中买进他们无意开垦的农场，然后以合作管理的方式重新分配给自耕农及农业工人；或者由土地所有者自愿将农场置于与无地农民合作的基础上。无论用哪种办法，政府都可以在全国建立农业站，为合作农场提供机器及其他基本农耕工作所必需的设备。目前的中日战争，多少使将来土地的合并较为容易，因为华东南沦陷区的农场面积通常都是全国最小的区域，田界多半在战时被破坏，而地主和不少有地农民

---

① 根据1935年中国土地委员会所作的中国二十二省的抽查，平均每个农场的面积为15.76亩[中国测量土地的单位，一英亩（acre）等于6.6亩]或2.4英亩。我们要注意，区域间的差别是很大的，东南平均每个农场面积为十二亩，而内蒙古达一百四十五亩。中国农场面积的分布情况有如下表所示：

附表

农场面积	华　北	华　南	全　国
10亩以下	27.1%	49.5%	35.8%
10—20亩	21.5%	31.0%	25.2%
20—30亩	16.8%	10.0%	14.3%
30—50亩	23.1%	6.1%	16.5%
50亩以上	11.5%	3.4%	8.3%
合　计	100.0%	100.0%	100.0%

② 在论及中国引用机器的问题时，汤讷（Tawney）也持一种悲观然而现实的看法。他说："中国具有勤劳而智慧的人民，有生产质量良好物品的非凡天才；中国最严重的经济缺点（一个很大的缺点）是由于人口众多，人力低廉；结果，那种只有劳动昂贵才可发生的引用机器，就被阻止了。"见R. H. Tawney，*Land and Labour in China*，New York，1932，p. 135。这种说法用于农业生产，比之用于工业生产，更为适合，因为劳动力剩余的程度，在农场上比在任何其他部门，都要大些。

已经死亡或离开了农场。战后，中国沦陷区在战时被荒废或混淆了田界的农场，一定要有某种方式的重新组织。现在是开始进行农场合并的最好时机；在适当的时候，这种合并还可推广到未沦陷的地区。

第二节　从工业国到农业国的资本移动

第三章曾经指出，工业化可以简称为“资本化”（Capitalization）的过程，即发生资本的“扩大利用”和“加深利用”（宽化和深化）的过程。这种过程自然包括生产技术的变动。就全世界言，在不同的国家，经济发展的程度是不同的。若预期收益大到足以补偿投资的风险和所蒙受的转移费用，则资本就有从单位投资收益较低的区域或国家流到较高的地方的一种自然趋势。

我们都知道，古典派国际贸易理论的基础，是假定生产要素在国内完全有移动性，而在国家之间则完全无移动性。现代学者则渐行接受以下的观点：生产要素在国内不是完全能移动的，在国家之间也不是完全不能移动的，实际的情形是在这两种极端之间。[①] 显然，政治上及制度上的阻碍，在国家之间一定比在国内大些；假若已知这些阻碍的范围，则国内和国家之间生产要素移动的理论是大同小异的。因此生产要素的国际移动不过是“区域间”移动（“Interregional”movement）的一个方面而已。正因为这样，所以现代学者一方面想将国际贸易理论和一般相互依存的价值理论

① 关于理论的讨论，可参看 John H. Williams，“Theory of International Trade Reconsidered”，*Economic Journal*，1929；Bertfil Ohlin，*Interregional and International Trade*，Part Ⅲ，Commodity and Factor Movements and Their Relations，and Part Ⅳ，International Trade and Factor Movement，Harvard University Press，1935；and Carl Iverson，*International Capital Movements*，Oxford University Press，1935，Introduction and Chapter Ⅰ，The Nature of International Capital Movements，pp. 1－92。

(General interdependence theory of value) 联系起来，另一方面还想将国际贸易理论和一般经济活动的区位理论 (General theory of the localization of economic activities) 联系起来。①

但是我们不可忽视，不同的生产要素具有不同的性质，因此各种要素的移动性不仅各不相同，而且有些要素在国内与在国际的移动性也互有差异。我们姑且来研究土地、劳动及资本三个主要的生产要素。奈特 (Frank Knight) 曾说："国际贸易的特征，如果同国内贸易比较起来，在于作为劳动力的人口缺乏移动性。至于资源，则甚至在同一国内亦不能移动；而资本产品则和消费产品一样，进入了国际商业的范围。"② 当作生产要素的土地，在国内及在国家之间，均不能移动，这是没有争议的。劳动力通常可以认为在国内能完全移动，而在国家之间几乎不能移动，这也是很明显的。至于资本，是否能认为在国内及在国家之间具有同样的流动性，就发生问题了。国际资本产品在各国的售价，只要除去运费、关税及倾销费用，实际是差不多的。但我们所谓的"资本"，是与资本产品大不相同的；我们所谓的"资本"是一种"资本支配权" (Capital disposal)。资本的移动性并不是指具体的资本产品，而是指以利息为其服务代价的生产要素，这正是"资本支配权"。因此，虽然资本的国际移动性可能大于劳动力的国际移动性，但资本支配权在各国之间的相对稀少性则是绝不相等的。各国利率不同，从而在各国，资本亦以极不相同的比例，与劳动及土地相配合。③

土地根本不能移动；劳动力因移动限制甚多，实际上在国家之间也是难以移动的；在国际上能够移动的唯一主要的生产要素是资本，尽管

① 适才所举俄林 (Ohlin) 及艾弗森 (Iversen) 的著作，以及 Jacob L. Mosak 的著作 *General-Equilibrium Theory in International Trade* (Cowless Commission Monographs, The University of Chicago, 1944)，可以认为是沿此方向所作的最成功的尝试。

② Frank Knight, "Some Fallacies in the Interpretation of Social Cost", *Quarterly Journal of Economics*, 1924, p. 583。

③ 关于这方面详尽的讨论，见 Carl Iverson, *International Capital Movement*, pp. 27-30。

资本的移动也有各种限制和阻碍。若已知运费及人为限制的一定范围，则资本总趋于从经济高度发展的国家移至较不发展的国家，因为资本的边际生产力在后一类国家较在前一类国家为高。这种资本移动大致与资本从工业国到农业国的移动相同，因为除了少数例外，农业国家一般在经济上总是比较不发达的或不够发达的。资本显然也在工业国家之间或经济高度发展的国家之间移动。不过这里只讨论资本从工业国到农业国的移动。

假若借款国家政治安定而又有发展工业的前途，则资本的移动将取决于供求的一般法则，这可用贷款国和借款国的通行利率及其他转移费用来充分表明。[①] 这使得我们不得不来研究资本移动的原因及其影响。有些作家曾着重于资本移动和商品移动之间的因果关系。另外一些作家，其中可以特别提到怀特（Harry D. White），认为资本输出和商品移动可能是同一原因的两种连带效果，其共同原因就是工商业活动的起伏变动。怀特举出法、英、美诸国关于这种情形的有趣数字来支持他的假说。[②] 法国在 1883 年到 1886 年是经济萧条时期，同时也是资本输出比较低微的时期。反之，1887 年至 1889 年，尤其是 1903 年至 1906 年，是复苏和繁荣时期，资本的输出也随之迅速增加。但是在其他时期，两者之间则没有显著的一致性。就英国说，1886 年到 1890 年、1896 年到 1900 年、1904 年到 1907 年，以及 1909 年到 1913 年，是工商业比较活跃或扩张的时期，同时也是资本输出比较巨大的时期；而 1891 年到 1895 年、1901 年到 1903 年，以及 1908 年到 1909 年，由于经济萧条，就使资本输出遭受到挫折。但也有许多年份，两者是不相关的。就美国说，在 1923 年、1926 年及 1929 年等繁荣年份，资

① 我们要注意，Mill 等古典派理论只掩盖了利率的作用；而“收入”理论或“现代”理论（“Income” or “Modern” Theory）则对利率完全不给予发挥作用之余地。详细的讨论见 John Knapp，“The Theory of International Capital Movements and Its Verifications”，*Review of Economic Studies*，Summer 1943，pp. 115-121。

② Harry D. White，*The French International Accounts 1880 - 1913*，Harvard University Press，Cambridge，Mass.，1933，passim。

本输出反而随之较低，而在1924年、1927年及1930年等衰退年份，却伴随以资本输出的增高，这两组数字系列，显然是负相关。

这种周期性的假说，被安吉尔（James W. Angell）根据逻辑推理予以反驳。他的反驳有两个理由。[①] 第一，周期变动的趋向，一般在不同的国家，多少是互相一致的。第二，即使有互不符合的周期变动，其结果亦须视国外投资的方式而定。若周期变动在各国互相符合，且大小近乎一样，则它们对于资本的国际流动不致影响太大。若不符合，且大小不一致，则可能发生各种差异而引起资本移动，但这种资本移动的方向还须视投资是否为一种固定收益的类型而定。

怀特和安吉尔的论证都只能说是部分对的。即使根据逻辑推理，我们也不能否认资本移动与工商业活动之间的相互关联和相互影响。值得怀疑的是，工商业的起伏变动是否只能作为资本移动的一个原因，而不能作为它的一个结果。而且在经济相互依存的社会中，统计方法测验的相关即使不存在，也并不必然表示其中因果关系就不存在。这可能只是由于其他因素对资本移动的影响力量，在某些年份大于另外一些年份。艾弗森（Carl Iverson）说得对，资本输出与商业周期变动之间的关系，显然须看借款国和贷款国当时经济生活的实际情况如何。在丹麦，我们可以清楚地看出来，资本输入在经济繁荣时期增加，而偿还却行之于萧条时期。这是以农业居优势的自然结果：农产品输出的价格及数量，相对地不受经济周期变动的影响；而生铁、木料、煤炭等的输入，则在数量上及价格上，对于经济周期变动，均甚敏感。[②]

就长期看，各国之间资本的移动可以反映出世界各个地方工业化的特性、程度以及所处的阶段。19世纪，英国不仅在国内工业发展方面居于领先地位，而且在对他国贷出及输出资本方面亦首屈一指。法国共享这种

---

① James W. Angell, *The Theory of International Prices*, Harvard University Press, Cambridge, Mass., 1926. pp. 527-528。

② Carl Iverson, *International Capital Movements*, p. 73。

领先地位，但稍逊一筹。那时美国和德国尚居于大量输入资本的国家之林。[①] 1850年以后，美国开始从国外输入大量资本以兴建铁路。直到1896年，它才开始从外人手中购买相当数额的证券，但是资本输入净差仍然巨大。就法国而言，从1870年到1912年，在法国的外国投资自二十三亿法郎增到七十亿法郎，但法国在外国的投资则自一百亿法郎增到四百二十亿法郎，因而资本净输出额由七十七亿法郎增到了三百五十亿法郎。[②] 第一次世界大战前夕，英国仍执世界金融的牛耳，而法国的国外投资增加率则颇小。最惊人的是德国在本世纪初，开始有了大量的国外投资。根据估计[③]，1914年德国持有外国证券五十六亿美元，与之相比较，当年英国持有一百八十亿美元，法国持有八十七亿美元。同一年，美国的同类对外投资估计为二十亿美元。显然在本世纪之初，美、德两国才开始大量输出资本。但是美国的国外投资，相对于国内投资来说，所占的地位远不如英国之高，这是因为美国的国内市场远较英国为大，从而可以吸收新生的资本。

适才所说的长期资本移动，在历史上是最普通的一种。在此种方式的资本移动中，无论贷款或贸易，同是相应于一组影响着它们的共同基本因素而变动的，同时资本的移动也是伴随着世界收入和就业的起伏变动而一起发生的。在这里，上面所述有关资本移动的诸种学说，如相对价格变动说或收入变动说，就不大适用。19世纪，在尚未发达的国家里，铺设铁路及进行其他建设工程表现出有利可图，于是资金多从国外输入；但这种开发所引起的支出，同时就吞没了大量输入的投资产品及消费产品。在这种情形下，显然的，借款和输入增加不过是一个复杂而基本的局势所引起的不同的两个方面。这种局势是：使铺设铁路获利的条件，尚未工业化的国

① 资本在各国间移动的详细统计分析，尤其是英、法、美、德诸国，可参看 Jean Malpas, *Les Movements Internationaux de Capital*, Paris, 1934, pp. 19-323。

② Jean Malpas, *ibid.*, p. 182。

③ Jean Malpas, *ibid.*, p. 243。

家从国外输入投资产品和其他制造品的需要，以及这些地方尚缺乏用作长期开发的资本市场。我们要着重的一点是，这些基本的条件已经比较完满而充分地解释了在上述种种情形下资本输入的整套进行方法（modus operandi），所以如要另去寻求从甲国汇一笔钱到乙国所必需的特殊转移机构（所有其他情形均假定不变），就是多余的了。[①]

我们现在是处在第二次世界大战刚刚结束的战后时期。现在的局势，与第一次大战战后时期的局势，很不相同。英国在国际投资上虽仍占重要地位，但已不再是各国的领袖。法国已经变成债务国，自己正在向国外寻求资本。苏联仍将专力从事国内理财和国内投资。现在能够大量输出资本的国家暂时只有美国，无疑的它将取得国际投资的领导地位。为了引发并保持战后世界贸易的复兴，汉森（Alvin H. Hansen）及其追随者曾一再主张美国在国内施行“扩张方案”（Expantionist Program），并以广泛的国外投资相配合。他们还认为，若要达到战后的经济繁荣，则恢复并重建被蹂躏及未发达诸国的任何经济建设计划，均将包括美国及其他发达国家的大量资本输出。[②]

各国中迫切需要资本来恢复战时创伤和建设经济的是中国及欧洲诸国，单为建设而需要资本的是拉丁美洲诸国。资本从美国移至中国、欧洲诸国以及拉丁美洲，其数量的大小，取决于多种因素，其中最重要而基本的因素是借款国家的政治安定的情形和工业发展的远景。满足了这两个条件之后，有关各国所采行的经济政策对这个问题也有直接而重大的关系。我们可以说，国际资本的转移，大部分要看战后各国是承袭保护特别生产者利益的传统路线来管理国际贸易与金融，还是以大多数普通生产者和消费者的利益（就业及提高生活水准）作为国际统制之鹄的。在国际贸易与金融

① 见 Johan Knapp，“The Theory of International Capital Movements and Its Verifications”，*Review of Economic Studies*，Summer 1943，p. 119。

② 见 Alvin H. Hansen and C. P. Kindleberger，“The Economic Tasks of the Post-War World”，*Foreign Affairs*，April 1942。

中，根据生产者的利润界限而决定政策，就会演成保护和限制；不顾消费者的选择而决定价格水平，就会演成互惠主义（Bilateralism）、汇总统制和差别待遇（Discrimination）。一个国家要扩展国外投资并获得成功，必须消除这些对于国际贸易与金融的障碍。[①]

如要估计某些重要的农业国家在它们将来工业化时期的资本容纳能力，那是很困难的。学者们常用每个工人的资本需要额作为计算单位来估计这种能力。但是每个工人的资本需要额是难以估计的，因为就其总量及组成部分来说，各个生产行业都互不相同，而且因机械化的程度高低而各有差异。罗丹（Rosenstein-Rodan）在讨论东欧及东南欧工业化所包含的诸种问题时，曾经估计每人所需资本设备额平均为 300—350 英镑（约 1 200—1 400 美元）。他所根据的数字是轻工业每人需 100—400 英镑，中级工业需 400—800 英镑，重工业需 800—1 500 英镑，此外还加上房屋建筑、交通及公用事业所需要的资本设备。[②] 他还估计了本国的资本将占全部需要的百分之五十，其投资率，即某一时期总投资额与该期内总收入额之比，将为百分之十八，这与苏联的数字相同。另外一个研究团体，对东南欧所作的例子更为详尽，曾经估计出轻工业、中级工业及重工业各在中等程度机械化时，每个劳动者所需的资本额大略如表 6—1 所示：[③]

表 6—1　每人所需的投资额（美元）（依战前价格）和动力

	土地和建筑	厂房设备	固定资本总额	动力设备（马力）
棉　织	300	600	900	1.5 匹
五金制造	400	750	1 150	2.5 匹
化学肥料	800	3 500	4 300	5.0 匹

① 见 Howard S. Ellis，“Removal of Restrictions on Trade and Capital”，*Postwar Economic Problems*，edited by Seymour Harris，New York and London，1943，pp. 346 and 359。

② P. N. Rosenstein-Rodan，“Industrialization of Eastern and South-Eastern Europe”，*Economic Journal*，July-September 1943，p. 210。

③ P. E. P.（Political and Economic Planning），*Economic Development in South-Eastern Europe*，Oxford University Press，London，1945，p. 57。

所有这些估计，自然受到很多的限制。未知因素太多，使这些估计除了当做理论上的例解外，实无更大的价值。但这表现了一组农业国家在其工业化过程中需要资本的一种情景。

工业化对外国资本的需要程度，以及外国投资将以何种方式在亚洲农业国家（特别是在中国）实现，这对于借款国家，以及可能对于贷款国家，都是最饶兴趣的问题。我们现在就中国的情形，来做进一步的考察和研究。[①] 根据一个估计，中国战前的现代工业资本总数不过三十八亿华元（按战前价值，约等于十二亿美元），以现在四万万五千万人口作基础来加以估计，则每人分得的资本额尚不足九华元，或 2.70 美元。[②] 这个数额即使作为中国战后中等工业化的基础显然也是不够的。中国人民的小额储蓄，使它在最近的将来没有获得大量本国资本的希望；中国人民的生活水准已经太低，亦无法再加减削。鉴于这两方面的情形，为了加速工业化，在维护政治独立的情况下，外国资本的利用是值得大加推荐的。这对于借贷两国双方也将是有利的。[③]

中国究竟需要外国资本多少，实无法准确地估计出来。我们可以断言

---

① 关于事实的背景和详细的讨论，读者请参考 C. F. Remer, *Foreign Investment in China*, New York and London, 1933; W. Y. Lin, "The Future of Foreign Investment in China", in *Problems of the Pacific*, New York, 1939; and H. D. Fong（方显廷）, *The Postwar Industrialization of China*, National Planning Association, Washington, 1942, Chapter 6, Capital and Management in China's Postwar Industrialization, pp. 54-76。

② 此乃中国经济学者谷春帆（Tso-fan Koh）所估计。见其文，"Capital Stock in China", *in Problems of Economic Reconstruction in China*（油印本），China Council Paper, No. 2, Institute of Pacific Relations, 8th conference at Mont Tremblant, December 1942。经济学家方显廷曾引用并加以评论，说"这一估计没有包括 1931 年以后日本资本对中国的投入，而所指的是狭义的工业资本，仅包括现代工业中的资本。"见 H. D. Fong, *ibid.*, p. 55。

③ 资本借贷对于资本输入国和资本输出国的相对利益是一个争论已久的问题。古典派学者，从 J. S. Mill 以后，都认为资本的输入必然引起净贸易条件转变得对借入，有利，这种变动对于借款以货物形式从贷款国移到借款国是必要的。这种学说的最完整的分析，可见于 Taussig 及 Viner 的著作中。现代学者，尤其是"一般经济相互依存学派"（School of the General Economic Interdependence）的诸学者，则不赞成他们的意见。甚至"贸易条件"（Terms of trade）是否可以用数量来测量都成为问题。见前引 Ohlin 及 Carl Iverson 的著作，以及 Roland Wilson, *Capital Imports and the Terms of Trade*, Melbourne, 1931, pp. 47-81。

的是，工业化的进度和程度将大部分决定于可用资本的多少。因此在一定的经济情况下，若已知可以得到的资本额，则一国工业化的进度和程度，或经济发展速率（rate of economic development），就可以大致确定。斯特利（Eugene Staley）利用比较法，以中、日人口之比及土地面积之比，乘日本某一年代的投资额[①]，估计出中国战后四十年的投资额。据他解释，日本投资额可以分为两部分。[②] 一部分代表工业、商业及地方公用事业的投资，与人口有密切的关系。另外一部分代表与农业、运输相关诸事业的投资，与土地的面积关系比较密切。在一定的年代中，以第一种投资的数额乘以中国现在人口与日本 1900 年人口之比，以第二种投资数额乘以两国土地面积之比，然后将计算结果相加，得到根据人口和土地面积两方面数字的一个加权平均数。斯特利应用这个方法得到中国战后所需要的投资数额如次：第一个十年，136 亿美元（以 1936 年的物价为准）；第二个十年，231 亿美元；第三个十年，449 亿美元；第四个十年，516 亿美元。[③] 斯特利为中国所作的估计无疑地将有参考价值，但是，也很显然的，它们的适用性是非常有限的。第一，中国的经济条件与日本远不相同，两国投资率实

① 自 1900 年到 1936 年，日本的投资计算如下（以百万美元为单位，物价及汇率以日本 1936 年的数字为准）：

附表 单位：百万美元

年　份	总　数	每年平均数	投资占国民收入中的百分率
1900—1909	783	78	12%
1910—1919	1 658	166	17%
1920—1929	3 128	313	12%
1930—1939	2 476	354	10%

见 Eugene Staley，*World Economic Development*，Montreal，1944，published by the International Labour Office，p. 71。

② 详细的分析，见 Robert W. Tufts 为 *World Economic Development* 一书第四章所加的附录。

③ Eugene Staley，*ibid.*，p. 71，Table 2。

无理由根据人口及土地面积而假定相同。第二，仅有人口及土地面积还不能充分表示投资的潜在力量；资源及国民收入的大小与分配也须计算在内。最后，生产技术这一因素亦须予以考虑，日本在1900—1936年的几十年中经济发展的方式及进度，显然的决不能和中国最近及将来几十年的情形相吻合。总之，我们可以说，不管我们关于中国的资本需要额将作出怎样的估计数字，假若已知本国资本的数额及其积累率，则得到的外国资本在决定中国工业化的程度及进度上将起着重要的作用。我们还要着重指出一点，根据美国、一部分欧洲国家以及中国在过去几十年的经验，运输业在诸种最重要的部门中将最先得到外资和利用外资。在一些煤炭资源不足的国家，水力发电的发展也非常重要。

第三节　农业国与工业国之间的贸易

一、农业与工业之间贸易的特征和转变

古典派的理论，假定了生产要素在国内能完全移动，而在国家与国家之间则完全不能移动。如果我们放弃了这个假定，则国际贸易的性质，基本上实与国内交易一样。两者都可以运用基于区间分析法（Interregional analysis）的那种较为广泛和较富于一般性的理论予以说明。[①] 事实上，即令在大战前的中国，上海与昆明之间贸易的困难和障碍都远远大于上海与旧

① 关于这方面的尝试，一个是俄林（Bertril Ohlin）所作的。见他的“Interregional and International Trade”，1935。另一个尝试是布莱克（John D. Black）的。他写了一篇关于区间分析的文章，认为“通常关于国际贸易理论的大部分的分析，实可应用于一国内区间分析的大部分问题上。”见其文“Interregional Analysis with Particular Reference to Agriculture”，*Exploration in Economics*，1936，New York and London，pp. 200-210。

金山之间，更不必说大于上海与香港之间了。此种情形尤以运输方面为甚。这大部分说明了何以在两次大战之间的时期里，上海每年取道香港从缅甸和越南输入了大量的米粮，而却没有从内部诸省输入。但我们这样的说法，并不是忽略或小视国内贸易与国际贸易之间的差别，虽然这种差别主要是社会性和政治性的，而不是经济性的。当我们谈到农业与工业之间的贸易时，国内贸易与国际贸易之间的差别就变得更大而明显了。这是由于农业国经济结构和工业国经济结构之间的差别，比同一国内两个区域之间的差别要大得多的缘故。

当我们作理论的探讨时，我们可以假定农业国只输入工业制造品和只输出农产品，而工业国则恰好相反。实际的情形大致也是这样。但是我们必须认清，这并不排斥农业国也输入农产品而工业国也输入工业制造品的可能性和事实；因为无论农业国或工业国，没有一个国家能够完全自给自足。更进一步，这也不排斥农业国输出一些工业品而高度发达的工业国输出一些农产品的可能性和事实；因为实际上没有一个国家是纯农业性的或纯工业性的。

同一个国家内农业和工业的区间贸易，与世界上农业国和工业国的国际贸易，这两者之间的差别，不在于贸易货物的本身，而在于决定贸易场面的社会经济诸条件。根据社会经济诸条件的标准，农业国与工业国之间的贸易有几种类型：一种是殖民地的类型，贸易发生于高度工业国和它的殖民地之间，后者通常被称为“农业殖民地”(Agricultural Colonies)。[1] 宗主国把它的农业殖民地只当做原料的供给来源和制造品的销售市场。为了达到此种目的，高度工业国须从殖民地得到“特许权”(Concessions)以独揽或独占贸易的权利。[2] 由于这种方式，使殖民地的经济不仅成为宗主国的

① 关于此种殖民地及他种殖民地的分析，见 G. U. Papi, *The Colonial Problem: An Economic Analysis*, London, 1938, pp. 2-5。

② 对于这种贸易，垄断及垄断性竞争的理论要比较适用一些。从垄断性竞争理论的推论，我们知道在这种情形下的贸易额要小于不在这种情形下的贸易额。见 W. E. Beach, “Some Aspects of International Trade under Monopolistic Competition”, in *Exploration in Economics*, pp. 102-108。剥削理论如何适用于这种殖民地的贸易，尚待进一步阐明。

辅助物，而且实际上也成为它的依赖者，供给宗主国以猎取巨额利润的机会并吸收宗主国的大量资本。另一种可以称为“双边对称类型”（Bilaterally symmetrical type），农业国与工业国彼此以对等的条件相互贸易。这里的农业国可能是已经工业化了的国家，它的人民可能已经获得高度的收入水准和生活程度。例如丹麦和澳大利亚就是例子。在这种类型下的贸易特征，可以用对农产品的供给和需求的特征与对制造品的供给和需求的特征相比较来解释。

当农业国进行工业化时，它与别国进行的贸易的性质和内容就开始发生变化。一般说来，过去的经验是当一国发展生产并使生产现代化的时候，它便输入较多的主要类别的商品。它输入较多的食物、较多的原料、较多的半制成品及制成品；但是，可以料想得到，原料及半制成品的输入更要增加其相对重要性。在输出一方面，经验告诉我们，当一个国家从经济较不发达的阶段转变到比较先进的阶段时，它就开始输出较多的制成品及半制成品。不过它也可能增加粗原料和食品的输出，虽然这些东西在输出总额中的相对重要性可能减少。[①] 可见，有人认为增加一国进行现代生产过程的能力的工业化，通常必将减少制造品的输入额，这是不太有根据的。总的说来，过去的情形恰巧与此相反。

我们试以日本的情形作例来说明。日本在工业化时期，常有入超，其中大部分是原料，如原棉、五金以及机器等。从1912年到1923年，日本的进口增加了三倍，从1912年的618 992 000日元增加到1923年的1 987 063 000日元，输入内容的变化，由表6—2的百分率分配中可以见到。[②] 显然，除了战争期间从1915年到1918年外，日本输入百分率的分配几乎是固定不变的。其中主要部分包括原料和未成品，这表明了一国在工业化早期阶段所通有的情形。

---

① Eugene Staley，*World Economic Development*，Montreal，1944，p. 135。

② 见S. Uyehara，*Industry and Trade of Japan*，London，1926，p. 65。

表 6—2　　日本输入品的百分率*

年　份	食物和饮料/%	原料和未成品/%	制成品/%
1912—1914	13.7	68.5	17.1
1915—1918	6.3	82.5	10.3
1919—1922	13.6	69.5	16.2
1923	12.6	67.7	17.7

* 输入总价值的百分率。

另一方面，同期内日本输出额也几乎增加了三倍，从 1912 年的 526 982 000日元增加到 1923 年的 1 447 749 000 日元。根据同一资料来源，输出内容的变动也可以用百分率的分配来表示。[①]

表 6—3　　日本输出品的百分率*

年　份	食物和饮料/%	原料和未成品/%	生丝/%	制成品/%
1912—1914	10.3	30.8	28.6	29.1
1915—1918	10.5	28.2	21.6	37.1
1919—1922	6.8	18.4	30.9	42.4
1923	6.3	14.8	39.2	37.4

* 输出总价值的百分率。

从表 6—3 我们注意到，日本输出贸易的性质，在它的工业化的重要阶段，发生了显著的变化。食物和饮料输出的减低是大多数正在进行工业化的国家所共有的现象，它表示着人口的增加和人民收入的提高产生了对本国食物的大量需要，从而使其出口受到抑制。原料和未成品输出百分率的逐渐减少，是由于在扩张过程中，国内工业对它们有更大的需要。在输出品中，唯一增加的项目只有生丝，这因为生丝的供给是处于东方的垄断；而在此时期内，外国对生丝的需要也正好在增高。最令人注目的是制成品输出的增加。这对于其他高度工业化了的国家的输出，自然会有些影响。

不过，英国的经验却略有不同。粗原料和食物输出的减少，不仅是相

① 见 S. Uyehara，*Industry and Trade of Japan*，London，1926. p. 59。

对的，而且还是绝对的。这是因为英国是首先发动产业革命的国家，而它的产业资源从来就不足以应付它本身的需要。在它的贸易的最早时期，羊毛和锡是主要的输出品；之后制成品的羊毛衣料输出就最为显著。同样，在更接近现代的时期，由于“产业革命”以及机器和蒸汽动力的引用，英国的最大输出品是纺织品和金属制品。[①] 在输入品中，食物和原料，特别是棉花、羊毛及金属制品是最重要的项目。至于制造品的输入，则从未占有重要地位。

二、农业国与工业国的贸易条件

“贸易条件”（Terms of Trade）的概念及其决定，久为古典派及新古典派经济学者讨论中的重要课题。[②] 陶西格（F. W. Taussig）首先谈到“物物贸易条件”（The barter terms of trade），后来又用输出物价与输入物价之比作为测量的尺度。[③] 按照马歇尔（Alfred Marshall）的意思，在他给予特殊定义的G-包（G-bales）和E-包（E-bales）之间的交换比率，是用劳动作单位来衡量的。[④] 因此农业国与工业国的真实贸易条件，可以用下列三种尺度之一来度量：1. 所交换的小麦（农产品）数量与麻布（制造品）数量的比例——物物贸易条件；2. 两种货物的单位货币价格的比例——商品贸易条件；3. 生产两种货物所费货币工资的比例——劳动贸易条件。但是就在这

① 关于产业革命后期英国商业的讨论，可参看 H. de B. Gibbins, *British Commerce and Colonies*, London, 1897, pp. 113-116。

② 关于贸易条件诸学说的评论，见 Gottfried von Haberler, *The Theory of International Trade*, New York, 1937, pp. 159-166。关于贸易条件之统计的分析，见 Colin Clark, *Conditions of Economic Progress*, London, 1940, Chapter 14, The Terms of Exchange。关于这种分析的一般限制，见 Simon Kuznets, “Economic Progress—a review on Clark's book”, *Manchester School*, April 1941, pp. 28-34。

③ 见 F. W. Taussig, *International Trade*, New York, 1928, p. 8。在附录中，陶西格算出了英国、加拿大和美国的物价及贸易条件，见 pp. 411-419。

④ 详细的讨论，见 Alfred Marshall, *Money, Credit and Commerce*, London, 1929, Book 3, Chapters 7 and 8, and especially Appendix J。

里我们可以提出一个根本性的问题：上述各种贸易条件的测量尺度，是否真正能够指出相互贸易的两组消费者所得到的满足，并因而指出这两组消费者所隶属的两个国家的相对利益呢？这个问题将引起关于效用在各个人之间如何比较（Interpersonal comparison of utility）的争论，这在经济研究的现阶段，还不能有满意的答案。[①] 记住这一点，我们就可以明了目前所考察的诸种测量尺度所要受到的一些限制。

根据新古典派的学说，我们可以说农业国和工业国贸易条件的相对利益，首先须看所交换的是何种产品。农业国一般要处于相对不利的情况，因为国外对它的产品的需要，一般是较少弹性的。正如陶西格所说的，“物物贸易条件（净额的及总额的）变得对美国不利（或者说对德国有利）的程度，须看需要的情况而定。适才选来解释赋税支付后果的特殊数字，是由那种不利于美国的需要所必然引起的。这种情况就是德国对于小麦的需要缺少弹性，而美国对于麻布的需要则比较富于弹性。更确切地说，就是德国的需要弹性小于一，而美国的需要弹性则大于一”。[②] 陶西格然后假定了一种他显然相信是与事实相反的情形：“假若德国的需要情形与此相反——即对小麦的需要具有弹性，则美国在物物贸易条件上的损失必然减少。美国虽仍然觉得以小麦交换麻布较为不利，但其不利的程度却不如上述情形之甚。”[③]

假若贸易条件的有利与不利，在理论上可以比较，在实际上可以测定，则贸易中各项商品的需要弹性无疑是决定贸易条件有利与不利的一个重要因素。但是我们对于以需要情形为中心的古典派或传统经济学的学说，却有几点意见。第一，他们忽略了收入的影响。在工业化继续进行中，人民的收入将要升到较高的水准。凡是需要弹性较大的产品，在扩张经济中必

---

① 关于比较个人之间效用所引起的问题，可参看 N. Kaldor，“Welfare Propositions of Economics and Interpersonal Comparison of Utility”，*Economic Journal*，September 1939。

② F. W. Taussig，*International Trade*，New York，1928，p. 114。

③ F. W. Taussig，*International Trade*，New York，1928，p. 115。

将有较大的利益。据此，工业制造品较之农产品，一般均有较大的利益。第二，他们对于供给弹性和生产调整的弹性没有加以考虑。我们要认清，国内生产的弹性愈大，则输出国外的收益亦愈大。[①] 就这点而言，工业制造品一般也是处于比较有利的地位。此种相对有利的情况，不仅发生于扩张经济中，而且即使在萧条时期也是一样。因此在变动的经济里，农产品比起工业品来总是处于比较不利的地位，这一点几乎完全为古典派的著作所忽视。[②] 最后，大多数古典派的学说都假定着充分就业，并假定没有技术改良。但是我们必须指出，技术改良成果的采用，相对地减少了一国对他国输出品的成本，贸易条件可能因此而发生变动。古典派的学说忽略了这一方面，因而不能适用于发生周期变动和长期变动的经济社会。

三、农业国工业化对于老工业国的影响

农业国工业化的结果，究竟是裨益于或为害于已经高度工业化了的国家，是一个久有争论的问题。早期经济学者每每强调影响的有害的一方面，他们的论证是单单根据下列可能性，即一个农业国一旦实现工业化之后，可能要减少它对国外工业制造品的输入，并且很快会变成老工业国的竞争者，输出工业制造品到那些仍以农业为主的国家。在一个忽略了收入效应（Income effects）及技术变动，同时又假定了充分就业的经济社会里，上述的影响或许是最可能的和唯一的结果。但是现代学者大都趋向于承认这种说法是过于简单了，而且在实际经济社会里也并不总是这样。他们逐渐认

---

① 舒勒（Richard Schüller）特别着重生产弹性，并用之作为准则来决定贸易和关税政策。他早期的论证，见于“Effect of Imports upon Domestic Production”，in *Selected Readings in International Trade and Tariff Problems*，edited by F. W. Taussig，New York and London，1921，pp. 371－391。

② 俄林（Bertril Ohlin）根据别的作家的实际调查而归结说：“整个欧洲，输出以制造品为主，输入以粮食及原料为主，由于后者的价格较低而获得利益。”见其 *Interregional and International Trade*，p. 538。

为农业国的工业化，虽然不利于老工业国的某几种工业，迫使它们进行痛楚的调整，但是却会产生对于整个经济社会有利的补偿作用。[①]

如果从长期或历史的观点来看，同时考虑到经济的一般相互依存性这一事实，我们就知道，农业国的工业化也不过是发生在一个区域内的经济发展的一个阶段。任何经济变动都会引起一些痛楚的调整，并且会产生一些有害的结果。这后者可以认为是对于经济进步所必须支付的代价。各种方式的调整，对于一个正在工业化的国家，可能是内在的（Internal），也可能是外来的（External）。当它是外来的场合，也和内在的一样，我们不能草率地就说某种影响是有害的或是有利的。它们之有害抑或有利，须视个别工业而定，同时要看所采取的观点是短期的还是长期的而定。格雷戈里（T. E. Gregory）在评论东方工业化及其对西方的影响时，说道："关于东方与西方的关系这一问题，虽然我们对于我们自己的未来所存的主见，使我们认为这是东方工业化过程的最重要的方面，但实际上却是表面的。所谓表面的，倒不仅是出于它们在性质上不一定是永久的，而引起它们发生的现象却倒是永久的这种含义"。因此，"用价值的观念来阐述整个问题时，我们不要只用对西方既得利益集团及西方工业可能发生的牵累，来判断东方的产业革命"。[②]

经验表明了农业国的工业化对于老工业国并不有利，如果它们的生产行业是相似的话；此种情形，在短期内尤然。这可举下列事实为例。在大战前时期，日本曾以棉纺织品输至英国（或称大不列颠、联合王国）的殖民地，从而取代了英国在这方面的地位，详见表 6—4 所示。[③] 但是我们必须记住，大不列颠（或称英国、联合王国）在棉纺织业方面所受的这种损

① 关于本问题的文献，尤其是德文的，见 Wilhelm Röpke，*International Economic Disintegration*，New York，1942，p. 182。

② 见 T. E. Gregory 所作的结论，载于 G. E. Hubbard，*Eastern Industrialization and Its Effect on the West*，Oxford University Press，1935，pp. 363-364。

③ Gregory and Hubbard，*ibid.*，p. 31。数字原以月为准，后均变换到以年为准。

失，已经从别的行业所获取的收益中得到补偿。经验又表明了新近工业化的国家，不但未减少工业制造品的输入，反而增加了它们的输入，尤其是机器和半制成品。[①] 并且，统计的研究也证明了，工业品的最大输入者还是工业国，虽然在表面上看起来，这好像是一种自相矛盾的现象。[②]

表 6—4　　大不列颠及日本棉纺织品对大不列颠殖民帝国的输入　　单位：百万码

年份	对东非洲的输入		对马来西亚的输入		对锡兰的输入	
	联合王国	日本	联合王国	日本	联合王国	日本
1929	23.6	32.6	86.0	34.7	27.5	8.2
1931	13.0	50.5	21.6	49.8	16.0	23.7
1933	11.7	78.2	25.9	99.5	9.6	41.4

若要清楚地理解农业国的工业化对于其他国家的关系，必须考虑到几个最重要的因素。第一个因素是正在进行工业化的国家的经济结构。布朗（A. J. Brown）在讨论国际贸易的前景时，把要实行工业化的国家分为两种类型。[③] 一种包括比较贫穷的小农国家，如印度、中国、东欧及五十年前的日本。这些国家在一段很长的时期里，必须输入大部分的机器设备。所以这些国家的工业化，可能使它们的输入总需要量大为增加。另一种类型可以用英国的海外自治领作为代表，这些自治领国家的平均每人收入，已和大多数高度工业化了的国家一样高。这些国家的工业化，将不会使它们的国际贸易引起大量的扩张，并且还可能引起减缩的趋势。但是这并不一定就表示它们国际贸易的绝对量，将要降低。

第二个因素是工业化进行的方式或方法。在第三章里，我们曾把工业化分为两种："演进性的"（Evolutionary）和"革命性的"（Revolutionary）。

---

① 关于事实的分析，参阅 Eugene Staley，*World Economic Development*，Montreal，1944，pp. 135－145。

② H. Mancolescu，*L'Equilibre économique européen*，Bucharest，1931，p. 15。

③ 关于详细的讨论，参阅 A. J. Brown，*Industrialization and Trade*，London，1943，pp. 54－58。

“演进性的”工业化，已经收到了增加对外贸易额的效果。“革命性的”工业化，例如苏联，在工业化的初期固然大量增加了资本设备的输入，但到后来却以减少对外贸易的重要性为结局。这种迅速达到中央集权的方式对于一个新近工业化的国家是否可能，自然终须看该国的特殊经济结构如何而定；就苏联的情形而言，其经济结构使上述这种发展格外容易。[①] 但是我们又必须指出，革命型的工业化，并不一定就发生减少对外贸易的结果。这要看这个国家所采取的财政和贸易政策如何而定。

更有进者，工业化所处的阶段不同，其产生影响的性质亦将不同。一个正在经过工业化程序的国家，可能在发轫阶段增加输入，而在较后的阶段则减少输入。但在更后的阶段，可能又随着输出的增加而增加其输入。经验告诉我们，在高度工业化了的国家之间，甚至对于性质不相同的同样商品，也可以发生贸易。例如，在大战前时期，“德国输出劣质钟表，输入优等钟表；而英国则输出优等钟表，输入低等钟表。在电气机器方面，德国输出的是超等货，输入的是次等货；而英国则输出的是次等货，输入的是超等货。”[②]

第三，老工业国方面调整的能力也必须加以考虑。有些作者曾经特别强调这个因素。[③] 一个老工业国能否从农业国的工业化中获得利益，大部分取决于它调整它的生产结构以适应新情况的能力和难度。赫伯德（G. E. Hubbard）附和埃林格尔（Barnard Ellinger）的意见，而下一结论，说：过去日本集中力量于利用廉价原料制造低质棉织品，是它足以赢得英国市场的一个重大原因。[④] 换言之，英国丢失了远东棉织品市场，一部分实归咎于它难以而且无法调整纺织品生产，以适应市场需要的变动。当然，

---

① Wilhelm Röpke, *International Economic Disintegration*, p. 186。

② H. Frankel, “Industrialization of Agricultural Countries and the Possibilities of a New International Division of Labour”, *Economic Journal*, June-September 1943, p. 195。

③ 见 H. Frankel, *ibid.*; and A. G. B. Fisheer, “Some Essential Factors in the Evolution of International Trade”, *Manchester School*, October, 1943。

④ G. E. Hubbard, *Eastern Industrialization and Its Effect on the West*, pp. 79-80。

这也可能是由于英国觉得它调整其他生产部门，比调整纺织工业，更有发展前途和获利更大一些。

总之，我们可以得到一个结论：农业国的工业化，将使国际分工引发到一个新的路线和水平。此种分工的性质和程度，则在一定的社会制度下，又决定于生产技术的变动，可供利用的资源，以及两者相互引导的关系。

结　语

工业化是经济转变的一种最显著的现象。根据不同的原则和标准，工业化的特征可以用各种方式来说明。如果着重技术因素，工业化可以定义为一系列基要生产函数发生变动的过程。若着重资本这个因素，则工业化也可定义为生产结构中资本广化和深化的过程。若着重劳动这个因素，工业化更可定义为每人劳动生产率迅猛提高的过程。所有这些特征合起来指明一件事——经济飞跃进步，其意思就是以较小的人类劳动，获得更大得多的物质利益这一目的的实现。

本书所采用的工业化的概念是很广泛的，包括农业及工业两方面生产的现代化和机械化。但如本书在开始时所指出的，“工业”一词乃取其较狭的意义，只包括制造工业。基要生产函数大部分是运输、动力发动和传导，以及一小部分制造工业（如钢铁生产和工具母机制造）相联结的。虽然工业化被解释成为表示一系列基要生产函数的变动，这种变动对于农业生产及工业生产两方面又都有普遍的影响，但制造工业方面的反应和变动却比农业方面更具有代表性。这主要的是因为制造工业，比之农业，更容易产生并扩充新的产品，从而产生并扩充新的生产行业。而且，当国民收入升到较高水平时，对工业品的需要趋于迅速增加而对农产品的需要却只能以渐减率增加。更有甚者，在达到了合理的生活水准以后，对农产品的需要甚至将逐渐减少。由于这些差异，农业在工业化过程中的变动曾被工业的变动所掩盖。由于同样理由，作者们在解释和分析工业化过程时，通常都忽略了或过分轻视了农业的变动和作用。这种错误观念和误解，本书在开始几章里已经一再着重指出，并相继给以澄清。

全书分析的主要命题和问题，在导论里已经提出。我们希望通过以上各章的讨论，现在可以比较不太困难地回答这些问题，或者比较深入地理解这些问题。

一、工业的发展与农业的改革及改良

关于导论中提出的第一个命题，即在一个人口稠密的农业地区或国家，工业发展对于农业改革究竟是必要条件，还是充分条件，我们可以得到如下的结论：如果农业的改革及改良是表示农业的机械化和农场经营的大规模组织，则工业的发展只能说是农业的改革及改良的必要条件，但不是充分条件。工业的发展之所以是必要条件，乃因为农场机器、化学肥料，以及其他为现代耕种所必需的设备和工具，都必须由现代工业来提供。而且，只有当人民的收入由于工商业的发展而获得相当大的增加之后，才可以提高（虽然是以渐减率提高）对农产品的需要并刺激农业的改良。但是仅仅有工业的发展也不足以引起农业的改革。若要农业的改革及改良能有效地实现，还必须同时甚至事先就具备其他的条件。在其他条件中，最重要的是运输的改良和农场的合并，还有土地重新分配的法律规章，这后一点更是使大规模农场组织得以实现的先决条件。

历史表明了，在高度工业化的国家中，凡是实现了高度农业机械化的国家也同时就是具有大农场面积的国家。其中我们可以举出美国、澳大利亚、英国和苏联为例。在这些国家中，工业的发展对于农业的现代化贡献甚大。但是在工业的发展之外，我们对于其他的有关大规模耕种和科学耕种的必要条件，也应该认识清楚。澳大利亚和美国是新兴国家，实行大规模耕种所遇到的在制度上的阻碍，比老牌资本主义国家要小得多。在英国，长子继承制是使农场所有权不再分割的主要因素之一。英国历史上发生的两次圈地运动，造成大批农民破产，流落街头，被抛进了雇佣劳动大军；但它对于刺激和促进农业的改革及改良，可说与工商业的扩张，起到同样重要的作用。苏联用革命的手段，将所有关于重组农场的制度上的障碍完全扫除了，从而为国营农场和集体农庄的建立铺平了道路。另一方面，有几个工业化了的国家，它们的农业并未高度机械化，这部分地是由于存在着阻碍农场合并和土地重新分配的制度上的限制。关于这一类的国家，我们可以举出日本、德国、法国及比利时为例。它们的农业改良，主要限于化学肥料的利用以及轮耕作物和其他新耕种方法的采用，而不是引用农业机器。这些国家的人口密度太大，也是农业机械化的严重障碍之一。这种解释，同样也可以适用于丹麦，虽然它的工业生产远不如农业生产来得重要。

二、所谓农业与工业的平衡

第二个问题是在一国内，能否保持农业与工业的平衡。对于这一问题的答案，首先须看我们给予“平衡”（Balance）一词的概念如何。我们在导论里已经把这点着重指出过。一般可以说，在一种像工业化这样的进化过程里，这一问题实在无从提出来，因为真正意义的平衡根本就不会发生。理论上，我们应该承认，若已知技术状况，则在农业与工业之间应有一个调整的适度点。这个适度点可以称为“平衡”或“接近平衡点”。因此在我们的进化过程里，同样在理论上，将有一系列这样的点，可以组成一条表示农业与工业诸种调整的不规则的曲线（an irregular curve of adjustments between agriculture and industry）。但是我们要注意，实际上这种适度点是从来不可能达到的。因此农业与工业之间的平衡或平衡曲线也是不可能真正得到的，而且，就农业、工业两种生产部门加以比较，我们可以说，农业的扩张多少是有限的，而工业的扩张则几乎是无穷的。在一个扩张经济里，若已知人口增殖率以及收入分配和收入大小的可能变动，则对粮食需要的增加和变换可以大致确定。这就是说，农业供给粮食的功能，即使在变动的经济里也是可以估计出来的。但是农业供给原料的功能，则不能确切地预知，这大部分要看工业的扩张及合成代用品的发展如何而定。总的来说，农业的扩张多少是可以估计出来的，因为粮食的供给以压倒优势形成农业的主要功能。工业的情形却完全不同。工业中有新产品产生，它们的扩张变动不定，无法预知。在一个实际是变动不已的世界里，农业与工业二者中有一项几乎完全是未知数，所以二者之间的任何平衡都是不可能想象的。

但是农业与工业之间的平衡，或者可以用除了所完成的功能以外的单位来表示。我们可以用国民产品或国民收入作为单位，也可以用工作人口作为单位，来加以测量。我们要指出的是，这几种尺度都不令人满意，因为数量分析方法的固有缺点，无法充分表示质的变动。然而在现阶段，它们是唯一可用的测量尺度。因此，我们在第二章及第四章，曾运用它们来指明农业相对于工业在地位上的变动。用工作人口所表示的平衡概念已久被重视，因为经济学毕竟是一种人文科学，讨论的是人类的物质幸福。[①] 但无论用什么测量尺度，统计资料都表明了在经济进化的扩张过程中，农业

① 最近有一篇论文用工作人口为单位来讨论“乡村与城市的平衡”（Rural-Urban Balance），见 Arthur P. Chew，“Postwar Planning and the Rural-Urban Balance”，*Journal of Farm Economics*，August 1945，pp. 664–675。

在整个经济里的相对重要性是下降了。这主要是由于社会上对农产品需要的收入弹性比较低下。然而这并不是说农业本身有了绝对意义的衰落。相反的，就整个世界经济而论，自从工业化初次引入之后，农业生产就有了迅速的扩张。只不过是农业的扩张速率比工业小些罢了。因此即使在高度工业化了的国家，从事农业的工作人口的绝对数目和农业生产的绝对数量，都是可以完全不下降的，有的农业生产数量还在不断上升。①

三、农业国与工业国的经济关系

第三个问题是：当农业国开始实行工业化时，在以农为主的国家与以工为主的国家之间，是否能保持协调而互利的关系？并且，农业国的工业化将给予已经高度工业化了的国家以何种影响？对于这种问题，可以从下述两方面进行分析和回答：

第一，除掉了政治上的考虑暂时不计外，在农业国所完成的经济活动与工业国所完成的经济活动之间的相互依存关系，其深切程度并不下于同一国家内在农业与工业之间经济活动的相互依存关系。在这里我们要考虑两点：一方面，从气候及资源所显示出来的自然因素的差别，以及由劳动技术所表明出来的文化背景的不同，在国与国之间是大于在同一国之内的。因此根据国际水平的生产分工，似乎比根据一国规模的分工，其范围要大一些，程度要高一些。另一方面，国际分工的必要性，部分地被各国在国民经济政策中所表现出来的自给自足的企图所抵消了。近几十年来出现的“平行运动”（Parallel movement），主要就是由于这种企图。所谓“平行运

---

① 惟一的例外是大不列颠，农业发生了绝对的下降。但是假若我们将英国的自治领和殖民地的经济活动也包括在内，把大英帝国当成一个国家，则我们的说法仍然成立。

美国农场工人总数从 1920 年起就下降了，但农业生产却继续增加。见 John M. Brewster, “Farm Technological Advance and Total Population Growth”，*Joural of Farm Economics*，August 1945，p. 513，Table Ⅰ。农场工人与农业生产之间的出入，是由于近几十年来农场技术的巨大进步和广泛应用。

动”就是工业国的“农业化”（Agrarianization）和农业国的“工业化”相平行，前者是特别反潮流和违背经济进化的趋势的。这两方面的因素，自然的或物质的，与政治的或人为的，总是趋向于朝着彼此相反的方向发生作用。

第二，如果我们从长期观点来研究这一问题，并且采用本书所给予的工业化概念，那么农业国的工业化可以认为是经济发展的不可避免的结果。其长期的影响，对于正在进行着工业化的国家和已经高度工业化了的国家两方面，都将证明是有利的。其所以会如此，是因为农业国的工业化将提高新近进行工业化各国的生产力和收入水平，这又将提高这些国家的“边际输入倾向”（Marginal propensity to import）而有利于老的工业国家。但是必须认清，要得到这些利益，就必须付出一定的代价。农业国的工业化，对于老工业国家的某些行业，无疑地将有竞争的影响。新的工业国先可能减少它从老工业国的输入，后来又与老工业国竞争于第三者的市场。这将迫使老工业国采用某种方法调整生产以应付变动了的形势。老工业国从农业国的工业化中究竟能得到多大利益，大部分取决于它们进行这种调整的能力和方式。这种不利的效果和对于调整的冲击影响，比之新近进行工业化的农业国家在内部经济结构上所必然发生的情形，实在没有很大的区别。

四、关于中国工业化问题的几点讨论

最后，第四个也是特别重要的一个问题，就是像中国这样的农业国家，在它的工业化过程中，将会可能遇到一些什么样的问题。在以上各章我们曾经企图描述并估计一个农业国家在工业化时可能引起的牵连关系和复杂性。现在我们经过前面各章的讨论，就比较容易了解中国工业化将要遇到的各种问题。本书的目的和范围不允许我们对这些问题作详尽的研究；我们只在第六章里，对农业在工业化过程中所起的作用和可能进行的调整，作了扼要的分析。

关于中国的情形，有几点可以提出来，以供今后进一步的探讨。第一，我们可以说，工业化的激发力量必须在农业以外的来源中去寻找。这就是说，在未来经济大转变的过程中，农业只能扮演一个重要但比较被动的角色，而要使工业化得以开始和实现，还须另找推动力量，特别是在社会制度方面。第二，我们已经证明了工业的发展对于农业的改革及改良是一个必要的条件，尽管不是一个充分的条件。这主要是由于这两个部门的生产结构的特征所决定的。只有当工业发展开始了，基要生产函数或战略性生产要素组合的变动才有可能。工业的发展和基要生产函数的变动，两者大致上可以看成是一样的东西。那种认为农业不依赖工业也可以单独发展的主张，是由于没有认清这一战略要点（Strategical point）。第三，对于农业的改革和改良，除了从工业的发展得到激发和支持外，最重要的是以土地改革的强烈政策为前提条件的农场合并。最后，中国的工业化在某些生产行业方面，无疑地对于老的工业国将会有一些竞争的影响。但是这要经过很长的时期，才会被老的工业国所感觉到。而且，这种影响有一部分将被中国人民购买力的提高所冲销。如果老的工业国相应的立即努力调整其生产，则中国及其他农业国的工业化将会引导国际分工达到一个新的途径和水平，这在长期里对于农业国和工业国双方都将证明是有利的。

附录（一） 对“工业”概念的探讨

在我们日常生活中，我们经常谈到造纸工业、纺织工业或钢铁工业；而在纺织工业之下，我们还可谈到毛织、棉织或丝织工业，这都不会发生什么问题。但是一旦从实际的领域跨入理论的天地，我们就会感到，如果要为工业下一明确的定义，实甚困难。而且这种困难，几乎难以克服。罗宾逊先生（E. A. G. Robinson）为工业所下的定义是："为同一市场生产同一商品的一群生产单位（Firms）"[①]，但他接着又指出：在实际生活里，不同的生产者很少是生产"同一种货物"的。因此当我们谈到钢铁工业或棉织工业时，我们并不认为它们是生产同一种商品的一群生产单位，而是认为它们是生产各种不同的棉织品或钢产品的一群生产单位；有时一个单独的生产单位在它的一个车间里往往也可以生产出几种货物。从这里我们就可以明了，困难的症结是在实际社会中，同一种工业内并没有一种"同质的、划一的商品"（a homogeneous，identical commodity）存在，而这种同质的划一的商品，在最后分析时，对于理论上工业概念的形成，可说是必要的先决条件。

古典派学者将其理论建立在纯粹竞争的假定上，认为工业是指一群为出售一种"同质的、划一的商品"而相互竞争的卖者。只要纯粹竞争的假定可以成立，只要商品的同质性或划一性不发生疑问，这种工业概念是完

---

① E. A. G. Robinson，*The Structure of Competitive Industry*，New York and London，1932，p. 7。

全合理而可以承认的。但是古典派学者对于同质性或划一性并未解释清楚，若一旦对它发生疑问，那么这一概念原有的含糊不清就会立刻显现。比这更严重的是，整个古典学派关于工业之间竞争的理论也将因之动摇，因为这一理论主要是建立在这一含糊的概念上。这个基础显而易见的是太脆弱了，负载不起沉重的上层建筑物。除非我们能用一种方法扩大工业的定义，使它具有适当的基础而可以承受摆在它上面的沉重负荷，否则古典派的纯粹竞争理论的逻辑一致性，将受到致命的损伤。

提倡垄断竞争理论（Theory of monopolistic competition）的学者和使用一般均衡分析方法（General equilibrium approach）的学者都曾尽力企图克服这种困难。[①] 前一派学者，以罗宾逊夫人（Mrs. Joan Robinson）和张伯伦（E. Chamberlin）为代表，用一种简易的方法来解决困难，那就是既不放弃对工业的分析，同时又添加了对生产单位的分析（厂商理论）。关于工业的概念仍然缩小为只生产一种商品或产品。罗宾逊夫人为方便计，宁愿对于单一商品采用一种粗疏和简便的定义，以期与普通常识相符而不致引起麻烦。[②] 她关于工业的概念是，假定不同生产单位的产品是由“一串替代品”（a chain of substitutes）所组成的，它的两边都为“明显的空隙”（Marked gap）所间断，在此范围内，对每一个生产单位的产品的需求，都对其他任何一个生产单位的产品的价格，具有相同的敏感性。罗宾逊夫人认为这种“边沿部分”（Boundary）是一种界限，过此界限这种敏感性即行消失，至少变为不同级的度量。[③] 卡尔多（N. Kaldor）采用一种“尺度”

① 特里芬（Triffin）在其著作中曾以极简明的一节讨论“集团”或工业的概念，可以作为进一步的参考。见 Robert Triffin，*Monopolistic Competition and General Equilibrium*，Harvard University Press，1940，Chapter 2，Section 3，pp. 78－89。

② 罗宾逊夫人定义商品为“一种可消费的货物，与他种货物可以任意相区别，但就实际的目的而言，可以认为它本身是同质的”。见 Joan Robinson，*Economics of Imperfect Competition*，London，1933，p. 17。

③ Joan Robinson，*ibid*，p. 5，and N. Kaldor，“Mrs. Robinson's：‘Economics of Imperfect Competition’”，*Economica*，1945，pp. 339－340。

(Scale) 概念。每种“产品”在“尺度”上都占有一定的部分；尺度构成的条件是在相互邻近的产品之间，“消费者的替代弹性”（the consumers’ elasticity of substitution）为最大（“产品”本身可以定义为彼此之间消费者的替代弹性为无穷大的一组物品）。张伯伦则采用一种“组合”（Group）概念，这种组合可大可小，依分类的概括性的大小而定。[①] 组合的定义不一定要基于产品间的“替代性”（Substitutability）。据他说，“根据‘技术标准’（Technological criteria）来将工业分类，较之根据市场的替代性来将工业分类，似乎更加容易和更有理由得多。”[②]

显而易见的，垄断竞争理论所提出的修正，并未圆满地解决本节开头所提到的困难。情况仍然和以前一样：只是在纯粹竞争的情况下，将许多生产单位集合于一个工业，能使卖者的行为和反应表现得更加简单和更加明确一些。但除了这种简单情况之外，生产单位的汇合丝毫不能简化各种竞争类型的复杂性和多样性。正由于这个主要的缘故，有些使用一般均衡方法的学者，认为在一般的纯粹价值理论中，“组合”和“工业”是无用的概念。垄断竞争理论的新酒，不应该注入局部均衡方法的旧瓶中。当竞争的研究从纯粹竞争的狭隘假定下解放出来之后，要分析竞争，主要只需保留两个名词：一方面为个别的生产单位；另一方面为全部竞争者的集合体。根据这种材料，就能更简便地建立起一种关于经济相互依存的一般理论（a general theory of economic interdependence）。[③]

我们已经明了，由于不完全竞争及产品差异的存在，“工业”的概念，不仅难于立足，而且也无用处。现在面临的问题是，我们能否调和理论上的逻辑一致性与经济社会的现实确切性？如果能够，那么，又应以何种方

---

① E. Chamberlin, *Theory of Monopolistic Competition*, 1933, Harvard University Press, pp. 100－104。

② E. Chamberlin, “Monopolistic or Imperfect Competition?”, *Quarterly Journal of Economics*, Vol. LI, No. 4, 1937, p. 568, footnote。

③ Robert Triffin, *Monopolistic Competition and General Equilibrium*, Harvard University Press, 1940, p. 89。

法调和呢？为了解释这一点，我们可以稍加说明。大家知道，许多“纯粹”理论家，每每不严密地利用一些设想或假定——例如利润最大化及满足最大化（Maximization of profit and maximization of satisfaction）——以进行分析并建立理论“模型”（Models）。另一方面，一些“讲求现实的”学者，却批评纯粹理论家运用推导而得到的概括结论，距离事实太远，毫无应用的价值。[①] 这是一个至关重要的问题，也是一个争论极多的问题，可是在本书范围内不能作进一步的研讨。我们现在所需要说明的，只是这种纠缠不清的关系，在上面所讨论的问题上，亦同样发生。工业的概念，在价值的一般纯粹理论中，可能是难于立足和毫无用处的，但是它对于实际经验研究的价值，则不容否认。因此，我们将转移到问题的实际方面来。不过我们应该指明，我们这样做，并不是从理论的阵地退却。本书的作者一直相信，理论与实际的结合，或理论与实际的完全一致，是科学研究者的共同目标；而要达到这种目标，纯粹理论家和实际分析者都要为之献出无尽的努力。

在实际方面，工业的概念不仅可以成立，而且很有必要。如果我们承认“任何两个工业的相邻处有一定的误差范围存在”，这段误差范围是由于分类时发生了空隙或重叠而产生的，那么我们就有十足的理由来为工业下一定义，并且依照这一定义来将工业分类。我们认为，一种工业可以定义为生产一群同类商品的一群生产单位，此种商品的相同性为最大或者相异性为最小。各种不同工业的界线，如前面所讨论的，可以依照市场的替代性或生产技术的标准来划分。我们更应该指出，这种划分必须基于“市场上真确的事实”[②]，而且还必须依照我们分析的目的而定。[③] 工业这一概念之

---

① E. F. M. Durbin，“Method of Research—A Plea for Cooperation in the Social Sciences”，*Economic Journal*，June 1938；L. M. Fraser，“Economists and Their Critics”，*Economic Journal*，June 1938；Theo Suranyi-Unger，“Facts and Ends in Economics”，*Economic Journal*，March 1939。

② F. H. Knight，*Risk*，*Uncertainty and Profit*，New York，1921，p. 125。

③ Alfred Marshall，*Principles of Economics*，London，8th Edition，1920，p. 100，footnote 1。

所以成为必要，不仅是因为古典学派及新古典学派的理论都是建立在工业均衡的基础上，也因为任何实际经验的研究，尤其是任何经济政策的分析，都必须应用工业的概念，都必须首先假定工业的分类是可能的。[①]

① 里昂惕夫（Leontief）在将一般均衡分析作实际的应用以研究美国的经济结构时，用一种实际的工业概念代替严格的理论上的工业概念，而且基于这种概念并根据若干正当的理由，将工业进行分类。见 Wassily W. Leontief，*The Structure of American Economy*，*1919－1929*，Harvard University Press，1941，pp. 20－21。

附录（二） 农业作为一种“工业”与农业对等于工业

就广义言，农业只是许多工业的一种。如果我们坚持理论上的定义，认为一种工业是指生产同一商品的一群生产单位或生产者，很明显，我们就能将农业进一步划分为几种工业，如小麦种植业、水果种植业、牛乳工业等等。我们甚至还可进一步依照农业生产者出产何种水果，将水果种植业再划分为多种行业。不过这样会使我们陷入无止境的分类，使实际分析难于进行，甚至不可能进行。因此我们必须采用实际的考虑和步骤，即使牺牲逻辑的一致性及理论的纯洁性也在所不惜。前面所提到的调和方法，即承认分类时有误差范围存在，现在又可采用。按照这种分类方法，可将农业当作一种工业处理，或者径直称之为“农耕工业”（Agricultural Industry）。[①] 这种工业“生长”（grow）[②] 一群产品，其市场替代性的量度几乎是同级的，因为实际上大多数粮食产品都能互相替代，故具有高度的市场替代性；其需要弹性（Elasticity of demand）的大小也是同级的，因为实际上对于大多数农产品的需要的价格弹性（Price elasticity），以及对于大多数粮食产品的需要的收入弹性（Income elasticity），都是相当低微的。而且农业生产大都是在相同的生产技术条件下进行的，比如生产调整的弹性（Elas-

---

① 有一本著作以整个一章叙述“农业的工业”，以区别于捕鱼、采矿、制造及其他种种工业。见 J. G. Glover and W. B. Cornell，*The Development of American Industries*，New York，1932，Chapter 2，The Agricultural Industry，pp. 15－38。

② 布莱克将农业当作一种“生长性的”工业来研究，并且定义生长性的工业为“生长”产物的工业。见 John D. Black，*Introduction to Production Economics*，New York，1926，p. 70。

ticity of production adjustment)[1] 极小，就是这些条件中的一例。

布莱克（J. D. Black）曾经着重指出，农业这一生产部门，与其他工业相较，在性质上是“生长性的”（genetic），在生产阶段上是属于初级的。布莱克将所有工业分为三类[2]：①开采工业，包括采矿、伐木、捕鱼、狩猎及水力利用；②生长工业，包括农业、造林及养鱼；③制造及机械工业，包括工厂经营、建筑及手工业。科林·克拉克（Colin Clark）采用最广泛的工业定义，甚至将仅仅提供服务的生产部门也包括在内。他也将一切工业分为三类[3]：①初级工业，包括农业、造林及养鱼等；②次级工业，包括制造、采矿及建筑等；③第三级工业或第三级产业，包括商业、运输、服务行业及其他经济活动。布莱克的初级生产，显然将克拉克的初级工业和次级工业都包括在内。澳大利亚的费雪尔（Allan G. B. Fisher）则将经济发展分为下列三阶段：初级生产（农业与畜牧）阶段，次级生产（制造或工业）阶段及“第三级”（贸易与运输）阶段。[4] 这种分类含有历史方面的意义及技术方面的考虑。此处我们需要着重指出的就是，如同上述布莱克、费雪尔、克拉克等所表明的，农业是一种初级的工业。

里昂惕夫（W. W. Leontief）将一般均衡分析方法作实际的应用，以研究美国的经济结构，在更广泛的意义上使用了“工业”一词。除上述的一切工业之外，他在分析 1919 年至 1929 年的情况时，将“家庭”也当作一种工业[5]；后来，在分析 1939 年的情况时，又将“政府”也当作一种工业来

---

① 生产调整的弹性与生产的替代弹性（Elasticity of substitution in production）有些相似之处，但并不完全相同，而且除生产要素组合的变化外，生产调整的弹性还包括了整个工厂的规模的变化。

② John D. Black，*Introduction to Production Economics*，New York，1926，pp. 66-86。

③ Colin Clark，*Conditions of Economic Progress*，London，1940，p. 182。

④ Allan G. B. Fisher，*The Clash of Progress and Security*，London，1935，pp. 25-32。

⑤ 里昂惕夫将一切工业（实际上即一切经济活动）分为十类，即：农业及粮食，矿业，金属及其产品，燃料及动力，纺织及制革，蒸汽铁路，国际贸易，杂项工业，不分配者（主要为商业劳务及职业服务），家庭。见 Wassily W. Leontief，*The Structure of the American Economy，1919-1929*，Harvard University Press，1941，pp. 69-72。

进行研究。[1] 这样看来，里昂惕夫似乎认为任何具有相同经济活动的组合或集团，不论是生产的或是消费的，都是工业。

直到现在，我们都是从广义的意义上讨论“工业”一词。但在本书的分析中，我们将要狭义地使用工业这个概念。狭义的工业只包括制造及机械生产。本书则尤其着重与农业有直接的或密切的关系的工业，例如纺织工业、农业机械工业等等。在其他工业中，凡与农业发生间接的或迂回的关系的，也将予以探讨。至于运输，则是与狭义的农业和工业都有区别的一种生产部门，在应该涉及的地方，也将加以适当的讨论。不过我们应当认清，就历史的意义来说，即使是狭义的工业，也不仅限于现代的制造及机械生产，还要包括在现代工厂制度建立以前的手艺或手工业。就这方面来说，本书所用的工业概念，又得稍加扩大了。

既然工业限于狭义，那么农业就不应当再作为一种“工业”来研究。因此，我们可以粗略地将生产活动分为五个部门，就是：农业、工业、运输、商业、银行和其他经济服务行业。造林及养鱼可以当作农业，而采矿及建筑则可当作工业。自然我们还应该说明，它们的功能和经济意义，与农业及工业相比，都是各有不同的。在本书中，“农业”一词是用以包括各色各样的农场经营（Farm enterprise），除了大规模的现代化农场外，还包括小规模的家庭农场。农场经营都具有一个共同点，那就是和土地保持着密切的生产技术关系。在这方面，造林及采矿都很像农业。但农业是生长性的事业；采矿则是开采性的事业，彼此之间自有区别。至于造林，虽然也是一种生长性的事业，但依照常识和习惯的标准以及经营的特点，则通常总是和狭义的农业分开的。

本书所采用的农业概念及工业概念，如以理论上的逻辑一致性来判断，是不够精确的和不够纯一的。我们之所以采用这种概念，第一，因为经济

① Wassily W. Leontief, “Output, Employment, Consumption and Investment”, *Quarterly Journal of Economics*, February 1944, p. 304。

学是一种“人文”科学或“社会”科学，既然是一种人文科学，所以还不能如大多数“纯粹”科学或“自然”科学那样精确。其次，正如我们在导论中已经指出的，本书不仅是理论的分析，同时也是经验的和历史的研究。我们认为，正因为是经验的和历史的研究，概念中和分类时的“含糊范围”（Range of vagueness）或“未决地带”（Zone of indeterminateness）一定更会扩大。为此，也只有承认比较宽广的未决地带，理论与经验的结合研究才可能完成。[①] 不过这样又会发生一个问题，那就是如何为连接的两个“未决地带”划分界限。要回答这个问题，我们就得面对在未决地带之间存在有空隙或重叠的现实情况。这种情况使我们不能达到基于“连续性”（Continuity）和“流畅性”（Smoothness）的那种理论上的完善境界。但是，在这一方面，我们究竟应该牺牲理论上的完善性到什么程度，以使我们的分析符合现实情况，在经济研究的现阶段，我们对于这个问题尚无圆满的解答，有待于今后继续探讨。

---

① 作者多年来就抱有一种想法，认为若要将“自然科学”中所用的科学研究方法应用于“人文科学”，我们最好是能以“范围”或“地带”的概念来代替“点”的概念。例如，在研究一个生产单位的成本曲线或一种工业的供需曲线时，我们可用“带”（Belt）来代替“一系列点”（a series of points），这种带可以称为“一系列地带”（a series of zones）。当作者三年前学习于哈佛大学工商管理学院（Graduate School of Business Administration，Harvard University）时，在“案例教学”中，曾发现许多公司或厂家都使用“实际地带”（Practical zones）的方法，为产量及成本作种种不同的流动预算，而在实际地带以内，则无变化或调整，因之使作者更相信此种调和方法的合理与适用。这种商业上的实际地带相当于我们理论上的“未决地带”，在此种地带内有许多可能调整的点；至于在此种地带内，应该以何处为最适当点或均衡点，却不能决定。

作者后来转到同校文理学院经济系时又读到熊彼特（J. A. Schumpeter）著作中的两段文字，认识到他对于这一问题持有同样的看法。熊彼特在讨论到均衡和不完整竞争时，认为“我们惟一可做的事情，就是用‘均衡地带’（Equilibrium zone）代替‘均衡点’（Equilibrium point）”。在讨论均衡概念对于研究经济波动的功效时，熊彼特认为“因为实际上经济制度从未真正达到那种情况（如果达到，就能满足一切均衡的条件），我们将考虑放弃‘均衡点’的概念，而代以‘范围’（Ranges），在这种范围内，整个经济制度要比它在范围之外，更接近均衡一些”。见 Joseph A. Schumpeter, *Business Cycles*：*A Theoretical*, *Historical and Statistical Analysis of the Capitalist Process*, New York and London，1939，p. 58 and p. 71。

参考书目

Allen, R. G. D., and A. L. Bowley, *Family Expenditure* (London: P. S. King and Son, Ltd., 1935).

Anderson, H. D., and P. E. Davidson, *Occupational Trends in the United States* (Stanford University, California: Stanford University Press, 1940).

Angell, James W., *The Theory of International Prices* (Cambridge, Massachusetts: Harvard University Press, 1926).

Ashley, Sir William, *The Economic Organisation of England* (London and New York: Longmans, Green and Company, 1937).

Barger, Harold and H. H. Landsberg, *American Agriculture, 1899-1939: A Study of Output, Employment and Productivity* (New York: National Bureau of Economic Research, 1942).

Beach, W. E., "Some Aspects of International Trade Under Monopolistic Competition," in *Exploration in Economics* (New York and London: McGraw-Hill Book Company, 1936).

Beveridge, William H., *Unemployment: A Problem of Industry* (London: Longmans, Green and Company, 1930).

Bezanson, Anna, "The Early Use of the Term Industrial Revolution," *Quarterly Journal of Economics*, February 1922.

Bienstock, G., S. M. Schwarz, and A. Yugow, *Management in Russian Industry and Agriculture* (London and New York: Oxford University

Press, 1944).

Black, John D., *Agricultural Reform in the United States* (New York and London: McGraw-Hill Book Company, 1929).

—— "Factors Conditioning Innovations in Agriculture," in *Mechanical Engineering*, March 1945.

——*Food Enough* (Lancaster, Pennsylvania: Jaques Cattell Press, 1943).

—— "Interregional Analysis with Particular Reference to Agriculture," in *Explorations in Economics* (New York and London: McGraw-Hill Book Company, 1936).

——*Introduction to Production Economics* (New York: Henry Hoht and Company, 1926).

——*Parity, Parity, Parity* (Cambridge, Massachusetts. The Harvard Committee on Research in the Social Sciences, 1942).

Bowden, W., M. Karpovich, and A. P. Usher, *An Economic History of Europe Since 1750* (New York: American Book Company, 1937).

Bowley, A. L., *Wages and Income in the United Kingdom Since 1860* (Cambridge, England: Cambridge University Press, 1937).

Brewster, John M., "Farm Technological Advance and Total Population Growth," *Journal of Farm Economics*, August 1945.

Brinkmann, Theodore, *Die Oekonomik des landwirtschaftlichen Betriebes*, in *Grundriss der Sozialökonomik*, Abteilung Ⅶ (Tübingen, 1922). (Translated into English by E. T. Benedict and others, under the title of *Economics of the Farm Business*, 1935).

Bronfenbrenner, M., "Production Functions: Cobb-Douglas, Interfirm, Intrafirm," *Econometrica*, January 1944.

Brown, A. J., *Industrialization and Trade* (London: Oxford Press,

Institute of International Affairs，1943).

Burns，Arthur F.，"The Measurement of the Physical Volume of Production，" *Quarterly Journal of Economics*，February 1930.

——Production *Trends in the United States Since 1870* (New York：National Bureau of Economic Research，1934).

Cassel，Gustav，*The Theory of Social Economy*，English edition，Vol，Ⅰ (London：E. Benn，Ltd.，1932).

Chamberlin，Edward H.，"Monopolistic or Imperfect Competition?" *Quarterly Journal of Economics*，Vol. LI，no. 4 (1937).

——*The Theory of Monopolistic Competition* (Cambridge，Massachusetts：Harvard University Press，1938).（中译本：张伯伦，《垄断竞争理论》，商务印书馆。）

Chang，P. K.，"A Note on the Equilibrium of Firm" (unpublished)

——*China's Food Problem*，mimeographed (Washington，D. C.，1945).

——*Food Economy in Kwangshi Province*，in Chinese (Shanghai：Commercial Press，1938).（张培刚，《广西粮食问题》，商务印书馆。）

—— "Role of Agriculture in China's Industrialization，" *National Reconstruction Journal*，October 1945.

——and C. I. Chang，*The Grain Market in Chekiang Province*，in Chinese，Monograph No. 14，Institute of Social Sciences，Academica Sinica (Shanghai：Commercial Press，1940).（张培刚、张之毅，《浙江省食粮之运销》，商务印书馆。）

Chew，Arthur P.，"Postwar Planning and the Rural Urban Balance，" *Journal of Farm Economics*，August 1945.

Christensen，Raymond P.，*Using Resources：to Meet Food Needs* (Washington，D. C.：United States Bureau of Agricultural Economics，

1943).

Clapham, John H., *The Study of Economic History* (Cambridge, England: Cambridge University Press, 1929).

Clark, Colin, *The Conditions of Economic Progress* (London: The Macmillan Company, 1940).

Cohen, Morris R., and Ernest Nagel, *An Introduction to Logic and Scientific Method* (New York: Harcourt, Brace and Company, 1934).

Condliffe, J. B., "The Industrial Revolution in the Far East," *Economic Record* (Melbourne), November 1936.

Crum, W. L., *Corporate Size and Earning Power* (Cambridge, Massachusetts: Harvard University Press, 1939).

Cunningham, William, *The Growth of English Industry and Commerce*, vols. I—III (Cambridge, England: Cambridge University Press, 1905—1907).

Danish Statistical Department, *Denmark* (1931).

Dean, W. H., Jr., *The Theory of the Geographic Location of Economic Activities* (Ann Arbor, Michigan: Edwards Brothers, 1938).

Douglas, Paul H., "Technological Unemployment," *American Federationalist*, volume 37, No. 8, August 1930.

——*The Theory of Wages* (New York: The Macmillan Company, 1934).

Durbin, E. F. M., "Method of Research—A Plea for Cooperation in the Social Sciences," *Economic Journal*, June 1938.

Ellis, Howard S., "Removal of Restrictions on Trade and Capital," in *Postwar Economic Problems*. edited by Seymour Harris (New York and London: McGraw-Hill Book Company, 1943).

Ernle, Rowland Edmund Prothero, Lord, *English Farming: Past and*

Present, 3rd edifon (London: Longmans, Green and Company, 1922).

——*Pioneers and Progress of English Farming* (London: Longmans, Green and Company, 1888).

Ezekiel, Mordecai, "The Cobweb Theorem," *Journal of Farm Economics*, February 1938.

—— "Population and Unemployment," *The Annals of the American Academy of Political and Social Science*, Vol 188, November 1936.

Fang, Hsien-t'ing (Fong, H. D.), *Triumph of Factory System in England* (Tientsin, China: The Chihli Press, 1930). (方显廷,《英国工厂制度之胜利》, 天津。)

Faulkner, H. U. , *American Economic History*, 5th edition (New York and London: Harper Brothers, 1943).

Fisher, A. G. B. , *The Clash of Progress and Security* (London: Macmillan and Company, Ltd. , 1935).

—— "Some Essential Factors in the Evolution of International Trade," *Manchester School*, October 1943.

Fong, H. D. (Fang, Hsien-t'ing), *China's Industrialization: A Statistical Survey* (Shanghai, 1931). (方显廷,《中国工业化之统计考察》, 上海。)

——*The Postwar Industrialization of China* (Washington, D. C. : National Planning Association, 1942).

Frankel, H. , "Industrialization of Agricultural Countries and the Possibilities of a New International Division of Labour," *Economic Journal*, June-September 1943.

Fraser, L. M. , "Economists and Their Critics," *Economic Journal*, June 1938.

Frickey, Edwin, *Economic Fluctuations in the United States* (Cambridge, Massachusetts: Harvard University Press, 1942).

—— "Some Aspects of the Problem of Measuring Historical Changes in the Physical Volume of Production," in *Exploration in Economics* (New York and London: McGraw-Hill Book Company, Inc., 1936).

Gibbins, H. de B., *British Commerce and Colonies* (London, 1897).

Glover, J. G. and W. B. Cornell, eds., *The Development of American Industries*, revised edition (New York: Prentice-Hall, Inc., 1941).

Haberler, Gotffried, *Prosperity and Depression*, 3rd edition (Geneva: League of Nations, 1941).（中译本：哈伯勒，《繁荣与萧条》，商务印书馆。）

——*The Theory of International Trade* (New York: The Macmillan Company, 1937).

Hansen, Alvin H., "The Business Cycle and Its Relation to Agriculture," *Journal of Farm Economics*, January 1932.

——*Fiscal Policy and Business Cycles* (New York: W. W. Norton Company, 1941).

Hansen, Alvin H. and C. P. Kindleberger, "The Economic Tasks of the Post-war World," *Foreign Affairs*, April 1942.

Hawk, Emory Q., *Economic History of the South* (New York: Prentice-Hall, Inc., 1934).

Heady, Earl O., "Changes in Income Distribution in Agriculture with Special Reference to Technological Progress," *Journal of Farm Economics*, August 1944.

Heckscher, Eli F., "A Plea for Theory in Economic History," *Economic History*, January 1929.

Hedrick, Wilbur O., *The Economics of a Food Supply* (New York and London: D. Appleton and Company, 1924).

Henderson, H. D. , *Supply and Demand* (New York: Harcourt, Brace and Company, 1922).

Hicks, J. R. , "Leon Walras," *Econometrica*, October 1934.

——*The Theory of Wages* (London: Macmillan and Company, Ltd. , 1935).

Hobson, J. A. , *Economics and Ethics* (New York and London: D. C. Heath and Company, 1929).

Hoffmann, Walther, *Stadien und typen der Industrialisierung* : *Ein Beitrag zur quantitativen Analyse historischer Wirtschafts prozesse* (Jena, 1931).

Holmes, C. L. , *Types of Farming in Iowa*, Bulletin No. 256 (Ames, Iowa: Iowa State College Press, 1929).

Hoover, E. M. , *Location Theory and the Shoe and Leather Industries* (Cambridge, Massachusetts: Harvard University Press, 1937).

Hopkins, John A. , *Changing Technology and Employment in Agriculture*, United States Bureau Agricultural Economics (Washington, D. C. : Government Printing Office, 1941).

Hotelling, H. , "Stability in Competition," in *Economic Journal*, March 1929.

Hourwich, Isaac A. , *Immigration and Labour—the Economic Aspects of European Immigration to the United States* (New York and London: G. P. Putnam Sons, 1912).

Hubbard, C. E. , and T. E Gregory, *Eastern Industrialization and Its Effect on the West* (London: Oxford University Press, 1935).

Iverson, Carl, *Aspects of the Theory of International Capital Movements* (London: Oxford University Press, 1935).

Jerome, Harry, *Mechanization in Industry* (New York: National Bureau of Economic Research, 1934).

Jones, G. T., *Increasing Return* (Cambridge, England: Cambridge University Press, 1933).

Kaldor, N., "The Equilibrium of the Firm," *Economic Journal*, March 1934.

—— "Mrs. Robinson's 'Economics of Imperfect Competition,' " *Economica*, December 1934.

—— "Welfare Propositions of Economics and Interpersonal Comparison of Utility," *Economic Journal*, September 1939.

Keynes, J. M., *The General Theory of Employment, Interest and Money* (New York and London: Harcourt, Brace and Company, 1936). (中译本：凯恩斯，《就业、利息和货币通论》，商务印书馆。)

—— "Reply" (to Staehle), in *Review of Economic Statistics*, Vol, XIX (1937).

——*A Treatise on Money*, Vol. I (New York: Harcourt, Brace and Company, 1930).

King, W. I., "The Relative Volume of Technological Unemployment," *Proceedings of American Statistical Association*, 1933.

Knapp, John, "The Theory of International Capital Movements and Its Verifications," *Review of Economic Studies*, Summer 1943.

Knight, Frank H., *Risk, Uncertainty and Profit* (Boston and New York: Houghton Mifflin Company, 1921).

—— "Some Fallacies in the Interpretation of Social Cost," *Quarterly Journal of Economics*, August 1924.

Knight, Melvin M., H. E. Barnes, and F. Flügel, *Economic History of Europe* (Boston and New York: Houghton Mifflin Company, 1928).

Knight, Melvin M., "Recent Literature on the Origins of Modern

Capitalism," *Quarterly Journal of Economics*, May 1927.

Knowles, L. C. A., *Economic Development in the Nineteenth Century* (London: G. Routledge and Sons, Ltd., 1932.)

Koh, Tso-Fan, "Capital Stock in China," in *Problems of Economic Reconstruction in China, mimeographed.* China Council Paper No. 2. Institute of Pacific Relations, 8th Conference at Mont Tremblant, December 1942.

Kondratieff, N. D., "The Long Waves in Economic Life," *Review of Economic Statistics*, November 1935.

Kuznets, Simon, "Economic Progress," *Manchester School*, April 1941.

——*National Income and Its Composition, 1919－1938* (New York: National Bureau of Economic Research, 1941).

Lamartine Yates, P., *Food Production in Western Europe* (London and New York: Longmans , Green and Company, 1940).

Lauderdale, James Maitland, *An Inquiry Into the Nature and Origin of Public Wealth*, 2nd edition (Edinburgh: A. Constable and Company, 1819; first edition, 1804).

League of Nations, Mixed Committee, *Final Report on the Relation of Nutrition to Health, Agriculture and Economic Policy* (Geneva, 1937).

Lecky, W., *History of England in the Eighteenth Century*" (London, 1870－1890).

Leontief, Wassily W., "Output, Employment, Consumption and Investment," *Quarterly Journal of Economics*, February 1944.

——*The Structure of American Economy, 1919－1929* (Cambridge, Massachusetts: Harvard University Press, 1941).

Levy, Hermann, *Large and Small Holdings* (London and New York: Macmillan Company, 1911).

Lin, W. Y., "The Future of Foreign Investments in China," in *Prob-*

lems of the Pacific (New York: Oxford University Press, 1939).

Locklin, D. Philip, *Economics of Transportation*, revised edition (Chicago: Richard D. Irwin, Inc., 1938).

Longe, F. D., A *Refutation of the Wage-fund Theory*, reprinted edition, J. H. Hollander, ed. (Baltimore, Maryland: Johns Hopkins Press, 1904; Original printing, London, 1866).

Lorwin, Lewis L., and John M. Blair, *Technology in Our Economy*, TNEC Monograph No. 22 (Washington, D. C.: U. S. Government Printing Office, 1941).

McCulloch, J. R., *Principles of Political Economy* (Edinburgh, 1830).

Mancolescu, M., *L'Equilibre economique européen* (Bucharest, 1931).

Mantoux, Paul, *The Industrial Revolution in the Eighteenth Century* (New York: Harcourt, Brace and Co., 1928).

Marshall, Alfred, *Money, Credit and Commerce* (London: Macmillan and Company, Ltd., 1929).

——*Principles of Economics*, 8th edition (London: Macmillan and Company, Ltd., 1925).（中译本：马歇尔，《经济学原理》，商务印书馆。）

Martin, R. F., *National Income in the United States, 1799–1938* (Washington, D. C.: National Industrial Conference Board, 1939).

Marx, Karl, *Capital*, English translation, vol. I (Chicago: Charles H. Kerr and Company, 1909).（中译本：马克思，《资本论》第一卷，人民出版社。）

Mason, Edward S., "Industrial Concentration and the Decline of Competition," in *Exploration in Economics* (New York and London: McGraw-Hill Book Company, Inc., 1936).

Michl, H. E., *The Textile Industries: An Economic Analysis* (New

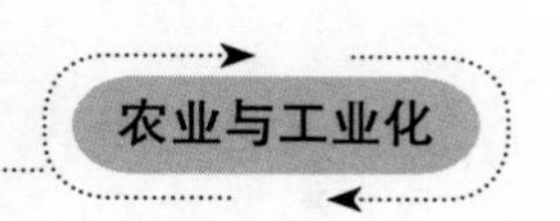

York: Textile Foundation, 1938).

Mill, John Stuart, *Principles of Political Economy* (London and New York: Longmans, Green and Company, 1909; first edition, 1848).

Moore, H. L., *Economic Cycles: Their Law and Cause* (New York, 1914).

Nicholls, William H., "Imperfect Competition Within Agricultural Processing and Distributing Industries," *Canadian Journal of Economics and Political Science*, May 1944.

——*A Theoretical Analysis of Imperfect Competition with Special Application to the Agricultural Industries* (Ames, Iowa: State College Press, 1941).

Notestein, Frank W., *The Future Population of Europe and the Soviet Union* (Geneva: League of Nations, 1944).

Ohlin, Bertril, *Interregional and International Trade* (Cambridge, Massachusetts: Harvard University Press, 1933).

Orchard, John E., "The Social Background of Oriental Industrialization— Its Significance in International Trade," in *Exploration in Economics* (New York and London: McGraw-Hill Book Company; 1936).

Orwin, C. S., and B. I. Felton, *Journal of the Royal Agricultural Society of England* (1931).

Papi, G. U., *The Colonial Problem: An Economic Analysis* (London: P. S. King and Son, 1938).

Parsons, T., "Capitalism in Recent German Literature: Sombart and Weber," *Journal of Political Economy*, December 1928.

Peck, Harvey W., *Economic Thought and Its Institutional Background* (New York: Farrar and Rinehart, 1935).

—— "The Influence of Agricultural Machinery and the Automobile on

Farming Operations," *Quarterly Journal of Economics*, May 1927.

Persons, Warren M., *Forecasting Business Cycles* (New York: John Wiley and Sons, 1931).

Pigou, A. C., *Industrial Fluctuations* (London: Macmillan and Company Ltd., 1927).

Pirenne, Henri, *Economic and Social History of Medieval Europe* (New York: Harcourt, Brace and Company, 1927).

Political and Economic Planning, *Economic Development in Southeastern Europe* (London: Oxford University Press, 1945).

Predohl, A.,"The Theory of Location in Its Relation to General Economics," *Journal of Political Economy*, June 1928.

Prothero, Rowland Edmund, see Ernle.

Quaintance, H. W., *The Influence of Farm Machinery on Production and Labor* (New York: Macmillan Company, 1904).

Reid, Margaret G., *Food for People* (New York and London: John Wiley and Sons, 1943).

Remer, C. F., *Foreign Investments in China* (New York and London: Macmillan Company, 1933).

Ricardo, David, *Principles of Political Economy and Taxation*. 3rd edition (London: The Macmillan Company, 1821; first edition, 1817).（中译本：李嘉图，《政治经济学及赋税原理》，商务印书馆。）

Ritschl, Hans, "Reine und Historische Dynamik des Standortes der Erzeugungszweige," *Schmoller's Jahrbuch*, 1927.

Robbins, Lionel, *Elementary Political Economy* (1888).

——*An Essay on the Nature and Significance of Economic Science* (London: The Macmillan Company, 1935).

—— "On the Elasticity of Demand for Income in Terms of Effort,"

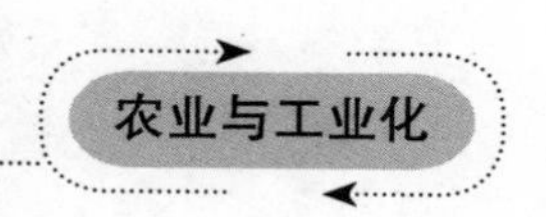

Economica, June 1930.

—— "The Optimum Theory of Population," in *London Essays in Economics* (London, 1927).

Robertson, D. H., *Banking Policy and Price Level* (London, 1926).

—— *A Study of Industrial Fluctuations* (London, 1915).

Robinson, E. A. G., *The Structure of Competitive Industry* (New York and London, 1932).

Robinson, Joan, *Economics of Imperfect Competition* (London: Macmillan and Company, Ltd., 1933).（中译本：罗宾逊，《不完全竞争经济学》，商务印书馆。）

——*Essays in the Theory of Employment* (London: Macmillan and Company, Ltd., 1937).

Roll, Erich, *Elements of Economic Theory* (London: Oxford University Press, 1937).

Röpke, Wilhelm, "L'Industrialisation des pays a gricoles: problème scientifique," *Revue economique internationale*, July 1938.

——*International Economic Disintegration* (New York, 1942).

Rosenstein-Rodan, P. N., "Industrialization of Eastern and Southeastern Europe," *Economic Journal*, June-September 1943.

Royal Institute of International Affairs, *World Agriculture: An International Survey* (London: Oxford University Press, 1932).

Say, J. B., *Traite d'economie politique*, 2nd edition (Paris, 1814; 1st edition, 1803).（中译本：萨伊，《政治经济学概论》，商务印书馆。）

Schtüller, Richard, "Effects of Imports upon Domestic Production," in *Selected Readings in International Trade and Tariff Problems*, edited by F. W. Taussig (New York and London, 1921).

Schultz, Theodore, "Food and Agriculture in a Developing Economy," *in Food for the World* (Chicago: University of Chicago Press, 1945).

—— "Two Conditions Necessary for Economic Progress in Agriculture," *Canadian Journal of Economics and Political Science*, August 1944.

Schumpeter, Joseph A., *Business Cycles: A Theoretical, Historical and Statistical Analysis of the Capitalist Process*, vol. Ⅰ (New York and London: McGraw-Hill Book Company, 1939).

——*The Theory of Economic Development*, translated from the 2nd German edition (Cambridge, Massachusetts: Harvard University Press, 1934).

Sée, Henri, *Les Origines du Capitalisme Moderne* (Paris: Colin, 1926).

Shadwell, Arthur, "History of Industrialism," in *An Encyclopaedia of Industrialism*, Nelson's Encyclopaedic Library.

Shaw, Eldon E., and John A. Hopkins, *Trends in Employment in Agriculture, 1909–1936*, WPA, N. R. P. Report No. A—8.

Shepherd, G. S., *Agricultural Price Analysis* (Ames, Iowa: Iowa State College Press, 1941).

Shove, G. F., "Varying Costs and Marginal Net Products," *Economic Journal*, June 1928.

Sombart, Werner, *Der Moderne Kapitalisms*, vol. Ⅰ, second edition (Munich and Leipzig: Duncker and Humblot, 1928).

—— "Economic Theory and Economic History," *Economic History Review*, January 1929.

Staehle, Hans, "Rejoinder" (to Keynes), *Review of Economic Statistics*, vol. XXI (1939).

—— "Short-period Variations in the Distribution of Incomes," *Review of Economic Statistics*, August 1937 (vol. XIX).

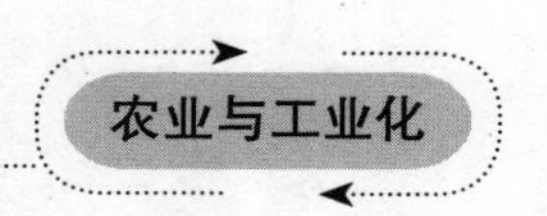

Staley, Eugene, *World Economic Development* (Montreal: International Labour Office, 1944).

Stigler, George J., *Production and Distribution Theories* (New York: The Macmillan Company, 1941).

——*The Theory of Competitive Prices* (New York and London: The Macmillan Company, 1942).

Stopler, W. F., "The Possibility of Equilibrium Under Monopolistic Competition," *Quarterly Journal of Economics*, May 1940.

Sumner, W. G., and A. G. Keller, *The Science of Society* (New Haven: Yale University Press, 1927).

Suranyi-Unger, Theo, "Facts and Ends in Economics," *Economic Journal*, March 1939.

Sweezy, Paul M., *Theory of Capitalist Development* (New York: Oxford University Press, 1942).

Taussig, F. W., *International Trade* (New York: The Macmillan Company, 1927).

Tawney, R. H., *Land and Labour in China* (New York: Harcourt, Bruce and Company, 1932).

Temporary National Economic Committee, *Competition and Monopoly in American Industry*, Monograph No. 21, by Clair Wilcox (Washington, D. C.: United States Government Printing Office, 1940).

Temporary National Economic Committee, *Technology in our Economy*. Washington, 1941.

Thünen, J. H. von, *Der isolierte Staat in Beziehung auf Landwirtshaft und Nationalökonomie*, 1st edition (Berlin: Wiegandt, 1826).

Timoshenko, V. P., *The Role of Agricultural Fluctuations in the Business Cycle*, Michigan Business Studies (Ann Arbor: University of Michigan

School of Business Administration, June 1930).

Toynbee, Arnold, *Lectures on the Industrial Revolution of the Eighteenth Century in England*, 1st edition (London: Longmaas, Green and Company, 1884).

Triffin, Robert, *Monopolistic Competition and General Equilibrium Theory* (Cambridge, Massachustetts: Harvard University Press, 1940).

United States Department of Agriculture, *Agricultural Outlook Charts*, 1944.

United States Department of Agriculture, *Agricultural Statistics*.

United States Bureau of the Census, *Eleventh Census of the United States*, vol. Ⅴ (Washington, D. C.: United States Government Printing Office).

United States Bureau of the Census, *Fifteenth Census of the United States*, vol. Ⅳ (Washinton, D. C.: United States Government Printing Office).

United States Bureau of the Census, *Population*, Series p. 9, No. 11, December 1944.

United States Bureau of the Census, *Sixteenth Census of the United States*, vol. Ⅲ (Washington, D. C.: United States Government Printing Office).

United States Bureau of the Census, *Twelfth Census of the United States*, vols. Ⅴ. Ⅶ (Washington, D. C.: United States Government Printing Office).

United States Bureau of the Census, *United States Census of Agriculture*, 1935, vol. Ⅲ (Washington, D. C.: United States Government Printing Office).

United States National Resources Committee, *Consumer Expenditure in the United States*, 1939.

United States Works Progress Administration, N. R. P. Report No. A-8, *Trends in Employment in Agriculture, 1909–1936*, prepared by Eldon E. Shaw and John A. Hopkins.

United States Works Progress Administration, N. R. P. Report No. A-9, *Changes in Farm Power and Equipment: Tractors, Trucks and Automobiles* (Washington, 1938).

United States Works Progress Administration, N. R. P. Report No. A-11, *Changes in Farm Power and Equipment: Field Implements*, prepared by Eugene G. McKebben and others (Washington, 1939).

United States Works Progress Administration, *Changes in Technology and Labour Requirements in Crop Production*: Corn (A-5), Wheat and Oats (A-10), Cotton (A-7), Vegetable Crops (A-12) (Washington, D. C.: Government Printing Office).

United States Works Progress Administration, *Changes in Technology and Labour Requirements in Dairying* (Washington, D. C.: Government Printing Office, 1939).

United States Works Progress Administration, *Survey of Economic Theory on Technological Change and Employment*, National Research Project (Washington, 1940).

Unwin, George, *Industrial Organization in the Sixteenth and Seventeenth Centuries* (Oxford, At the Clarendon Press, 1904).

Usher, A. P., *A Dynamic Analysis of the Location of Economic Activity*, Mimeographed, 1943.

——*An Economic History of Europe Since 1750* (New York, 1937). (See Bowden.)

——*History of Mechanical Inventions* (New York: MGCraw-Hill

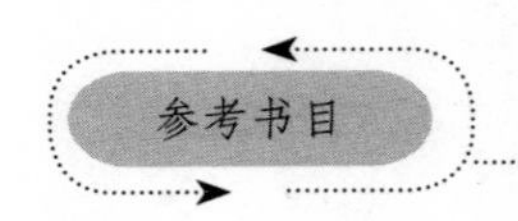

Company, 1929).

——*The Industrial History of England* (New York: Houghton Mifflin Company, 1920).

Uyehara, S., *Industry and Trade of Japan* (London, 1926).

Venn, J. A., *The Foundations of Agricultural Economics: Together with an Economic History of British Agriculture during and after the Great War* (Cambridge, England: Cambridge University Press, 1933).

Walker, E. Ronald, *From Economic Theory to Policy* (Chicago: University of Chicago Press, 1943).

Walras, Leon, *Elements d'economic politique pure* (Lausanne: F. Rouge, 1926).

Wang, Chich-chien and Wang, Cheng-cheng, *Report of a Survey on Cotton Mills in Seven Provinces of China, in Chinese* (Shanghai: Commercial Press, 1935)(王子建、王镇中，《七省华商纱厂调查报告》，商务印书馆。)

Weber, Alfred, "Industrielle Standortslehre," in *Grundriss der Sozialökonomik*, vol, Ⅵ (Tübingen: I. B. C. Mohr, 1914).

——*Über den Standort der Industrien*, Tell 1, *Reine Theorie des Standorts*, 1st edition, 1909. Translated by C. J. Friedrich as *Theory of the Location of the Industries* (Chicago: The University of Chicago Press, 1929).

White, Harry D., *The French International Accounts 1880 – 1913* (Cambridge, Massachusetts: Harvard University Press, 1933).

Williams, John H., "The Theory of International Trade Reconsidered," *Economic Journal*, June 1929.

Wilson, Roland, *Capital Imports and the Terms of Trade* (Melbourne: Macmillan Company, 1931).

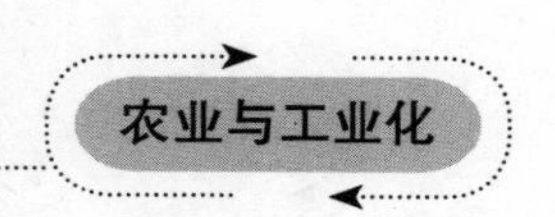

Wright, Chester W. , "The Fundamental Factors in the Development of American Manufacturing," in *Exploration of Economics* (New York and London: McGraw-Hill Book Company, 1936).

Young, Allyn, "Increasing Returns and Economic Progress," *Economic Journal*, December 1928.

Yugow. A. , *Russia's Economic Front for War and Peace: An Appraisal of the Three Five-Year Plans* (New York and London, 1942).

Zeuthen, F. , *Problems of Monoploy and Economic Warfare* (London: George Routledge and Sons, 1930).

Zimmerman, C. C. *Consumption and Standards of Living* (New York: Williams and Norgate, 1936).

Zimmermann, Erich W. , *World Resources and Industries* (New York and London: Harper Brothers, 1933).

Zweig, Ferdynand, *Economics and Technology* (London: P. S. King and Son, Ltd. , 1936) .

英汉人名对照

Aftalion，Albert	亚佛达理翁，艾伯特
Angell，James W.	安吉尔，詹姆士. W.
Bakewell，Robert	贝克韦尔，罗伯特
Black，John D.	布莱克，约翰. D
Blanqui，Jerome Adolphe	布朗基，热罗姆・阿道夫
Bowden，W.	鲍登，W.
Burns，Arthur F.	伯恩斯，阿瑟. F.
Cassel，Gustav	卡塞尔，古斯塔夫
Chamberlin，Edward H.	张伯伦，爱德华. H.
Clark，Colin	克拉克，科林
Clark，J. B.	克拉克，J. B.
Clark，J. M.	克拉克，J. M.
Condliffe，J. B.	康德利夫，J. B.
Crum，W. L.	克鲁姆，W. L.
Dean，W. H.，Jr.	小迪安，W. H.
Douglas，Paul H.	道格拉斯，保罗 . H.
Ellinger，Barnard	埃林格尔，巴纳德
Ernle，Lord，Rowland Edmund Prothero	厄恩利爵士，罗兰・埃德蒙・普罗瑟罗
Ezekiel，Mordecai	伊乔基尔，莫迪凯
Fisher，Allan G. B.	费雪尔，阿伦. G. B.

Frankel, H.	弗兰克尔，H.
Frisch, Ragnar	弗里希，拉格纳
Gregory, T. E.	格雷戈里，T. E.
Haberler, Gottfried	哈伯勒，戈特弗里德
Hansen, Alvin H.	汉森，阿尔文. H.
Heady, Earl O.	赫迪，厄尔. O.
Hicks, J. R.	希克斯，J. R.
Hobson, John A.	霍布森，约翰. A.
Hoffmann, Walther	霍夫曼，沃尔瑟
Hoover, Edgar M., Jr.	小胡佛，埃德加. M.
Hopkins, John A.	霍普金斯，约翰. A.
Hourwick, Isaac A.	霍尔维希，艾萨克. A.
Hubbard, G. E.	赫伯德，G. E.
Iversen, Carl	艾弗森，卡尔
Jevons, H. S.	杰文斯，H. S.
Jevons, William Stanley	杰文斯，威廉·斯坦利
Jones, G. T.	琼斯，G. T.
Kaldor, N.	卡尔多，N.
Karpovich, M.	卡波维奇，M.
Keynes, J. M.	凯恩斯，J. M.
Knight, Frank H.	奈特，弗兰克. H.
Knowles, L. C. A.	诺尔斯，L. C. A.
Kondratieff, N. D.	康德拉捷夫，N. D.
Lauderdale, Lord, James Maitland	劳德代尔爵士，詹姆士·梅特兰
Leontief, Wassily W.	里昂惕夫，瓦西里. W.
Lescure, Jean	列居尔，让
Longe, F. D.	朗格，F. D.

McCulloch，J. R.	麦卡洛克，J. R.
Mantoux，Paul	孟都，保罗
Marshall，Alfred	马歇尔，艾尔弗雷德
Marx，Karl	马克思，卡尔
Michl，H. E.	米歇尔，H. E.
Mill，James	穆勒，詹姆斯
Mill，John Stuart	穆勒，约翰·斯图亚特
Mitchell，Wesley C.	米切尔．韦斯利. C.
Moore，H. L.	穆尔，H. L.
Ohlin，Bertril	俄林，B.
Pigou，A. C.	庇古，A. C.
Pirenne，Henri	裴朗，亨利
Prothero，Rowland Edmund	普罗瑟罗，罗兰·埃德蒙
Rcardo，David	李嘉图，大卫
Ritschl，Hans	里希尔，汉斯
Robbins，Lionel	罗宾斯，莱昂内尔
Robertson. D. H.	罗伯逊，D. H.
Robinson，E. A. G.	罗宾逊，E. A. G.
Robinson，Joan	罗宾逊，琼
Roll，Eric	罗尔，厄利克
Rosenstein-Rodan，P. N.	罗森斯坦-罗丹，P. N.
Say，J. B.	萨伊，J. B.
Schumpeter，Joseph A.	熊彼特，约瑟夫. A.
Senior，Nassau William	西尼耳，纳索·威廉
Shadwell，Aahur	沙德韦尔，阿瑟
Sismondi，Simonde de	西斯蒙第，西蒙德·德
Sombart，Werner	桑巴特，威尔纳

Spiethoff，Arthur	施比脱夫，阿瑟
Staley，Eugene	斯特利，尤金
Sweezy，Paul W.	斯威齐，保罗．W.
Taussig，F，W.	陶西格，F. W.
Thünen. J. H. von	屠能，J. H.
Timoshenko，V. P.	铁木辛科，V. P.
Torrens，Robert	托伦斯，罗伯特
Townshend，Charles	汤新，查尔斯
Toynbee，Arnold	托因比，阿诺德
Tugan-Baranowsky，Mikhail Ivanovich	杜冈-巴拉诺夫斯基，米哈伊尔伊凡诺维奇
Usher，A. P.	厄谢尔，A. P.
Veblen，Thorstein	凡勃伦，桑斯泰因
Walras，Leon	瓦尔拉，莱昂
Wantrup，Ciriacy	万特鲁普，西里亚西
Watt，James	瓦特，詹姆士
Weber，Alfred	韦伯，艾尔弗雷德
Wicksell，Knut	威克塞尔，克努特
Wright，C. W.	赖特，C. W.
Young，Allyn	杨，艾林
Young，Arthur	杨，阿瑟
Zweig，Ferdynand	兹怀格，费迪南德